工业智库

李微 主编

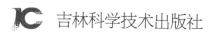 吉林科学技术出版社

图书在版编目（ＣＩＰ）数据

工业智库 / 李微主编. ——长春 ：吉林科学技术出
版社，2023.8
  ISBN 978-7-5744-0949-1

  Ⅰ.①工… Ⅱ.①李… Ⅲ.①工业技术 – 新技术应用
Ⅳ. ①T-39

中国国家版本馆CIP数据核字(2023)第194777号

工业智库

主　　编　李　微
出 版 人　宛　霞
责任编辑　靳雅帅
封面设计　李若冰
制　　版　北京星月纬图文化传播有限责任公司
幅面尺寸　185mm×260mm
开　　本　16
字　　数　349 千字
印　　张　20.75
印　　数　1–1500 册
版　　次　2023年8月第1版
印　　次　2024年2月第1次印刷

出　　版　吉林科学技术出版社
发　　行　吉林科学技术出版社
地　　址　长春市福祉大路5788号
邮　　编　130118
发行部电话/传真　0431-81629529 81629530 81629531
　　　　　　　　　81629532 81629533 81629534
储运部电话　0431-86059116
编辑部电话　0431-81629518
印　　刷　三河市嵩川印刷有限公司

书　　号　ISBN 978-7-5744-0949-1
定　　价　90.00元

本书编写人员

主　　编：李　微

编　　委：陈志娣　曹可星　文思佳　陶夕亮

参编单位：工星人工业互联网（宁波）有限公司

　　　　　宁波市智能制造协会

　　　　　山东省装备制造业协会

作者简介

李微，男，汉族，1986年2月出生，硕士研究生学历，浙江大学MBA，高级工程师，青年创新人才。工业和信息化部专家库专家，人工智能委员会副理事长，宁波市连云港商会会长，广东省"两会"企业发展研究专家委员会理事，山东省装备制造业协会专家委员会委员，宁波市智能制造协会特聘专家。中国通信学会高级会员，CCF专业会员，中国人工智能学会会员，中国电子学会会员，甬江实验室客座教授，浙江大学、浙江工商学院等高校特聘讲师。2021中国AI领军人物，曾任职于世界500强企业管理人员，承接完成宁波市"科技创新2025"重大专项。在国际知名刊物发表论文多篇，申请专利多项，软件著作权数十项，参与《工业互联网 平台互联互通》等行业标准编写，主持开发及运营过多个千万量级用户规模的系统平台，曾参与和主持多个IoT项目及AIoT项目，在4G、5G通讯模组研发设计，设备定位、远程控制等技术研发，操盘的项目包括家用电器、共享出行、"无感亮码"疫情管理、数字税栈、城市大脑、数字工厂等。主持嵌入式开发项目多个，在传统行业升级及数字工厂搭建中，基于大量设备管理的边缘网关研发设计，在实际应用中可管理控制万级以上设备群。

企业转型工具，助推产业深度升级

　　2023 年春始，ChatGPT 创造了一个明确的分水岭，把很多企业前进的步伐又拉回到了统一的起跑线，起跑之后不仅赛道更长，而且配速比我们想象得更快。

　　如果将当前的人工智能浪潮，类比于 20 多年前的数字化浪潮，那么这一波浪潮最大的机会把握在传统企业手中。因为从大模型应用在产业价值链上的比例来看，对产业价值的理解是关键，占比更重。如果我们将大模型产业应用的全价值链占比视为 100%，那么传统企业由于深耕多年，积累了很多行业实践经验和 know-how，加之数字化浪潮的沉淀，80% 以上的基础已经有了，只需要补全大模型应用的 20% 占比，相比大模型创新型企业进入产业的路径要短得多得多。

　　在数字化浪潮时期，很多传统制造企业已经有了深厚的积累。一些传统企业不仅将数字化能力"内化"于自身，而且剥离形成数字科技公司，将新技术新能力"外化"创造营收。

　　当技术变革来临，从长远看，所有人终将受益；但从短期看，身处这个时代的大部分人都会受到巨大的挑战和冲击。有些人也开始担心：AI 提供的结果是可信的吗？我们是否需要 AI 对其结果进行解释呢？少数企业跟上了，变得更强；一些企业没有跟上，被无情碾过。当下，是企业做决策的关键时期。

阿里巴巴董事会主席兼 CEO 张勇提出"智能原生企业"概念，他认为"当前的人工智能浪潮是和二十年前的数字化浪潮同等重要的机会，行业正处于智能化时代的历史新起点，智能化时代必将出现一系列智能原生企业。"

科技创新是赋予这个时代最大的红利，本书从工业自动化到数字化进行了整理构建，通过技术及案例的整合，以期为产升级提供点滴助力。

·目 录·

····[观点篇]····

工业互联网简述

工业互联网不是互联网在工业的简单应用，而是具有更为丰富的内涵和外延。它以网络为基础、平台为中枢、数据为要素、安全为保障。

既是工业数字化、网络化、智能化转型的基础设施，也是互联网、大数据、人工智能与实体经济深度融合的应用模式；同时也是一种新业态、新产业，将重塑企业形态、供应链和产业链。

其本质是通过工业级网络平台把设备、生产线、工厂、供应商、产品和客户紧密连接和融合起来，高效共享各种资源，从而降低成本、提高效率，帮助制造业延长产业链，推动制造业转型发展（图1-1）。

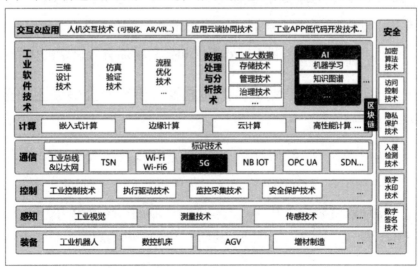

图1-1 工业互联网体系架构

1、国内工业互联网产业现状

01、从两化融合到工业互联网，产业发展顶层政策体系构建完整

顶层政策体系逐渐完善：2013 年，工信部提出"两化融合"促使工业制造业与新一代信息技术深度融合，并颁布一系列政策推动工业互联网的发展。

从工业大数据到工业 APP，从企业上云到工业互联网产业示范基地，中国已经形成较为完整的工业互联网顶层政策体系，指导产业发展

02、工业互联网建设成果进展明显，有力提升产业融合创新水平

近年来，我国工业互联网发展态势良好，有力提升了产业融合创新水平，加快了制造业数字化转型步伐，推动了实体经济高质量发展。

工业互联网、5G、数据中心等数字基础设施日益成为新型基础设施的重要组成部分。

这些高科技领域，既是基础设施，又是新兴产业，既有巨大的投资需求，又能撬动庞大的大消费市场，乘数效应、边际效应显著。

推动工业互联网加快发展，统筹疫情防控和经济社会发展，是缓解经济下行压力、兼顾短期刺激有效需求和长期增加有效供给的优先选择。

03、工业互联网产业集群效应显著，传统产业借助工业互联网实现转型升级

中国制造在发展的过程中，形成了众多具有地理集中性产业集群，其核心在于利用空间范围内的产业高集中度，降低企业的生产与交换成本，提高规模经济效应，从而提升企业与产业的市场竞争力。

结合不同地区产业经济的发展特点，京津冀经济圈、长三角经济带、粤港澳大湾区大力推动"平台 + 特色产业集群"发展。

04、技术、产业、创新层面的挑战使得中国工业互联网发展成为一场持久战

中国工业互联网已经取得阶段性成效，但总体依旧处于发展的初期阶段，技术本身的发展与实际应用、产业自身数字化基础与实际需求与商业模式创新等三个方面，都面临了挑战，使得中国工业互联网的发展成为一场持久战。

2、中国工业互联网面临的挑战？

01、三方面挑战待突破

中国工业互联网已经取得阶段性成效，但总体依旧处于发展的初期阶段，技术、产业、创新三方面都面临挑战，使得中国工业互联网的发展成为一场持久战。

（1）术挑战。①中国工业核心技术，如高端零部件、工业设计软件、工业控制系统等基础与工业强国相比有明显差距，容易被"卡脖子"。②设备联网难，工业数据采集能力薄弱。③数据难应用，工业大数据建模分析能力薄弱。④各种工业系统相互分离，数据难互通，不具备互操作性。

（2）产业协同挑战。①不同产业之间信息化基础不同，部分行业采用私有化协议导致本身系统封闭程度较高，与外部网络的互联互通性差；同时也有行业由于本身保密程度较高，也较难采用第三方系统，无法纳入工业互联网框架。②工业互联网产业链上下游环节复杂，功能界定及分工尚未完全明晰，一些重要的环节尚未完全发展，企业间存在竞合关系。③单个企业"孤岛式"数字化转型，难以发挥工业互联网规模效应。

（3）创新模式挑战。①工业互联网盈利模式尚未完全明晰，如何建立一个使得产业链中各方都满意的盈利模式需要思考。②目前工业互联网已经利用海量数据、网络连通发展了诸如：预测性维护、设备管理、

C2M 定制等应用模式，但业务与应用模式的创新决定了工业互联网的发展速度，中国工业互联网创新模式有待继续加强。

02、采取对策 突破难点

（1）补短板。工业互联网平台不是一项孤立的技术，而是一套综合技术体系，是现代信息技术的集大成者。工业互联网平台中的 IaaS、PaaS、SaaS 等各层发展不平衡，有短板难以形成合力，需要补短板：一是提升数据连接和感知能力；二是加强工业机理模型和数字模型的研发；三是推动平台共性能力的开发；四是提高网络安全能力等。

（2）建体系。基于多平台互联互通、技术应用创新和平台生态发展等需求，加大投入开展工业互联网标准体系制定，致力于构建统一的技术标准、服务规范、应用指南等机制，建立健全工业互联网平台治理体系，保障工业互联网平台全生命周期内的全价值链协同发展。

（3）拓生态。大力培育工业互联网平台开源社区和开发者社区将为此类工业互联网平台获得竞争的优势。一是建立培育开源社区，引导自动化企业开放各类标准兼容、协议转换的技术，实现工业数据在多源设备、异构系统之间的有序流动，确保工业设备"联得上"。二是引导工业互联网平台企业开放开发工具、知识组件、算法组件，构建开放共享、资源富集、创新活跃的工业 APP 开发生态，确保模型行业机理模型"跟得上"。三是加快工业 APP 开发者人才队伍建设，通过管理体制和技术的互动创新，充分激发和释放人才活力、动力和潜能，为工业互联网平台开源社区建设、SaaS 服务等提供巨量的人才资源。

（4）重测试。坚持"建平台""用平台""测平台"协同推进，以测带建、以测促用，打造平台功能丰富与海量使用双向迭代、互促共进的良性循环。工业互联网平台试验测试围绕设备协议兼容性、平台功能完整性、数据安全性等内容开展试验验证，为工业互联网平台大规模应用提供基础支撑。

（5）育人才。强化专业型人才培养机制，加大复合型人才保障力度。企业通过系统人才培养策略，解决人才缺口制约工业互联网创新发展的问题，快速发展一支结构合理、质量优良的人才队伍，为工业互联网产教融合发展提供支持。

3、发展趋势分析

01、龙头企业加速布局，新龙头企业涌现工业互联网双跨平台发展呈现新局面

当前，多层次系统化工业互联网平台体系持续壮大。跨行业跨领域工业互联网平台已达到 15 家，具有一定行业和区域影响力的平台企业超过 100 家，石化、钢铁、汽车、物流等传统行业的众多龙头企业也纷纷布局工业互联网，由工业互联网用户加速入局工业互联网建设和运营，服务自身转型发展和产业链上下游企业。

传统龙头企业依托其在市场、技术、人才及产业链方面的优势，将逐渐培育形成若干具备行业竞争力的跨行业跨领域工业互联网平台，现有双跨平台企业名单或将被刷新，工业互联网产业发展体系将迎来新局面。

02、解决方案日益丰富政策环境趋于完善

工业互联网解决方案持续涌现，行业赋能效果加速凸显。围绕行业生产特点和企业痛点问题，在钢铁、航空航天、汽车、电子、家电等垂直领域，涌现出一批工业互联网系统解决方案。

产业园区是各类生产要素聚集的空间形态，在设备上云、新模式培育、产业链协同等领域，具有共性需求量大、应用场景丰富等特点，成为工业互联网企业市场拓展新的价值赛道。

随着工业互联网融合应用将加速向资源集聚、创新活跃、信息化基础好的产业园区下沉，"平台＋园区"将成为加速工业互联网规模化落地、

培育区域经济发展新动能的加速器，"工业互联网＋园区"建设将迎来建设高潮。

03、场景切入成应用重点工业互联网，加速下沉核心生产环节

深入场景是工业互联网发展应用的初心。场景作为业务流程的基本组成单元，在不同企业间存在大量共性需求。推动场景数字化是工业互联网赋能制造业数字化转型的必然选择，有利于解决企业"不会转、不愿转、转不起"的问题。

通过从小处着手、从痛点切入，聚焦规模大、价值高、粒度细、易部署的应用场景，加快工业互联网解决方案的迭代优化和系统升级，实现"立竿见影"。

未来，随着场景数字化的深入推进，工业互联网应用将逐步嵌入到企业整个生产的深度流程里去，从辅助环节向核心生产环节加速下沉。

04、从单一场景到协同赋能生态，培育成工业互联网平台竞争焦点

双循环新发展格局下，工业互联网产业生态持续繁荣，企业竞争范式发生明显转变。工业互联网企业从原来只提供单一场景解决方案，加速向提供生态资源转变，依托平台整合研发资源、供应商资源、用户资源，构建基于平台的共创共赢生态。

为产业链上下游企业和用户提供包括智慧工厂、协同制造、设备资产运维、供应链金融等综合服务，形成平台上供应商、企业、用户全链条的价值增值，实现由平台型企业向生态型企业转变，生态在重点工业互联网平台发展中角色更为重要，生态培育成为工业互联网企业竞争的焦点。

05、海量工业数据加速汇聚工业互联网

工业数据作为新的生产要素资源，成为驱动产业创新发展的主引擎。

工业互联网平台作为全链条数据连接的枢纽，全面采集海量工业数据资源，实现数据的有效整合、深度分析以及快速处理，多层次系统化工业互联网平台体系的推进，数据资源将加速汇聚。

工业互联网大数据中心的建设可解决数据"孤岛"问题，汇聚工业数据，支撑产业监测分析，赋能企业创新发展，提升行业安全运行水平，专门面向工业互联网的大数据中心建设步伐将进一步加快，尤其是行业大数据分中心和区域级工业互联网大数据分中心。

06、"双碳"加速绿色智造推进工业互联网

从提出"双碳"目标到加快构建碳达峰碳中和"1+N"政策体系，绿色转型的步伐不断提速，从部委到行业再到各地方密集出台计划和路线图，碳减排目标正在逐渐变为具体行动，在"双碳"目标的指引下，企业节能降耗已成为当务之急。

利用工业互联网，实施制造业绿色低碳转型行动，加大重点领域节能降碳力度，系统推进工业向产业结构高端化、能源消费低碳化、资源利用循环化、生产过程清洁化方向转型，培育一批绿色工厂、绿色供应链、绿色工业园区，有力推动碳减排工作迈上新台阶。

而低碳绿色智造将成为未来工业经济发展的主基调，工业互联网将在其中扮演重要角色。未来"双碳"目标要求，对工业互联网发展助推作用进一步显现。

07、工业级信任体系持续加强

随着工业互联网应用的深入和工业连接数的规模扩大，工业上云的提速，工业互联网安全重要性进一步凸显（图1-2）。

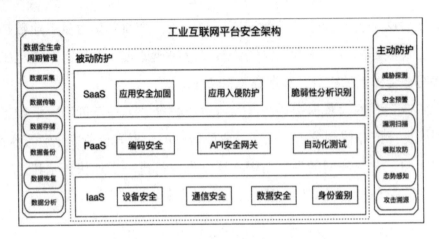

图 1-2 工业互联网安全日益凸显

在发展过程中工业应用安全、信创安全、网络安全、工业数据安全以及工业智能产品的安全是重中之重。

尤其是工业企业面对安全合规要求，数字时代的工业级安全信任体系在安全技术、安全标准、安全结果上要求更多，需工业互联网企业和服务对象进一步落实主体责任，加大安全投入，加强体系化的安全规划和布局。

没有安全的工业互联网，将不是工业互联网。工业互联网将受到更大重视，也将涌现更大的市场。

08、从外围辅助应用渗透核心生产环节

5G 与工业互联网融合应用对传统工业变革升级起到重要作用。两者融合应用已形成一批典型应用场景和重点行业实践，深化融合应用已进入关键期。

随着 5G 基站、5G 标准、5G 工业芯片模组、5G 终端等相关的软硬件基础设施的建设完善，"5G+工业互联网"将从生产制造外围环节向内部关键环节的加速延伸，与人工智能、云计算、区块链、数字孪生等新技术的融合水平也将不断地提高，融合应用将持续深入，将涌现出更多标杆案例。

"5G+ 工业互联网"对很多企业将不是"花瓶",成为数字化转型的必需。

09、标识注册规模增长

工业互联网标识解析体系是工业互联网新型基础设施的重要组成。经过多年的发展,我国标识解析体系建设取得阶段性进展。

《工业互联网标识管理办法》的实施,推动整个行业进步和规范有序发展,标识注册量迎来大爆发突破 600 亿,标识解析日渐活跃,标识应用已涵盖 31 个行业,标识解析的产业生态正加速构建。

随着二级节点和企业节点数量的增加,标识注册量将实现规模稳定增长,标识应用将不断深化,向规模化发展迈进,标识产业生态不断丰富,软硬一体化标识产品逐渐增多,工业互联网连接发展提速。

10、资本加速入局,上市路径明晰

自新基建发展以来,政策的鼓励支持和产业发展的火热需求,使得工业互联网健康发展持续向好,频繁得到资本市场的青睐(图 1-3)。

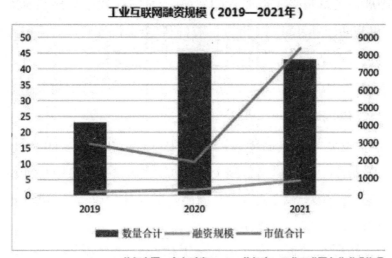

数据来源:东方财富Choice数据库,工业互联网产业联盟整理

图 1-3 工业互联网资本市场全面活跃

近年,工业互联网领域融资屡创新高,动辄都是上亿资本投入,顶

级投资机构和"国家队"也正大规模进军。

资本是行业快速发展的助推器，工业互联网发展是产业转型必要抓手，未来资本将加速入局。

与此同时，不少工业互联网企业都在谋划上市，蓄势待发开启 IPO 之路，现阶段已有不少企业透露了相关上市进展。

不久的将来，将有更多资本涌入工业互联网，工业互联网企业获奖迎来一波"上市潮"。

75 年来工业自动化技术发展的里程碑

下面简述这些堪称里程碑的自动化技术。

1、半导体和摩尔定律

从大型计算机到嵌入控制器和传感器内的处理器，如此巨大的计算技术的进展，全都植根于晶体管的发明。在 1947 年，贝尔实验室的 John Bardeen 和 Walter Brattain 因此为人类的科学技术进步做出了史无前例的贡献。无可辩驳的是，晶体管的发明是集成电路和微处理器开发成功的基础。甚至今天运算能力最强的处理器芯片也是按其中封装了多少晶体管的数量来测度的。

一直到 1953 年才有商品化的第一个低价的小信号 PNP 结锗晶体管问世，型号是 CK722，每支价格 7.6 美元。到 1954 年，Texas Instruments 和另外一家公司合作开发了第一台商品化的晶体管收音机 Regency TR-1，那时标价为 49.95 美元（大约相当于 2019 年的 476 美元）。

采用晶体管的工业用电子控制器大约在 1950 年诞生，此前气动控制器从 20 世纪二三十年代开始应用于工业现场，几十年一直这样在用着，直到晶体管出现后才发生很大的变化。

固态电子器件的成本实际上就是以低成本呈现更多功能和更多应用的历史。这可以用经过时间检验的摩尔定律予以表达。仙童半导体的联合创始人和曾任 Intel CEO 的 Gordon Moore，在 1965 年的论文中首次定义集成电路中元件的数量每年要翻一番，而且这一增长率将延续到下一个十年。摩尔定律连续地推动计算技术的发展，这些被商用设备和工业设备的复杂和小型化所证实。由于高性能的电子器件和处理器的不断进展，使得更小的体积和更低的价格成为可能，这才造就了物联网 IoT 得以实现和普遍应用。

2、可编程逻辑控制器 PLC

1970 年诞生的第一台 PLC 在通用汽车 GM 投用，对金属切割、钻孔、材料处理和装配等环节进行控制。世界上首次推出的 PLC 的成功表现为两个方面：一是用计算机来解析过去用继电器实现的逻辑控制；二是采用梯形图逻辑编程，使原来的电气工程技术人员能在自己原有的技术基础上采用计算机编程。

在 PLC 出现之前需要用大量的继电器组成控制系统，既占据很大的空间，其可靠性又依赖于机电继电器的可靠程度；一旦要对控制系统重新配置，不得不耗费许多时间重新接线。当时 Richard Morley 是 Bedford 公司的工程师，他率先创立了最初的设计，然后与他的团队研制了工厂自动化和连续处理应用的固态的顺序逻辑解算器，这是第一台实际可运用的可编程逻辑控制器，被命名为 Modicon 084，因为这是 Bedford 公司第 84 个项目。1969 年 11 月在得知 GM 公司的要求后，他们向公司的液压部门展示了 Modicon 084，获得 GM 的青睐。

梯形图逻辑编程极受电气工程技术人员的欢迎，其优点不言而喻。

这种由 Bedford 公司开发的梯形图逻辑编程中相关的符号，来源于电气工程中描述顺序操作功能，这使广大的电气工程师和电工能以非常容易理解的方式对计算机进行编程。其发明人 Morley 在《Manufacturing

11

System》1992 年 4 月刊撰写题为"梯形图逻辑正在逐渐衰弱吗?"论文中指出:"梯形图逻辑作为一种控制语言第一次用在硅器件搭建的控制器上,大约在 1969 年,在 Bedford Associates 公司。为了支持这个控制语言构建了由三个部分组成的硬件平台,即一台双端口的存储器、一台逻辑解算器和一台通用计算机。早期在 Modicon 公司我们用了退化形式的梯形图表达,这个语言最大的优点能被世界上所有从业的电气工程人员理解。之后梯形图扩展为多个节点,还附加了一些功能。梯形图逻辑的功能性和 PLC 的适用性迅速在所有的工业中大量采用。"

PLC 在控制工业中广泛运用,关键在于它对系统进行编程的能力。电磁继电器构成的控制盘不具备同等的能力,一旦控制方案改变,必须对继电器盘重新接线。而 PLC 面对控制方案的改变既方便又快速,同时体积也小许多。

在 2007 年 ISA 展会上有一个主题为《标准化会扼杀创新吗?》的圆桌会议上,许多自动化系统的供应商都抵制具有互操作性的开放系统。对应当时会上的抵制,Morley 发声问道:"什么工业需要开放系统?难道我们要放弃追求,重回以前专用的老路吗?"这振聋发聩的问话扭转了会上的气氛。现在十几年过去了,开放系统正在变为现实。Morley 作为 ISA 持有这种前向思维的自动化行业的舆论家和思想家,对推动工业自动化的发展起了巨大的作用。这一情节来自当时参加会议的一个年轻工程师深情的回忆。

3、分布式控制系统（DCS）的架构

1975 年,Honeywell TDC 2000 问世,开创了商品化 DCS 的历程。这是世界第一台采用微处理器执行流程直接数字控制的装置,而且作为一个核心组成部分参与了整个系统的配置。在分布式控制器、工作站和其他计算部件之间用数字通信构成一个完整系统的架构,这在当时确实是革命性的创举。在 TDC 2000 之前,基于计算机的流程控制系统主要用于

数据采集和报警系统，而控制则由气动回路控制器和独立的电子 PID 控制器承当。

在 20 世纪 70 年代的中期，日本横河公司也将称为 Centum 的分布式系统投入市场。横河的 Centum 和 Honeywell 的 TDC 2000 都采用小型监控计算机执行对若干个基于微处理器的多回路控制器进行监控的概念，而操作站采用按钮和阴极射线管 CRT 的显示器，替代以前的显示报警盘（annunciator panel）。控制器之间的相互连接通过数据高速通道（data highway）传输来自不同节点和工作站的数据信息。高速通道或总线作为信号的通道，使控制器可以尽可能地靠近流程和装置，使控制回路更紧凑，还降低了接线成本。

商品化 DCS 的诞生，建立在从 20 世纪 60 年代开始的运用计算机技术对流程工业进行数字控制的探索的基础上。那时主要是采用直接数字控制的概念，用小型计算机尝试进行多回路的 PID 控制。之后开始考虑下一代的控制系统的综合，也就是设计其架构。当时在 Honeywell 的工业自动化和控制部门工作的 Ed.Hurd 接受了第 72 号任务，担任架构设计，两年之后，这一团队成功推出 TDC 2000。美国工业自动化界认为 Hurd 在促成 DCS 的架构上功不可没。1976 年在美国休斯敦的 ISA 展会上第一次展出了前所未有的 DCS 架构的产品。TDC 2000 一经面世就大受欢迎，在 5 年内 Honeywell 的工业自动化和控制部门的产值由 500 万美元发展到 5 亿美元，翻了 100 倍。

此时在大洋彼岸的中国掀起了翻天覆地的变化，开始了改革开放的步伐。在 1980 年上海的第一届多国仪器仪表展览会上 TDC 2000 现身，引起无数中国的工业自动化从业者一片惊叹声。展览会后这一台展品被上海炼油厂买下，由上海工业自动化仪表研究所和上海炼油厂技术人员组成的团队，成功将这台 DCS 装置运用到石油催化裂化工段，成为国内流程工业运用 DCS 的第一个里程碑。

4、人机界面（HMI）

人机界面的发展始于 1975 年 Honeywell 的 TDC 2000 诞生之时，从那时起操作员控制台的发展步伐发生了显著的改变。在流程工业中人机界面迈入了基于 CRT 显示器的时代，操作人员可以在屏幕上读取有关的流程变量，观察变量随时间的变化曲线，还允许他们发展一种图像识别的方法来分析当前的操作运行状态。不过那时的操作员控制台是专用的，价格不菲。直到 1985 年以后，随着个人计算机和 DOS 操作系统的逐渐普及，出现了第三方的图形图像软件，涌现了一些以开发图形显示的新公司，其中包括 Intellution、Iconics 和 USDATA。1987 年，Wonderware 公司推出了世界第一个基于微软 Windows 的 HMI 软件包 InTouch，增加了一些附加的性能和对 IT 技术和业务系统的开放接口。这可以说是人机界面的第三个里程碑。

Dennis Morin 在 1987 年创建 Wonderware 公司，主导开发在 Windows 操作系统环境下的人机界面软件 InTouch，目标是让操作人员能够方便而有效率地监控操作过程。这一产品的推出标志着微软的工业软件革命，为第三方的开发者开启了工业和流程控制系统的架构的转向。在 2003 年 InTouch 杂志将 Morin 列为工业自动化的发展历史上最有影响的 50 人中的一员。据他回忆，开发这种类型的软件的灵感来自一个 1980 年早期的视频游戏，游戏中允许玩家可用数字方法构建电子游戏。

5、微软的 Windows

1985 年问世的微软 Windows 操作系统对工业自动化产生意义深远的影响。Wonderware 首创将 InTouch 软件运行在 Windows 操作系统的环境下，引领了所有的工业自动化供应商，随后都一致地采用了这一人机界面的解决方案。甚至在发展的初期，流程工业并不看好这一方案，认为并不适合流程工业的要求，但这一趋势还是以优秀的性价比淘汰了 DCS 原有的专用操作员控制台。

国内在 20 世纪 90 年代前后在当时的机械部仪表局筹措下，花大力气自主开发国内的大型 DCS，恰好处在这一人机界面的转型期，这对此后 DCS 的开发产生重大影响。由于没能抓住技术发展趋势，仍然抱着专用操作员控制台不放，最后没能取得完整的成果。这不能不说是相当大的遗憾。由此反证了 Windows 操作系统对工业自动化的深远影响。

Windows 操作系统丰富的操作环境造就了大量的开发者在很宽泛的应用范围中开发了大量的软件，包括数据库、数据分析、先进控制、制造执行系统 MES、批量过程管理、制造跟踪，以及历史数据库等。

为了制造和生产取得更统一协调的结构，Windows 操作系统在实时工厂运营与 IT 和业务系统之间架起了沟通的桥梁。这一平台允许使用者运用标准的 IT 工具来提升分析制造数据，并使业务系统可以无缝地共享生产制造的信息。Windows 操作系统为开发 OPC 提供了平台，显著简化了工业网络和设备界面的驱动程序。

6、历史数据库

按时间序列存放历史数据在科学和工程上取得了大量有价值的应用，随着历史数据库在 PC 机上也能付诸使用，促使这类数据库在控制和自动化领域广泛运用。OSIsoft 原来是一个石油系统的公司，它推出了工厂信息系统，这就是大名鼎鼎简称 PI 的历史数据库系统。Patrick Kennedy 在 1980 年创建这个公司，称他为历史数据库之父也不为过。如今历史数据库在许多类型的制造业和流程工业成为一种改善生产率、提高效率和收益的重要工具。自动化工程师、运行操作人员和业务人员以许多不同的应用方式使用历史数据库。基于随时间对连续数值的变化进行分析，并对过程控制加以改善的基本原理，如今历史数据库已经嵌入到控制器中以及云端的服务器中。

Kennedy 是一个专业的化工控制系统的注册工程师，享有连续重整催化控制系统的专利。多年的现场经验使他深刻认识到，流程变量的历史数据分析工具对改善流程的操作运行和提高收得率、降低原材料和能源的消耗有着重要的作用，萌发了开发历史数据库的灵感。多年的坚持使他终于获得巨大成功。

7、开放工业网络

将传感器、控制系统和执行器连接在一起的开放型工业网络，大大简化了控制和自动化的应用。这标志着由不同供应商提供的设备和传感器可以通过共用的通信接口构成工业控制系统时代的开始。随着电子技术和通信技术的不断进步，开放工业通信网络也可以采用商业化技术，彻底摆脱了沿着专有化的道路缓慢前行。

从 1979 年开始，Modbus 首次打破坚冰，在 RS 485 标准的基础上提升通信能力，将多个制造商的设备连成多播网络。标准定义了用于多点串行通信系统发送端和接收端的电特性，使得各种设备诸如 PLC、传感器、仪表、PID 控制器、电机驱动器和其他相关的设备都可以连接起来。直到今日 Modbus 仍在离散制造业、流程工业中有一定的应用。

1980 年到 1990 年期间，出现了一系列的现场总线标准，主要有 DeviceNet、Profibus、SERCOS、ASi（执行器传感器接口）、FF（基金会现场总线）和 HART（高速通信可寻址远程传感器）等。HART 通信协议是其中唯一的在数字信号上叠加了模拟信号 DC 4-20mA 的数字、模拟混合的协议，其最著名的特点就是在一对双绞线的传输线上共享了仪表的电流回路和数字通信信号。

在开发开放工业网络的过程中不得不提到 Emerson 的执行副总裁 John Berra，他在 2002 年获得 ISA 颁发的终身成就奖，以表彰他长期专注仪表、系统和自动化社群，并作出重要贡献。他在开发三个重要的工业制造通信协议 HART、FF 和 OPC 中发挥了很大作用。

无线短程网标准 IEEE 802.15.4 开启了无线传感器网络的发展，IEEE 802.15.4 低数据率无线短程网（low-rate wireless personal area networks

，LR-WPANs）标准和随后开发的商用芯片，成为包括 ISA 100a 和 WirelessHART 在内的工业无线传感器的标准。IEEE 802.15.4 是定义 LR-WPAN 操作运行的技术标准。2003 年 IEEE 802.15 工作组开发了这一标准，并持续对不住进行维护。

ISA 100.11a（IEC 62734）无线网络技术标准由 ISA 所开发，重点是针对流程控制和相关应用的工业自动化无线系统，即用于现场级的设备，2009 年 ISA 自动化标准符合研究所成立了 ISA 100 无线符合研究部门，拥有"ISA 100 符合"认证体系，为确保基于 ISA 100 产品真正符合标准，这是一个独立的第三方的测试机构。WirelessHART（IEC 62591）是基于 HART 的无线传感器联网技术，专为流程工业的现场设备的要求所定义。WirelessHART 的一个目标是与现有的与 HART 兼容的系统和组态工具反向兼容，以达到将新的无线网络与现存的 HART 仪表集成的目的。

由中国科学院沈阳自动化研究所为主开发的 WIA-PA 无线传感器网络技术，已被批准为中国国家标准（GB/T 26790.1-2011）和 IEC 国际标准（IEC 62601）。比较遗憾的是产业推广不够，应用面还不够广。

8、机器视觉和图像识别

随着价格的下降，加之得益于软件技术（尤其是图像识别）的进展而功能和性能更加完善，促使机器视觉系统的应用一直在增长。恰当组态和编程的视觉系统消除了人工的误差、提高了生产能力、质量和效益。视觉系统变得具有高度智能，同时在控制自动化系统中灵活应用传感器，扩大了实时控制的输入范围。视觉系统已应用于质量检查、零件识别、机器人制导、工件输送流动的机器控制等。

刚开始应用时，常常是将一台 PC 机与摄像头相连接，由 PC 机完成图像识别。如今都是将一台采用 IEC 61131-3 标准编程的 PLC 和一台具有图像识别功能的机器视觉摄像头集成，并直接装在机械设备上。这都是因为计算机 SoC 芯片和小型化的视频摄像芯片的急剧发展的结果。

9、ISA-88 批量控制标准

ISA-88 系列标准是专门针对广泛应用于流程工业中的批量控制系统的设计和规范，在全世界持续地采用的结果证明，标准对提高生产率发挥了显著的作用。ISA-88 着重于实现批量过程控制的设计策略，描述设备和步骤可用于软件的实现和手动的处理。系列标准的第一个标准在 1995 年被 ISA 所批准，而后在 1997 年被 IEC 以 IEC 61512-1 的编号采纳。

ISA-88 为批量控制提供了一致性的系列标准和名词术语，定义了物理模型、规程和配方。标准针对广泛的需求，包括建立批量控制的通用模型、在通信发生困难时如何表达用户要求的常用措施、批量自动化供应商之间的集成，以及简化批量控制的配置。如今 ISA-88 已经成为沟通批量生产从产线、车间到企业管理系统一切所有方面的工具性的手段。

Tom Fisher 长期在批量控制的企业担任过程工程师，积累了丰富的批量控制和安全联锁系统的经验。他创建了 ISA-88 专委会，为批量生产的标准化制定了开发的目标、方法和路线图。他还是 IEC 的 SC65A 的批量控制工作组的领导人，世界批量论坛（World Batch Focus）的主席。他培养了一代批量过程控制的工程师。

深度介入 ISA-88 和 ISA-95 的还有 Lynn Craig，为此做出了重大贡献。他同样也是长期在流程自动化现场和批量控制现场积累了丰富经验的过程工程师，还有极高的系统思维素养。

10、ISA-95 控制系统集成

企业控制系统集成标准阐述了从传感器到企业管理系统之间的接口内容，目前在全世界被广泛采用。工业 4.0 参考架构模型 RAMI4.0 中有一个维度就采用了 ISA-95 的分层结构。ISA-95 增进了接口名词术语的统一和一致性，减少了在将这些界面付诸实践时可能带来的风险，降低了成本和出错因素。标准还有助于减少新产品投入生产时所花费的工作量。这个标准还提供了一致性的名词术语和对象模型，这对于供应商和制造商之间的交流和通信是基础性的。由于有助于定义企业业务管理系统和控制系统的边界，ISA-95 模型清晰阐明了应用程序的功能性以及如何来使用这些信息。

在美国，ISA-95 又被称为 ANSI/ISA-95，这是因为美国的国家标准研究院在 1976 年就认定 ISA 为美国国家标准的一个指定单位。IEC 采纳 ISA-95 为国际工业标准，编号为 IEC 62264。

11、ISA-95- 企业控制系统集成标准 B2MML

继 ISA-95 在全球范围内被很大范围内的工业行业所接受，最新的发展是业务至制造的标记语言（Business to Manufacturing Markup Language,B2MML）建立了企业计算、云计算、IoT 和工业 4.0 的兼容性。通过提供名词术语和目标模型的一致性，以及 IT 与 OT 的沟通，B2MML 进一步提升了 ISA-95 的附加价值。B2MML 用 XML 模式的标准集合来表达 ISA-95（IEC/ISO 62264）的数据模型,用 3W 的 XML 模式语言（XSD）编制 XML 模式的标准集合。

B2MML 是 ISA-95 和 IEC 62264 标准的 XML 的开源实现。MESA（制造企业解决方案联盟）把 B2MML 用作事实上的接口标准，来交换 ISA-95 所定义的内容。B2MML 还与 OPC UA 合作，用其作为框架为制造企业提供信息安全和可靠的架构。

12、电子游戏技术

游戏机产业正在推动计算技术的外部包装，这也是工业自动化应用青睐的一个优点。原来为了发展视频游戏的产业，目前正在影响着云计算、人工智能、数据科学，以及自动驾驶的运载工具。庞大的游戏机行业产业的体量在 2018 年超过了 1250 亿美元，这使得其在技术性能大幅提升的同时还能显著地将成本下降。视频游戏工业的硬件和软件正在越来越多地引导着工业自动化的技术和业务用例。尤其是虚拟现实平台和用户界面正在以创造性的方式被引入工业自动化，如虚拟现实眼镜。

工业和流程自动化工业积极采纳商用技术提高自身的应用水平，已经有许多年头了，这一主流的趋向为实际的应用创造了巨大的价值。增强现实 AR 正加速进入日常生活，被用于从移动游戏到重工业等方方面面。这些创新的技术可在项目的每一个阶段都起到支持辅助的作用，包括从设计、虚拟调试、生产装置的开车启动、故障定位和排除，以及质量控制。下面列举一些应用这些技术获得一定收益的例子：

机器和过程的仿真，包括虚拟调试、在安装实际设备之前发现问题和瓶颈等，都能够做到节省金钱和时间。

智能眼镜具有立即查看手册、操作指令视频和其他有关的材料，这有助于现场排除故障的工作人员查找问题。通过通信工具与处在远程的专家联系，取得他们的指导帮助。这对改善生产的正常进行有重要价值。

培训仿真器为刚入职的装置操作人员提供高效学习的手段。例如，有许多的报道描述为被培训的人员创建一种石化工厂的环境，并给予他们的一些挑战性问题，使他们了解如何应对具有危险性的突发事件，并进行正确的操作。

13、OPC UA

采用面向服务架构（SoA）的 OPC UA 为工业自动化与最新的计算和 IoT 技术架设了沟通的桥梁。建立在面向应用的数据模型的基础之上，使它提供的高质量而且前后相关、上下相关的数据。OPC UA 是一种统一的技术，OPC 基金会的成员涵盖自动化、PLC、DCS、传感器、工业软件、企业资源规划（ERP）以及云服务有关的组织和单位。目前它已成为 IT 和 OT 集成融合的一种关键技术。

OPC UA 可用于任何一种操作系统，包括 Windows、Linux、实时操作系统和专用操作系统。与现代的软件实践保持一致，OPC UA 已处于开源状态，通过开源托管网站 GitHub 可供公众使用。

OPC UA 正在成为一种统一的系统架构，为来自许多工业自动化专业的数据和信息进行高效率且效果良好的通信和交换。OPC 基金会与不同的标准化组织共同努力建立了许多标准化的信息模型，这就是所谓的伙伴规范，或者叫作配套规范，从而达到从传感器到企业的互操作性，而无需经过软件层面对完全不同的或异构的系统进行转译和规范化。

14、机器学习

机器学习（ML）是人工智能一个分支，它建立在系统可以从数据中学习的概念之上，通过数据进行图像识别，或以最小的人工干预进行决策。机器学习正在加速应用于高性能低成本的硬件、低成本的数据采集、开源框架的大型程序库和软件模块等方面，通过这些应用使机器学习在很大的范围内获得推广应用。ML 运用算法和统计模型来分析和预测未来的性能，无需为执行任务专门按要求明确的编程。

机器学习的迭代体很重要，因为一旦新的数据输入模型，就会自动从先前的计算中去适应和学习，产生可靠、可重复的决策和结果。现今对大数据自动应用复杂的数学计算重复进行高性能、低成本地计算，正在推动 ML 的应用有汽车的自动驾驶、亚马逊（Amazon）和 Netflix 在线推荐、欺诈检测等。

过去机器学习的应用必须从头构建，现在最新的解决方案可在公共开源的框架内实现（如 TensoRFlow、PyTorch、Sclikit-learn），这样使之可能快速地建立应用。

运用机器学习的预测维护通过消除可能产生重大隐患的非计划事件，避免造成生产线的停车事故，达到保证长时间无故障的运转。采用监控设备和标准检查模型和规则系统（benchmarking against models and rules system）可预测问题，同时提醒维护人员在发生一连串问题造成大的故障之前进行修复维护。另外在设备若干特定的部位加装嵌入微处理器的传感器，用来分析即将发生的问题，并发出需要加紧维护的报警信号。为了改善机器和过程的性能，机器学习也可以在闭环自动化控制中的策略环节运用。

15、工业4.0的倡议

工业4.0的重点在于应用一系列的新技术建立高效的自行管理的生产过程，通过运用工业物联网IoT和开放的软件和通信标准，将传感器、控制器、人、机器、设备、物流系统以及产品统统实现直接通信和协同。德国的工业4.0的远景规划的思想对全世界产生了很大的影响，成为其他国家规划工业长远发展的样板和参照模型。其中包括"中国制造2025"、日本的"工业价值链倡议"、印度制造和美国的智能制造领导联盟SMLC（Smart Manufacturing Leadership Coalition）。

工业4.0的核心理念是自动化系统必须采用开源的、由多个供应商提供、具有互操作性的软件应用和通信标准，类似于在计算机、互联网和移动通信已经采用的理念。工业4.0表述中所确认的现有的工业标准包括ISA-88批量制造标准、ISA-95企业和控制系统集成标准、OPC UA、IEC61131-3，以及PLCopen国际组织的相关规范。

工业4.0最初是作为德国在2006年建立的德国10点高技术策略计划中的一部分。2010年7月14日德国的内阁决定通过引入高技术策略2020规划继续这一策略，着重于选择具有前瞻性的科学技术的发展，制定10到15年的研究创新策略。工业4.0就是通过提升计算技术、软件和互联网技术来实现集成工业、互联工业的远景规划。所谓4.0就是指第四次工业革命。德国强调加强工业与科学的合作，推进知识与技能的紧密结合。工业4.0的愿景是通过把人员、机器、设备、物流系统和在制工件彼此间直接通信的办法实现显著提高的生产率和高效率，以及自管理的生产过程。其中一个大目标是充分发挥嵌入式的处理和通信的作用，使得定制生产也具有低成本的规模制造的效率。制造过程和物流过程跨越公司的边界进行智能集成，建能够成为一种更有效率、更灵活地实施精益制造的生态系统。

16、数字孪生

数字孪生已经成为工业 4.0 最强有力的概念之一。通过整个制造和生产过程基于模型、实时、云回路监控、控制和优化的实现，数字孪生有助于达到实时集成制造的组织实施。数字孪生的基本概念是要建立一个理想的制造操作运行和处理的虚拟模型。这个模型将是实时而全面表达实际生产状况的基准。最广泛的实现模型包括所有影响生产的效率和盈利能力的因素，这里涵盖机器、过程、人力资源、原材料的质量、订单流和经济因素。生产组织可以利用信息的价值来识别和预测问题所在，使得高效的生产得以维系，而所有可能影响和中断生产的问题，都能在发生之前被发现和解决。

由于运用了先进的硬件、软件、传感器和系统技术，数字孪生作为一个实际的宏观级别的闭环控制的杰出实例就变得可行了。创建数字孪生的关键部分是需要一个完整的信息集合，包括根据建模的要求部署大量而广泛的传感器采集实时信息。实际上工业 4.0 就是运用包括工业物联网在内的最新技术，将制造系统和业务系统集成为一体的广泛应用。

17、云计算和边缘计算

云计算正在影响着包括工业自动化在内的方方面面的应用，这是因为它提供了易于使用、计算和存储能力出众，且具有高性能等诸多优越性，而所有这些都是在不要求巨大的投资，或者在不要求目前已经负载过重的自有计算机和服务支持的前提下进行的。云计算和服务的提供者有像微软的 Azure 和亚马逊的 AWS 等这样的公有云，他们有许多各种各样的软件工具，如数据分析和预测的软件工具，这些都可以为广大的工业部门和流程自动化装置所利用，来解决和应对制造、生产和业务的挑战。许多工业自动化的应用，诸如历史数据、基于状态的监控、预测维护、资产管理和故障分析等，目前都在运用云计算的方法，已经获得了更好的性价比。

云计算在提升共享资源和规模经济性方面类似于公用的电网，可以提供几乎没有限制的计算能力，并且可以按照需要提供数量巨大的存储量。另外，边缘计算正在变得普遍起来，这是一种低成本、高性能计算和通信的部署方法，导致计算和数据存储尽可能靠近产生数据的源头，这样来改善响应时间，增强数据与其生成源头的前后关系和相互关系，同时可按要求就地执行，而无需往返云端与就地。在计算机和工业自动化应用的历史上，处理计算往往都被放置在远离网络边缘的地方。直到今天还有许多应用还在这样做。现今的边缘设备可以是一台小的定位节点的计算机，或者是嵌入在传感器、执行器和其他设备中的SoC，具有特别高的性价比。将这些边缘设备部署在就地，使他们像移动的智能手机一样具有强大的计算能力和不高的成本。

这些计算设备可视作为一种平台，其中可执行许多不同功能的软件，包括IoT、基于IEC 61131-3的PLC、OPC UA和MQTT，还有与云端的接口、时序数据库、HMI以及数据分析软件。ISA-95从L0到L2的功能和L3的部分功能，再加上新的IoT的分布式计算模型，都可以在边缘设备中执行。

将工业传感器网络与边缘设备连接的方案得到越来越多的认可和接受，今后在开放式的系统中会有较多的应用来取代PLC和DCS控制器。将边缘设备部署在工业网络联网和企业网络联网之中，其通信的功能有助于无缝地将IT与OT集成。

18、协作机器人

协作机器人是一种新出现的轻型且价廉的机器人，在生产环境中与工人协同工作。这是一种实现灵活制造的新方式，无需对生产场地和流程进行大的改动，也不需要很大的投资。协作机器人应该是本质安全的，它们能感知人和其他障碍，并自动停下来，这样就不会发生伤害和损坏的事故。协作机器人不要求保护栅栏和保护笼，既增加了灵活性，又降低了成本。

协作机器人特别吸引中小型企业的投资，这类机器人的编程过程也很简单，不要求编程的老手。这类机器人可以仿照使用案例编程，或者用类似于游戏的方法编程。大多数任务不用熟练的编程人员，只要简单地移动机器臂和末梢执行器，对机器人进行示教操作，机器人便将这些运动动作记忆下来，程序就此创建。这就是所谓的大众化电脑"所见即所得"编程的物理形式。对于用户来说，关键是凭借直觉获得编程的结果。简化编程意味着协作机器人不必聘用专业工程师便可部署。

这一类新型机器人的开发类似于在 PC 机问世以后如何扩展计算机的应用。刚开始计算机很贵，只能放置在专用的房间由软件专家来编程，写出在一般人看来是很神秘的代码。因为实现的成本很高，应用面不广。直到 PC 机导入之后，尽管它的运算能力和存储容量远不如大型计算机和小型计算机，但它价格低，又灵活，才使计算机的应用面大为扩展，人们得以在很宽泛的范围内应用计算机去解决许许多多的问题。这一因素再加上简化了编程，导致计算机在工业自动化领域的应用产生了革命性的变化。

这些新型的协作机器人不能抓起一台发动机，但可以完成大量不同种类的任务，能承受负载一般在 10 ~ 30 千克。协作机器人可以完美地替代操作工完成重复的、平常的和有危险的任务。操作工不再被迫在机器前站立几个小时干那些乏味的工作，或者在有危险的环境下工作。这既提高了生产效率，又提高了工作质量，而操作工也从繁复的劳动中解放出来，去干那些要求熟练技工才能完成的任务。

协作机器人是增长最快的自动化部门，根据美国机器人工业协会 RIA 的预测数据，到 2025 年协作机器人将在工业机器人中的份额跃居到 34%。将协作机器人与视频系统、图像识别和人工智能结合起来，可以完美重复人工的制造的过程，这一进展相当令人兴奋。

协作机器人大大降低了自动化的壁垒，有相当大的范围内的用户，特别是中小型企业用户，即使缺乏高度熟练的自动化人才，也能够采用和驾驭协作机器人。而协作机器人的灵活性使得过去难以采用的许多自动化功能现在都变得容易解决了。由于编程简易方便，一台协作机器人可以完成许多不同的任务，所以特别适合按订单要求制造的生产过程。

19、先进过程控制发展的推动者

在流程工业中鼎鼎大名的美国 Aspen 公司是 Larry Evans 创建的。他原是麻省理工学院化工系的教授，也是 ASPEN 项目的主要研究者。这个项目的目的是开发第三代的流程建模仿真系统，用于在技术和经济两方面评估合成燃料的过程。1981 年在这个项目完成之后他和项目中 7 个关键的成员创建了 Aspen Technology 公司，从 MIT 取得该技术的应用许可，并进一步对此项技术进行开发、支持和商业化。作为 AspenTech 的 CEO，在接下去的多年中他扩展和深化了该技术，使得建模仿真技术成为可在相当宽的范围内应用的相互补充的产品。公司也由 10 个人发展成为上市的公司。

Charlie Cutter 原来是美国国家工程院的成员，他发明了高度成功的多变量控制器，并完成了其商业化的进程，成为重新定义先进过程控制（APC）的首创者。他是化工工程师出身，长期在壳牌石油公司工作。他所构思并付诸实现的动态矩阵控制算法，为石油化工工业节省了成百上千万美元的开销。1984 年他创建了 DMC 公司，即动态矩阵控制公司。随后又成立了第二家名为 Cutler Technology Corporation 的公司，运用动态矩阵控制（DMC）和实时优化（RTO）技术，在当代的石油天然气工业的控制工程应用中居于有竞争力的前沿位置。2000 年因对新一类的先进过程控制的贡献被遴选为美国国家工程院院士。

Karl Åström 是瑞典的控制理论家，他对控制理论、控制工程、计算机控制和自适应控制都做出很大贡献，常被人称为自适应之父。他在

1965 年提出了在信息不完全的情况下马尔可夫决策过程（MDP）的框架，导致产生了部分可观察马尔可夫决策过程（POMDP）的概念。POMDP 模型是一种智能体决策过程，假定系统的动态过程有一个马尔可夫决策过程，但是智能体不可直接观察到底层状态。取而代之的是必须基于一个观察集合和观察的概率以及底层的 MDP，维持在可能状态集合上的概率分布。POMDP 框架足够为各种各样的实时世界的序贯决策过程建模。其应用包括机器人的导航问题、机器维护和存在不确定因素下的总体规划。Leslie P. Kaelbling 和 Michael L. Littman 将此理论推广并适应于解决人工智能问题和自动规划。

自控工程师的职业规划

自控工程师可能是从工人、实习生、技术员起步的，如果走一步算一步，上班师傅、领导叫干什么就干什么，下班闲游乱逛、无所事事，从不钻研业务、学技术、摸书本，三五年后，一个年轻人可能就废了。

如果你走出校门进入职场，在参加工作的同时，也对自己未来的发展思索一番，今后怎么走，我以后能干什么，朝哪方面发展。有了一番想法，用现在时髦的话说，有了自己的一个"中国梦"，那就要开始思索我该怎么做？怎样去实现自己的梦想。实现梦想的这个思索和制定过程，还是用现在时髦的话说，就是"职业规划"。

前些年，国家领导人中，学理工出身的特别多，据说学自控、电气的人是排第一的，我们身边认识的自控专业人才也有进入副省级的，但这些都不应该是平民之辈做的"梦"。至于我们见得多一点的自控工程师当上总工、厂长的事例，也往往不是个人"职业规划"左右得了的，要看周围人群的素质，要看企业的发展，有时还要看看运气。我今天想谈的"职业规划"，只谈一个小小的"中国梦"：做一个合格的、能干的、优秀的自控工程师,能把工作干得好好的。这个梦是我们自己把握得住的,规划得以实现可能性也是最大的。

1、从头学起

刚开始工作,绝大多数人都有一个"从头学起"的问题,即使您的工作与您学习的专业是对口的,但工作的内容不可能在学校都能学到。因为学校学的是基础和涉及面广泛的专业知识,而你要做的往往是非常窄的一个专业领域。更何况大多数人的专业不对口,学电气、学计算机改行就算相近专业,而学工艺、学机械、学物理、学数学改行的难度较大。从头学起就必须有个计划,要学哪些东西,要先学哪样,时间怎样安排。

我大学学的是工艺专业:有色金属冶炼。分到有色冶金设计院,单位是对口的,但来了之后,要改专业,从有色金属冶炼的工艺专业改成有色金属冶炼的仪表专业(自控专业的前身)。这个改行的难度是很大的,应该说在大学学的课程除了基础课(数学、物理、机械制图、外语等)相同外,专业基础课和专业课则完全不同。

所以当时就有个想法,既然改行,就要过"苦"日子,从头学起。

2、定位

职业定位有两层含义:一是确定你自己是谁,你适合做什么工作;二是告诉别人你是谁,你擅长做什么工作。很多人事业上发展不顺利不是因为能力不够,而是选择了并不适合自己的工作。定位准确,你就会善用自己的资源;定位准确,你就会抵抗外界的干扰;定位准确,你就会获得更加长足的发展。为了告诉别人你是谁,是要看时机的,一般情况下是做出成绩让别人了解你,但如果是领导与你推心置腹交谈,或者是在竞聘或招聘时,则可大胆说出你想做什么。说不定这可以让你的上司或用人单位迅速了解你、培养你,使你得到较好的发展机会。

3、陟遐自迩

陟遐自迩是一个成语，说的是走远路要从近处开始，做事要从小事做起，工作要扎扎实实。

改行后的想法是先学会画图，能开始干点工作，这是最重要的，然后一边干一边学。画图是先要学会画，然后逐步学会为什么要这样画。画图的工作时有时无，没有图可画时，怎么办？看图，看老同志是怎样画的。从资料室借来一套套图纸，一张张仔细看，看完一遍又把几张相关的图纸对照看，慢慢就能看出点门道，也看出图纸中涉及哪些仪表，也知道哪些仪表最常用、最重要。

画图和看图中会遇到很多问题，当然可以向老同志请教，但不可能一有问题就问，那人家不烦死了。还得自己先找书籍和资料看看，说不定十有六七的问题自己就消化了，实在找不到答案的再去问问老同志。

因为改行的跨度大，画图、看书时碰到的仪表从来没见过，不知道这些仪表长得是什么样子的，怎样使用也不清楚。怎么办？去现场参观学习可能是最好的办法。20世纪60年代工作不忙，在单位开个介绍信就可以去工厂参观了，而且我所在的设计院对省内出差没有限制，给当时的科长说一声就可以了，所以我先后去当时云南省仪表用得最多的工厂——开运解放军化肥厂、昆钢、云南冶炼厂和邻近云南的攀枝花钢铁厂参观学习，分别在这些厂待了一周到一个月，一个一个地分厂、车间参观或跟班。那时人们非常单纯，对外来参观学习者不但不排斥，还热情有加，带你去看现场，一点点讲给你听，回答你提出的问题，真是太享受了！晚上回到招待所，记录下一天参观的内容，见到了那些仪表，知道它们用在什么场合，使用中常遇到哪些问题，怎样解决这些问题……再有时间就去看书，白天见了哪些仪表，晚上就到书本上找这些仪表。这样有的放矢看书就不再是枯燥无味的事，而是兴趣盎然、印象深刻。

4. 跬步千里

还有句成语是跬步千里，说的是走千里路，是跬步（指半步）积累起来的，对知识的学习来说，应该持之以恒，不要半途而废。

对自控工程师来说，要求的知识面特别宽，什么都要懂一点，而我刚出道还未入门，该怎么办？

当时的知识是以检测仪表为主，我就按轻重缓急，先列出第一批知识学习清单：温度、压力、流量、物位、控制阀、指示仪表、记录仪表、分析、仪表盘箱等。每一个产品集中一个月左右的学习时间，把手头上能找到的学习资料都找来看，包括书籍、杂志、产品样本等，统统翻一遍，再归类，列出一个个专题，记下学习笔记。像温度仪表，资料翻一遍之后，知道对冶金工厂，热电偶、热电阻是最重要的温度仪表，要了解热电偶、热电阻的各种型号、应用温度范围，设计选用的主要问题（如保护管、插深、热电偶的补偿导线，热电阻的绝缘材料、接线方式，温度仪表与显示仪表的组合配套等）。一段时间重点突破一个知识点，了解较为全面，印象也很深刻，知识的基础就牢固了。第一批知识学习清单完成了，又可列出第二批知识学习清单，然后是第三批……过几年后，有些知识学习清单上的内容可能要学第二轮、第三轮，当然，学的内容也越来越深入。总之，我深信"根壮叶茂才能打牢基础"，半步半步地挪，千里行的目标早晚会实现的。

5、全面技能

要做一个合格的、能干的、优秀的自控工程师，只能做日常的一些本职工作总会感到有所欠缺。如现场工程师，只能做仪表维护、检查，设计工程师只会画图、做设计，这往往与高标准的职业要求相距甚远，还必须全面掌握一些技能。我想了一下，或许以下几项技能是重要的。

阅读：在工作过程中遇到问题时要多读点东西，比如您要去做某件事或研究某个问题，一定要去找资料看看，力图将与您要去做的那件事或研究的那个问题有关联的东西搞清楚，尽可能做到全面了解。业余时间，也要多阅读。最近一位当小领导的朋友对我说：看每天下班后的两小时这个人干什么事就决定他今后走哪条路。能利用这两小时看看专业书的人将来可以走技术成才的路，而从不看专业书的人多半是应付工作的混混。阅读会对一个人的未来发展有很大帮助，当今社会资料阅读的来源很多，比如说，专业书籍：常常是先要细看一遍、通读全书，平常再遇到问题时随手翻阅；期刊：从专业类的期刊上可以获得专业知识，开阔眼界，甚至连杂志上的广告，也往往是一些国内外知名企业的最新技术和产品；网络信息：或许这是当前最方便、最快捷获取专业知识的手段，内容也会非常丰富，网站上的最新信息、论文、专题介绍都有，也还能搜索到一部分书籍和杂志上的专业内容。

写作：工作本身也往往有写作要求，如现场工程师要写个年度小结、项目情况报告，设计工程师要写说明书等。如何准确、精练、重点突出写出好文章是职场工作的一部分。有些工程项目实施过程中要阶段小结，项目完成需总结，都少不了写文章，更令人烦恼的是职称评定要交论文，这常常是硬指标，缺了职称晋升就要打水漂了。这件事说难也不难，关键是要有东西可写，有积累、平时做事有记录，那写文章就有底气了。什么事不干，平时做事不动脑筋，那就是无米之炊，想编想抄也搞不成的。你写成的文章可以看成是对社会的"输出"，是你对某一问题的认识、分析、思索，这或许对其他人有所帮助，也使其他人对你有所了解。我认识的很多人、交的许多朋友，好多都是通过看我的文章熟悉的。工控网的一位编辑，也是看了我的文章和我写的有关有色金属行业自控技术发展综述的文章后，才联系我编写全国工业自动化人才认证培训项目《有色金属生产过程自动化》一书。

外语：相对于工艺工程师，自控工程师碰到国外设备的机会多得多，对外语水平的要求也应该高一些，权衡一下自己的工作场合，如果对外语水平有一定要求，那就应该毫不犹豫地在学习和使用外语上下功夫。第一步是先解决看懂国外资料的问题，即能够笔译；第二步是解决口语会话的问题，即可以面对面地交流。下了决心学好外语，一定不能中间动摇放弃，要持之以恒；关键要早一点能用上外语，不然辛苦几年，一点成果也看不见。如果您的职业规划目标定得高一点，那就得在外语方面多下点功夫，使自己有能力多看看国外的原文资料，一定会开阔您的视野、扩展您的思路，让您在专业能力的提升方面走得更远。相比绝大多数年轻人，他们在校学的是英语，离英语派上用场往往只是咫尺之遥。而我在学校学的是俄语，但从认识二十六个字母开始自学到能翻译简单的英文资料，大约只用了三年，当然，这与那三年每天两小时不间断地学英语有关。

演讲：小到面对面两三个人讨论问题，大到在几十个人参加的会议室作项目介绍，内容精练、重点突出、说理清楚的演讲是必需的，事先做好准备、拟好提纲是做好演讲的前提，锻炼几次，能力自然就提高了。

交际：工作过程中要与各方面的人打交道，单位内部如此，与外单位合作的项目更显现交际能力。很多情况下要互相讨论，要耐心听取对方的意见，心平气和地找出解决问题的方法。与人交际的过程也是一个学习的过程，一个人不可能什么都懂，不同单位、不同专业的人各有其专长，遇事协商、和谐相处、虚心学习是在交际过程中尽量要做到的。

交友：人在社会上都生活某些"圈子"里，有"生活圈子"，也有一个"职业圈子"或"技术圈子"，职业圈子对职业规划有可能十分重要。圈子里的人都勤奋好学，有的甚至学有所长，也会影响到你。三人行必有我师，一个良好的职业圈子，会让你遇到的很多问题解决起来非常高效，因为你知道，我有问题该问谁？你圈子里的朋友会及时给你帮助的，我的职业圈子里的很多朋友都是学识越高越肯帮助人的。试试看，构建你的职业圈子，维护好你的职业圈子，它将助你飞得更高。

动手：好多自控工程师，特别是坐办公室的，动动笔可以，指挥人可以，但自己动手安装、调试仪表不行，这种状态要改变。我们可以先仔细到现场看看工人怎么安装、怎么调试仪表，下一次我就自己试一下了。特别是一些新仪表，如需组态的显示仪表、可编程序调节器、可编程序控制器 PLC、分散型控制系统 DCS，往往是坐办公室的有机会先接触，资料也多，学习机会也多，只要自己主动争取，还是有很多动手机会的。

6、学有专长

好多搞自控的人，知识面宽，什么都懂一些，但往往什么都不太精，我们常常自嘲是个"万金油"。以前我曾担任过部门负责人，也曾设想在我这个部门工作的人各有其专长，有的人 DCS、PLC 系统编程熟练，有的擅长流量检测，有的精通各类温度、压力检测，有的通晓称重仪表，有的精研冶炼过程自控，有的熟练掌握选矿生产过程自控。这样的团队的综合能力可能是最强的。每当一些新设备出来，一些新动向问世，一个团队中最好能安排专人提前钻研一下，以便让整个团队受益。

我开始自学英语时，在北京工作的朋友送给我一份德国公司来华交流的电子皮带秤资料，我当时的单词量只有 1000 左右，也不自量力地开始翻译这份资料，听人说这叫"硬译"，即硬着头皮译。头一两天，满篇全是不认识的生词，还是坚持不懈地往下翻译；三四天后，生词量明显少了，翻译的进度也快了，但几页纸的英文资料还是花了我一周的时间。以后再看英文资料，还是找讲电子皮带秤的，因为与这个内容相关的单词我已经熟悉了，翻译的障碍少一些，翻译过程的心情就愉悦得多。就这样，我就开始关心电子皮带秤了，而且这个内容与我们的设计工作还结合挺紧密，好多工程都用得到。更关键的是，我们设计的电子皮带秤在现场用得不好，需要我们去想办法做好设计、选对设备、安装调试好。于是，就去找更多的电子皮带秤应用的资料，参观更多的电子皮带秤应用现场，也会想方设法找更多的英文电子皮带秤资料。参观、阅读、自己动手安装调试、思索，然后分一个个小专题汇总分析，也先后写出数十篇有关电子皮带秤的论文。最终，收集整理的这些资料和论文都写进我的两本论著：《电子皮带秤的原理及应用》（1994 年，冶金工业出版社）、《电子皮带秤》（2007 年，冶金工业出版社）。

7、机遇

实现"职业规划",有时还得看机遇。但"凡事预则立,不预则废",不论做什么事,事先有准备,就能得到成功,否则有可能会失败。也可以换一句话说:机会总是留给有准备的人、有实力的人,更多的时候是留给坚持最久的人。看看我的周围,有很多熟悉的人取得成功,虽然都有一些偶然因素,但都离不开他们平时的努力、他们把握机会的能力及追求理想的精神。

事例1:我的一位朋友在一个小氮肥厂当仪表工,这是20世纪六七十年代我们国家为每个县建的三小企业之一,每年生产碳酸氢铵三千吨,规模小得很,所用的仪表也很少。但他用心学习,把这些仪表维护得非常好,其他地方的小氮肥厂仪表出了问题,都邀请他去处理。20世纪80年代,《自动化博览》杂志的前身《仪器与未来》杂志曾举办过国内最早的"仪表工试题竞赛",这位朋友得了一等奖。后来小氮肥厂破产了,当地烟厂又招人,他就进了烟厂。而烟厂的自动化水平高多了,新技术不断引入,他刻苦钻研,把工作中遇到的问题都弄得一清二楚。20世纪八九十年代,他在各类自动化仪表杂志发表了多篇文章,这些文章谈到的都是他工作中碰到的实际问题及解决方法,非常实用。工厂进行第一次职称评定,他以工人身份成为数千人大烟厂第一批晋升的五个工程师之一。退休后,他发挥余热,在中华工控网上以Dlr资深明星博主写了很多内容丰富、语言朴实、简洁易懂的博客,网友的提问他都热心回答,从而得到全国各地网友的极力推崇。他对仪表调试维修独到的见解和方法、丰富的工作经验、刻苦钻研的工匠精神感动了化工出版社一位年轻的编辑,正是她联系了这位资深明星博主,促成了仪表工"系列"书籍的出版,这就是大家先后读到的《仪表工问答》《仪表工上岗必读》《教你成为一流仪表维修工》《智能温度控制器的使用及维修》四本书,总计字数达到140万。

事例2:二十多年前,我在昆明举办了一次全国性的电子皮带秤培训班，参加学习的学员中有一位来自上海港务局，课余时间与他交流了一下，他是在煤码头工作，大船从煤产地运煤来在码头卸货，卸下的煤又装上小船通过内河运到华东各地。进进出出的煤都是通过电子皮带秤计量，他就负责管理好计量设备，如果计量不准的话，船老板肯定就要找您的麻烦。解决矛盾的办法是重新计量一次。比如对小船，要把装到船上的煤卸下来，用卡车运到地中衡一车车计量，皮带秤计量多了超过误差，港务局打官司就算输了，卸煤、计量的费用都得港务局付。后来听说他们在电子皮带秤精准计量煤的过程和设备上做了许多工作，如选择性能好的秤架和仪表、双秤计量、修改工艺设备配置改善计量条件、强化检定工作等，使计量电子皮带秤计量准确，达到商品交易计量设备的要求，同时也得到船方的认可。再往后，听说他荣获全国劳动模范的称号，是上海港务局包括知名劳模包起帆在内的三个全国劳模之一，港务局也有一个以他名字命名的劳模工作室，他们制作的电子皮带秤也在全国各地港口运行。

事例3：我在云南一家企业实施微量程固体物料添加自动化控制项目时，甲方与我对接的是一位女电气工程师，她也兼管仪表，项目投运过程中，她学习认真，不懂就问，每天都要到现场察看使用情况。由于这套固体物料添加自动化控制项目将繁杂的现场手动操作提升为控制室自动操作，减轻了工人的劳动强度，减少了添加剂消耗，受到了操作工和车间领导的欢迎。操作工也离不开这批设备了，一出问题，她随叫随到，工人对她的工作态度非常赞许。几年前，上级给该企业下达了一个全国劳动模范的指标，据说要求在女性技术人员中挑选，人缘好、工作态度极其认真负责的她当选了。

事例4：一位朋友在设计院搞自控设计，当看到国家安监总局发布的《关于加强化工安全仪表系统管理的指导意见》（安监总管三〔2014〕116号）文件后，敏锐地感觉到在化工厂应用推广安全仪表系统非常重要，他先参加了几次安全仪表系统培训班，领到了相关的资格证书，并在参与化工企业安全仪表系统设计及实施过程中不断学习和提高。现在他已经是省应急管理厅相关处室聘用的专家，也参与多家化工企业的安全风险评估和安全仪表系统的设计及实施，同时作为本省专家多次在省内化工企业安全风险评估和安全仪表系统设计的培训班上授课。

8、结束语

自控工程师的职业规划可以说是"从大处着眼，从小处着手"，每天一点点做，每隔一段时间再回头看看，对职业规划和具体做法适时做些修正。也许三年五年之后，就能看出一些成果；也许还要十年八年，才能看出大的变化。但不管怎样，做或不做职业规划，结果是会大不一样的。

希望你的职业规划尽快取得成功，也希望你能如愿成为一个合格的、能干的、优秀的自控工程师！

自动控制系统是智能制造的"鸡蛋"还是"石头"？

智能制造是互联网时代的产物，互联网技术进入制造领域，使得自动化制造升级为智能制造成为可能。

鸡蛋在合适的温度上可以转化为鸡子，而最适当的温度也不能将石头转化为鸡子。这说明了什么是事物变化的根本原因：即内因是事物变化的根本，外因是事物变化的条件，事物的发展是内外因共同起作用的结果，而外因只有通过内因起作用。

当前我们在讨论中国的智能制造实现之路时，同样也要考虑从自动化制造转变为智能制造时，什么是实现智能制造的"鸡蛋"（内因）。什么是实现智能制造的"温度"（外因）。如果我们一味地强调"温度"的作用，而不考虑其本质的内因。那么再好的外部条件也不能实现本质的变化。

1、智能制造是互联网时代的产物，互联网技术进入制造领域，使得自动化制造升级为智能制造成为可能

当前，我们已经进入了互联网时代，互联网技术以不可阻挡的潮流进入各行各业，给各行各业的变革带来强大的动力，同时也对各行各业的发展产生巨大的影响。作为互联网时代的产物：智能制造的概念诞生了。智能制造的目标就是对目前的生产制造模式进行转型升级，即智能制造生产模式有以下几方面的变革和提升：

第一，智能制造延伸了生产制造的含义，从单纯的生产制造链延伸到产品生命周期的全过程。它既考虑了产品的质量、成本，同时又考虑了企业内部的运行模式、企业的应变能力以及企业在市场和客户中的定位等，无论是研发与设计、生产与制造，还是营销与服务都以满足消费者需求作为出发点和归宿点，推行用户体验式的设计，制造和服务的一体化，这样形成研发，制造和服务三位一体的智能制造生产模式。

第二，智能制造实现了数字一体化的生产模式，产品的数字化、制造的数字化和管理的数字化保证了人，机和产品之间的无缝连接。制造信息流，管理信息流及研发和客户信息流可以在控制系统中进行通信和交换。这样的生产制造系统具有自适应功能，柔性灵活、快速重构的智能化的特点。

第三，智能制造生产制造模式的内容也有了新的含义。

显而易见，目前的工业自动化控制技术是不能完成这些任务的。我们必须依靠外力，即考虑如何将当今日益发展工业互联网应用于工业领域，如何将IT技术真正的能引进到控制领域,从而使得智能制造成为可能。温故而知新，我们不妨回顾一下近30多年自动化技术发展的历史：

20世纪80年代，当RS232的串联通信技术广泛地运用在计算机领域的时候，自动化领域的工程师们马上对这种技术进行了分析，消化和变革，针对工业通信传输安全和工业工况环境的可靠性和抗干扰的要求，发展性地采用了RS485双工差分式双绞线的现场总线传输通信（物

理层）的标准，并且创造性地对 ISO/OSI 七层协议通信进行了简化（物理层，数据层直接到应用层），在拓扑结构上又对串行通信协议的信息内容和使用格式进行了扩展，产生了环形网络拓扑（Interbus）和线性网络拓扑（Profibus）结构的现场总线自动化通信技术，成功地将当时串行通信技术运用于工业控制领域。成为自动化融合通信技术的一个典范。

20 世纪 90 年代，PC 技术风起云涌，自动化工程师又大胆地改革了 PLC 控制器的硬件结构，大量地将 Window 的软件环境运用到自动控制系统中去。特别对传统的 PLC 编程语言（IEC 61131）进行了改进，采用了高级语言（如 C 语言）进行了编程，这种编程方法也日益地被专业人员所接受。使得以 PC 为基础的 PLC 控制器也成为自动控制系统的一个主流。

而在 21 世纪初，以太网技术发展日新月异的时候，自动化工程师马上取其精华，实现了工业以太网和工业实时以太网，以太网技术成功地与工业自动化技术有机地结合起来，大大地提高了控制系统的性能，功能和应用范围。成为自动化人的自豪和佳话。

通过以上三段历史的回顾，我们得到这样的启示：所谓的自动化技术的发展都是以自动化本身的改革为主导，大胆地融合了不同时代出现的不同技术，如果没有自动化本身变革的内因发生变化，就不会有工业自动化技术发展的今天。

这使我想起中国的一句古话：以史为鉴。所以只有了解事物的过去，才能知道事物的今天。只有知道事物的今天，才能预测事物的明天。

而今，当 IT 技术和互联网技术要进入生产制造领域时，IT 领域的专家们成为改革自动化控制系统的主导者，他们希望通过成熟的互联网技术运用到工业场景上来实现 IT 融合 OT。实际上工业互联网平台的产生是在云平台的基础上叠加物联网、大数据、人工智能等新兴技术，实现海量数据汇聚与建模分析、工业经验知识软件化与模块化、工业创新应用开发与运行，从而支撑生产智能决策、业务模式创新、资源优化配置和产业生态培育的发展。目前互联网的基础已完成，各种的生产制造管理的 IT 软件的应用技术也已逐渐成熟，如 5G，大数据通信、归纳分析算法、基于条件的监控、预测维护、机器学习和增强现实在各个领域得到了应用。这样一来，似乎实现智能制造的条件已经成熟。

但是我本人认为，采用目前的这种方法并没有改变生产制造的本质。正如前 ABB 总裁史毕福在总结 GE 的 Predix 工业互联网不成功的例子所说的那样：工业互联网则是数字化转型的实现形式，GE 的工业互联网只做到了收集数据和分析，但无法做到控制……由于 GE 的工业互联网没有与控制系统数据有机地结合，使得 Predix 没有在工业界得到广泛使用。

要真正做到 IT 融合 OT，我们必须找出生产制造模式变化的内因何在，才能得到 IT 技术融合于生产制造领域的通道，更好地发挥人工智能、大数据等技术在以产品全生命周期为导向的大规模化制应用模式的互联网平台的作用，打通产业链上下游，优化资源配置，实现从企业管理层到生产层的纵向数据集成。这里面最主要的是，控制系统不仅要与过去一样处理控制数据（即实时性数据），同时对于大量的生产管理，产品研发数据（非实时数据）也有处理能力。

但是可惜的目前大量互联网企业达成的工业互联网平台都不能对控制的实时数据进行处理和交流，他们做了大量分析，但是对于现场的控制的作用微乎其微。

所以到目前为止所谓的"IT 融合 OT"实质上仅仅是"IT 凑合 OT"。因为智能制造的核心是要改变的传统的生产制造模式，而不仅仅是数据的分析，数学模型的建立和数据库的管理。这些功能无疑对于生产制造模式从自动化到智能化的转变起了一个很大的作用，但是仅是"外因"即提供了一个"合适的温度"。

2、自动化控制技术是实现智能制造的根本，它是事物发展变化的内因

实现智能制造生产模式的目标就是对目前的生产制造模式进行转型升级，解决目前采用自动化制造生产模式不能解决的问题，即：在互联网

时代产品生命周期不断缩短的问题、产品更新换代的快速响应要求的问题、多品种小批量性生产的问题、产品生命周期考虑下的成本问题、企业 ROI 的周期问题、企业互联网时代的盈利模式问题以及带来的能源使用效率、节能减排等问题。

显而易见,这些问题的结单单靠现在的控制系统所有的功能和方法是远远不够的。

现在 PLC 控制系统不仅仅要对生产制造的实时性的控制数据进行处理和分析,而且要对大量的具有分析,归纳,总结的非实时数据进行处理。因此为了满足智能制造生产模式的需求,控制器本身要进行软件,功能和硬件结构等多方面的变革。控制器这种内因本身的变化,再加上融合外因的变化,才能实现智能制造的目标。

3、PLC 控制系统在智能制造条件下自身变革的建议

作为抛砖引玉,我认为 PLC 自动控制系统为了满足智能制造生产模式的新要求,其本身必须进行两方面的改革:

一是重塑 PLC 框架结构,新型 PLC 控制系统不仅能处理实时数据,同时也能处理非实时数据。

二是 PLC 控制系统必须整合人工智能的功能。

01、重塑 PLC 框架结构,新型 PLC 控制系统不仅能处理实时数据,同时也能处理非实时数据

智能制造中的企业管理结构模式中:管理层是企业产品生命周期的管理;控制层是研发端、制造端和服务端的整合控制;现场层采集的信息一定要有可控、可观、可测、可通信的功能(表1-1、图1-4)。在这种情况下,智能制造对自动化系统提出了新的要求。PLC 控制系统目前的最大问题是不能处理、分析、归纳和总结管理,服务和研发的所谓的非实时数据。这个缺陷形成了 PLC 控制系统在智能制造中应用最大的瓶颈,工业互联网,大数据,人工智能技术不能直接进入到控制系统的核心——PLC 控

制系统中，限制了迅猛发展的互联网新技术在控制器层面的应用范围。因此在这种情况下，当前的 PLC 控制系统必须进行变革，才能满足自动化系统运行过程和控制相关的实时数据处理及管理，服务等非实时数据的分析、存储、归纳等要求。

表 1-1 智能制造中的企业管理结构模式

金字塔结构	自动化制造的金字塔PLC系统	智能制造的金字塔PLC系统
管理层	对控制数据进行显示	产品生命周期的分析管理和总结
控制层	对控制数据进行处理	对研发端，制造端和服务端数据处理
现场层	进行控制数据的采集	现场数据的采集具有可观，可测，可控和可通讯性

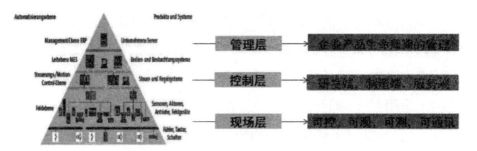

图 1-4 智能制造中的企业管理结构模式

但是实时数据和非实时数据的性质是完全不同的（表 1-2），由于非实时数据与实时数据在数量上，时间上，处理方法和传输效率的完全不同，使得目前的 PLC 控制系统框架结构设计中仅对实时的控制数据进行处理。而没有考虑处理管理，研发，服务等的非实时性数据的问题。

表 1-2 实时数据和非实时数据的性质

实时数据	非实时数据
传输数据数量少	数据传输数量大
实时性要求严格	无实时性的要求
周期性进行传输	无需周期性传输
传输效率要求高，可靠性要求高	可采用高传输速率，可靠性相对低

为了满足智能制造的要求，我们必须考虑新的 PLC 控制系统的硬件，软件和操作系统既能满足原来的功能，同时又能满足处理部分的非实时数据的功能。即产品生命周期的研发，服务和管理数据也能在控制器进行运算和分析。这样就形成一个全新的 PLC 控制系统。

菲尼克斯公司开发的 PLCnext 控制系统，其系统架构模型就是按照这种思路进行设计的。

在德国推进工业 4.0 的初期，菲尼克斯就针对智能制造对于新一代的 PLC 控制器提出的要求，开始开发了用于智能制造模式的新型 PLC 控制系统，并且命名为 PLCnext，即互联网时代的 PLC 控制系统。它的特点是既保留了传统 PLC 编程的优势，同时通过扩大了编程语言、工具及开源功能集成的自由度的能力，实现处理实时性数据的功能的同时，又能处理非实时数据的 PLC 控制系统平台。其结构设计是采用了以下六大开放性的技术来实现的：

（1）采用 Linux 的开放式实时操作系统。

（2）PLCnext 的多核多任务的硬件系统架构。

（3）采用 ESM 执行和同步管理器 Execuzation&SynchonizationManager 和 GDS 全局数据库（Global Data Space）管理的内部用户组件和外部用户组件技术。

（4）开放性的软件编程语言。

（5）开放性的功能块开发平台（PLCnext APP）。

（6）开放性的各种通信接口平台。

02、PLC 控制系统必须整合人工智能的功能

PLC 控制系统需要智能化的功能，唯一的方法就是将人工智能的技术整合到整个 PLC 控制系统的设计中去。

那么什么叫人工智能呢？清华大学孙富春教授曾经做了这样的描述：人工智能的最终目标就是探讨智能形成的基本机理，研究利用自动机模拟人的思维过程。而近期的目标如何用计算机去做那些靠人的智力才能

做的工作，一个是模拟人的思维过程，一个是模拟人的能力。从而可以认为人工智能就是按照人的功能进行开发研究的一种技术。反过来讲，人有什么功能呢？有眼睛、耳朵、大脑、手脚、神经、消化、呼吸。人们正是仿照这些功能产生人工智能，即人工智能的七大功能（图1-5）。

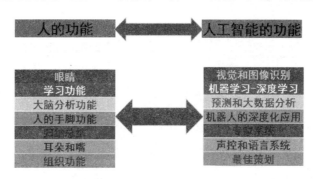

图1-5 人工智能的七大功能

那么工智能如何用到自动化上去呢？如何与PLC自动化系统结合起来呢？按照人工智能的7大部分的作用，我们做了以下分类：感知、认知、明知（图1-6）：

感知就是视觉和图像识别、机器人的深度化应用、声控和自然语言系统。

认知就是机器学习、深度学习，一直到神经学习。

明知就是预测，专家系统和最佳策划功能。

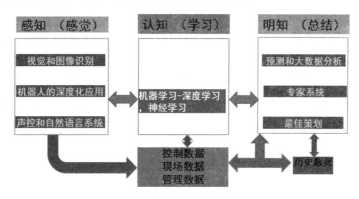

图1-6 感知、认知、明知

我为什么要把人工智能分成三类呢？这恰恰符合了自动化控制系统

的三大功能：数据采集、数据处理、数据分析（图1-7）。

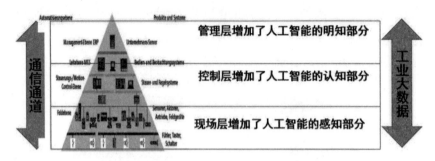

图1-7 数据采集、数据处理、数据分析

我们在PLCnext控制器中非实时数据的分析管理中增加了人工智能的明知部分，使得PLCnext内容可以对一些生产、研发服务等管理数据进行分析归纳总结，实现预测，专家系统和最佳策划的功能。

而在PLCnext的逻辑运算部分增加了人工智能的认知部分，使得控制器的运算部分的增加了机器学习的功能，通过机器学习的辨识，建模和决策的功能使得PLCnext控制器不仅能够按照已知对象的调节规律进行控制，同时也可以对未知的对象通过自学习的方法进行自适应控制。使得控制器有了人工智能的功能。

在数据采集上即现场层增加了视觉控制、声控和语言功能，这些功能不仅使得我们对于控制对象的现状，运行状态以及未来的预测有了更多的现场数据，同时已与机器人组成为一体，使得机器人也有了视觉和语言功能，机器人的应用场合会越来越多，智能化的程度也愈来愈高了，进行分析的数据量更多更丰富。

利用PLCnext控制平台，有机地整合了人工智能的功能，PLCnext的新型框架结构使得智能制造实现有了新的可能。同时也实现了智能制造生产模式即全产品生命周期的生产制造模式。

4、总结

以上的阐述作为抛砖引玉，本人提出以下一些观点：

（1）工业自动化控制系统是实现智能制造的内因，IT技术的应用是实现智能制造的条件。

（2）现在的 PLC 控制系统本身框架结构必须进行变革，即实现对实时和非实时数据的分析，归纳，总结和制定规律的能力。

（3）在 PLC 控制系统的运算中嵌入人工智能的功能是实现智能制造的重要条件。

目前，菲尼克斯正依据 PLCnext 的平台，开展以人工智能为导向的智能生产制造模式的推广工作，菲尼克斯首先与大专院校合作，开发应用人工智能的各种工业场景的模块化的实训平台，如采用 VR/AR 与人工智能的算法相结合形成远程预测监控系统，将机器学习算法嵌入到 PLC 的运行控制功能块实现自学习的识别建模的控制决策。采用大数据的基本算法在管理层自行生存专家系统以及最佳策划的智能机理等。PLCnext 新的控制平台为 IT 真正融合 OT 打开了一个新的思路，实现一个新的路径。希望控制界的工程师们关注这种新的理念，让我们共同拭目以待吧！

大话预测性维护

1、几种不同的生产维护概念

相信很多在现场待过较长时间的工程师都知道"巡检""召修"这样的工作，在设备发生故障后，由维修人员进行维修、更换，这往往同时意味着生产的停机、重启设备带来的不良品和工时耽搁以及潜在的人员伤害，并且在过程中也会存在过度维修的情况造成二次失效的风险，这种被称为"事后控制"-维修人员担当"消防队员"的角色，在生产过程中随时去"救火"（图 1-8）。

被动维护
• 基于运行直到停下
• 依赖于经验和感觉
• 非计划宕机
• 长时间宕机

预防性维护
• 可接受的设备停机
• 剩余使用被抛弃
• 正常也可能被更换

预测性维护
• 早期预警
• 由实际机器环境导向
• 尽可能延长寿命

图 1-8 现场维护的发展阶段

而另一种普遍采用的是预防性维护，尤其是在流程工业较为普遍，即安排专门的时间对设备进行统一的检修、更换，以确保在未来一段时间里的生产稳定运行，相对于事后控制这种方式具有一定的可控性，也能避免较大的事故发生，但是，这种维护方式往往需要一定的维护保养时间，并且，经常会产生为了保障未来一段时间不产生停机，而对未失效的设备、器件进行整体的更换，也是一种时间和维修成本较高的方式。

为了解决"事后控制"和"预防性维护"的弊端，"预测性维护"是一种目前普遍在进行的运维模式。

第三种称为"预测性维护"它又有不同的阶段和技术成熟度的不同而产生了不同的方法。

2、预测性维护需求的根源

今天，预测性维护技术之所以广泛关注，并形成了 PHM- 设备健康管理的整个完整的系统，也是工业物联网技术、数字孪生技术的典型应用场景，这有以下背景原因：

01、连续生产产生的需求

由于通过产线集群生产方式，每个单台设备的故障将会影响整个产线的 OEE 水平，因此，预测性维护的必要性就变得更为迫切。

02、基于数据的方法变得更为经济

传统的机理模型方式依赖于专家或专家系统，专家极其难以培养，而专家系统也需要数十年的各种场景研究的积累，而随着数据采集、传输、分析类的工具与方法变得更为经济的时候，数据驱动的方法解决了传统健康预测的瓶颈，进而使得数据驱动的预测性维护得以快速发展。

3、预测性维护的实现方法

01、预测性维护的两种主要方法

通常预测性维护，首先一个概念称为"基于状态监测"（Condition-Based Maintenance）的维护，它借助于传感器技术、通信技术、专家系统，集中采集导致设备停机的状态参数，可以实现在事故发生之前较长时间里的故障"预测"，并提供较为精准的故障定位与处理方法。

图 1-9 即是典型的基于振动的分析，通过加速度传感器对信号进行采样，通过系列的积分、滤波，对信号的包络曲线提取、特征频率获取，通过快速傅里叶变换、整流、解调等方式对信号进行前期处理，然后，将提取的数据输入至状态监测系统（Condition Monitoring System）进行分析，包括工频、二倍频、共振等方面的分析。而对数据的处理则有两种不同的方法，用于对故障进行预测，以获得设备的剩余使用时间、故障点、故障类型等处理信息。

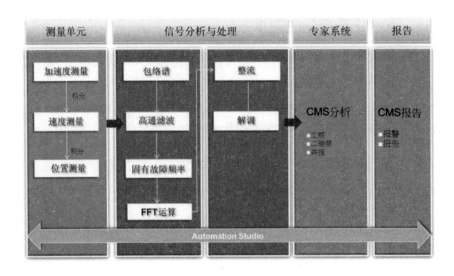

图 1-9 基于状态的预测性维护

其中两个主要的方法称为基于模型的（Model-Based）方法，这一种是基于机理模型，即机械系统的失效分析，它根据已有的轴承、齿轮箱的机械特征参数，并将实时参数进行对比，对故障进行预测，这种系统往往会依赖于长期的数据积累，形成"专家系统"，类似于"查表"的方式，对故障进行预测、定位与分析。

另一种方法是数据驱动的预测性维护（Data-Driven Predictive Maintenance），是在现有的人工智能技术基础发展起来的，同样也是基于物理建模，但是，不同在于它没有提供失效分析的方法而是通过大数据方法对特征值进行学习，可以通过"强化学习""监督学习"方法来预测未来的故障，通过大量数据的学习，自主掌握设备的潜在故障（图 1-10）。

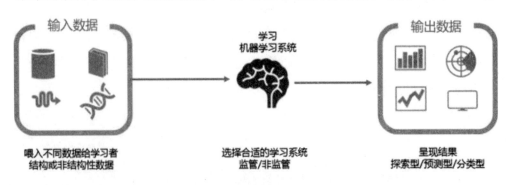

图 1-10 常用机器学习过程

02、模型驱动与数据驱动的方法选择

模型驱动与数据驱动的方法各自有优缺点，模型驱动方法对于模型需求较强，必须对整个机械系统的材料、传动过程等非常清楚，并且能够有很好的领域知识支撑来实现，这对于专业的依赖非常深，往往需要非常专业的领域专家，如国际认证振动分析师这样的专业人士才能进行，而数据驱动型的则不依赖于专家的知识，通过大量数据分析，对故障进行预测，但是，这种方法需要数据量较大，同时，由于机器学习往往具有"不可解释性"，因此，用户采用与接受也需要一个长期验证的过程。

采用模型驱动还是数据驱动也需要结合实际情况，对于机理模型强而数据少的，则采用模型分析方法，而对于机理模型不清晰，数据量较大的情况，则易于采用数据驱动的方法。

当然，比较好的当然是两者的融合，模型提供了快速构建预测性维护的基础，但模型的保真度，以及运行环境中的不确定性等会儿让模型进行的预测准确度不够，而基于数据则可以弥补这方面的缺陷，提高预测的精度。

4、预测性维护带来的好处

预测性维护带来的好处具体如下：

（1）降低甚至消除潜在的停机。

（2）备件可以被准确预测并进行准备。

（3）可以实现最大的设备使用价值。

根据相关研究数据表明，采用预测性维护技术对于工厂的贡献如下：

（1）降低维护成本：25% ~ 30%。

（2）消除生产死机：70% ~ 75%。

（3）降低设备或流程的停机：35% ~ 45%。

（4）提高生产率：20% ~ 25%。

5G 将如何改变工业？

对于工业领域来说，当前亟需通过 5G 来解决领域内现有无线技术的应用困境。随着智能制造和工业 4.0 的推进，工厂内的智能设备和传感器将越来越多，5G 在帮助企业部署大容量物联网和高可靠低时延应用中将扮演重要的角色，可以满足工业环境下设备互联和远程交互应用需求。

"4G 改变生活，5G 改变社会。"已经成为了通信行业的流行语。在 5G 出现之前，移动通信领域似乎从未诞生过如此炙手可热的宠儿。世界各国均为之瞩目，各行各业都将其视为改变未来的依托。在各大会议和论坛中，5G 也成了必蹭的热点。

这纷至沓来宠爱，都源于 5G 实现了前所未有的突破：推动互联网从消费领域迈入产业互联应用。苗圩曾表示，5G 的应用场景 80% 是用在物与物的通信，如工业互联网、车联网、远程医疗等领域。

那么，与 4G 技术相比，5G 最本质的变化是什么？它又将深入哪些生产场景，如何改变工业？

为什么是 5G？

对于 5G，华为提出了几个特征：峰值网络速率达到 10Gbps、网络传输速度比 4G 快 10 ~ 100 倍；网络时延从 4G 的 50ms 缩短到 1ms；满足 1000 亿量级的网络连接、整个移动网络的每比特能耗降低 1000 倍。

从中我们可以看出，5G 是一个拥有"多重人格"的网络，除了网速快之外，还有具有时延低、支持海量连接、支持高速移动等特点。

高速度、低时延和海量连接这三大特点，也创造了 5G 的三大应用场景：增强移动互联网（eMBB）、海量物联网连接（mMTC）和高可靠低时延通信（uRLLC）。这三大应用共同构建了 5G 的整体应用体系。

其中，海量机器连接和高可靠低时延应用是前 4 代网络中从未出现过的能力，也是 5G 应用于工业最为重要的基础。海量机器连接使得工厂中大规模的人与人、人与物，物与物的互联成为可能，高可靠低时延应用则可以让智能工厂拥有更加敏锐的神经系统。

但在实际应用中，不同场景对于网络速度、连接量和时延等网络特性的要求其实是不同的，有的甚至是矛盾的。

譬如，在自动驾驶中，需要极低的时延，以保证安全，但不一定需要高网速；但如果同行人在看一场高清的节目直播时，则更在乎高网速带来的高清画质，时效上，整体延后一些是没有影响的。

所以，如果能把网络拆开、细化，就可以更好、更灵活地应对不同场景的需求。

这时 5G 的一个关键概念登场了——切片。

嗯，不是面包的切片，但如果切出来的每一片面包都能发挥不同的功能，那这二者也有一些相似之处。

简单来说，网络切片就是将一个物理网络，按应用场景切割成多个虚拟的端到端的网络，每一个虚拟网络都可获得逻辑独立的网络资源，且各切片之间可相互绝缘。因此，当某一个切片中产生错误或故障时，并不会影响其他切片。而 5G 切片，就是将 5G 网络切出多张虚拟网络，从而支持更多的应用场景。

网络切片的优势在于其能让用户自己选择每个切片所需的特性，如低时延、高网络速度、高连接密度等。不仅如此，用户对切片的更改和增加，不会影响其他切片网络，既节省了时间又降低了成本支出。

切片大大扩展了 5G 的应用场景。在可以预见的未来，随着 5G 核心网实现更细的拆分，更加模块化和软件化，5G 将可以满足越来越多的场景要求，甚至通吃所有用户。

5G 将深入哪些工业场景？

对于工业领域来说，当前亟需通过 5G 来解决领域内现有无线技术的应用困境。随着智能制造和工业 4.0 的推进，工厂内的智能设备和传感器将越来越多，5G 在帮助企业部署大容量物联网和高可靠低时延应用中将扮演重要的角色，可以满足工业环境下设备互联和远程交互应用需求。

通过与工业控制、物联网、人工智能、大数据、边缘计算、云计算以及 AR/VR 等技术的结合，5G 预计将率先进入以下工业场景。

1、工业 AR

工业 AR 将成为 5G 的重要应用，两者结合后可以应用于几大场景，包括数字设计协同、实现人机协作、监控生产流程、新员工岗前培训、质量的检测、远程辅助操作、远程运维的支持等。譬如，当网络发出报警提示一台设备需要维修时，远程工程师可以通过 5G 网络远程指导现场使用 5G 头戴式 AR 设备的技术人员，完成设备的维修过程。

2、机器视觉

机器视觉在制造企业已经越来越普及，机器视觉在检测方面对网络带宽提出了很高的要求，而 5G 将可以很好地满足这一需求。

3、自动化控制

自动化控制是制造工厂中的基础应用，核心是闭环控制系统。自动化控制需要网络高可靠低时延。在该系统的控制周期内每个传感器进行连续测量，测量数据传输给控制器以设定执行器。典型的闭环控制过程周期低至毫秒级别，所以系统通信的时延需要达到毫秒级别以保证控制系统实现精确控制，同时对可靠性也有极高的要求。5G 的出现将可以满足自动化控制领域的无线应用，无线设备也将在智能工厂中越来越普及。

4、运营优化

工厂中不断增加的智能设备和传感器将产生比以往更多的信息。快速收集和处理这些信息可以帮助企业优化操作，从而提高生产力。5G 网络的低时延和高带宽功能可以支持不断增大的数据流。

5、预测性维护

5G 连接的传感器可以提供有关设备性能的实时信息，包括振动、温度和噪声等数据。结合机器学习，这些数据可以帮助企业预测设备何时即将发生故障，从而避免设备停机。

6、机器人

利用高可靠性网络的连续覆盖，5G 使得机器人在移动过程中活动区域不受限，按需到达各个地点，在各种场景中进行不间断工作以及工作内容的平滑切换。此外，5G 可构建连接工厂内外的人和机器为中心的全方位信息生态系统，使得系统实时监控，设备实时维稳。

7、物料跟踪

未来，在 5G 的帮助下，工厂中每个物体都是一个有唯一"身份"的终端，使生产环节的原材料都具有"信息"属性。原材料会根据"信息"自动生产和维护。

除了上述对未来应用的预期，目前，5G 在电网、港口、炼油厂、飞机厂、钢铁厂、机械加工等行业都有了现实的案例。例如，青岛港新前湾自动化码头成功实现了基于 5G 连接的自动岸桥吊车控制操作、抓取和运输集装箱。通过 5G 助阵，中国宝武在千米之外、轻点按键，实现了从转炉冶炼到出钢的全流程自动化"一键炼钢"。

虽然 5G 的全面商用还未到来，关于网络安全方面的质疑也频频出现，但不可回避的是，5G 作为赋能于我们生活和工作的底层技术已经势不可挡。作为万众创新的风口，当前 5G 的"杀手级"应用仍伏在水下，需要交给时间和聪明的你去发掘。

TSN 专栏第一讲：TSN 技术介绍

近几年，各国都在推进国家战略层面的新一代制造业的发展，但都直指制造业的智能化，数字化、网络化方向。设备与设备之间的互联，设备与管理终端的数字传输、分析、处理，无一例外地都在考验着作为工业网络通信的速度及通用性、标准化。

有数据统计，2020 年为了收集现场数据全球共连接了 350 亿个传感器产品，到 2025 年，预计全球将有超过 400 亿个传感器被使用，即，在智能工厂里所有的物体都会被连接起来，包括制造现场和 IT 产业。伴随着客户需求的变化、IoT 技术的发展，SMART 工厂（在中国被称为智能工厂、在全球称为工业 4.0、在日本叫作 Connected Industry），以这些为代表的智能工厂构建的脚步越来越快。工业通信，经历了从串口通信，现场总线，到工业以太网。如今已进入到 新一代开放式工业网络——TSN 时代。

1、以太网与 TSN

以太网是 20 世纪 80 年代开始走入办公领域的，当时的以太网因其具备大容量、高速率等特点，在所有协议中脱颖而出大放异彩。以太网最显著的特点就是使用了载波监听多路访问 / 冲突检测（CSMA/CD）协议来进行介质访问控制，在早期通常使用双绞线的以太网中，由于介质（在双绞线网络中就是网线）是共享的，连接在同一个网络上的各个设备在发送数据时势必会出现冲突，这时，我们就必须要规定一种方式，来防止这种数据冲突，而这种方法就是 CSMA/CD。

如果要了解以太网和 TSN 之间的关系，那么了解这个 CSMA/CD 就是一个关键。CSMA/CD 中文叫作带冲突检测的载波侦听多路访问技术，它是规定多台计算机共享一个通道的协议，用一句话概括，就是先听后发，边发边听，不发不听。简单来说，就是每个节点在发送数据前先监听信道，如果空闲就发送，如果繁忙就等待；在发送后继续监听信道，如果在传送过程中发生冲突，也会继续等待一个随机时间重新发送。

形象一点来说，就好像一群人在一间黑屋子里开会，没有主持人，但是每个人都能随时发言，只是并不知道别人会不会发言、可能什么时候发言。这时候如果有人想发言，他就会先听听屋子里是不是有人说话，如果没人说话他就直接发言；但是如果恰好在他发言的同时，也有人说话了，这时候，他就大吼一声，告诉所有人，发言发生冲突了，然后所有要发言的人就停止说话，各自安静地等待一段时间后再次发言，当每个人等待的时间都不相等时，发言才能成功，同时，我们给每个尝试发言的人都规定了尝试的次数是 16 次，如果他每次尝试发言都和他人发生了冲突，且达到了上限 16 次，则他本次发言即宣告失败。上面这个步骤，如果用计算机语言来表达，我们就能够画出图 1-11 这个流程图。

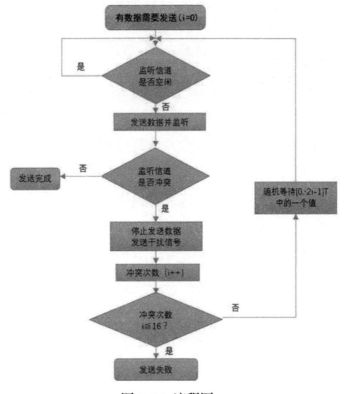

图 1-11 流程图

在大致了解了 CSMA/CD 和以太网之后，我相信大家一定已经从这里面看出点门道来了，这个 CSMA/CD 在执行的时候由于要避免冲突，会给数据传输的延时带来非常多的"不确定性"，日常我们发个邮件，微信聊个天，看看小视频，这点比毫秒级别还小的延时可能没什么影响，但是要用在工业网络中，如果控制器发出了指令，依次开启 A、B、C 三个开关，每个开关间隔 1ms，但由于网络延时，极有可能 C 先收到了信号，这样，开关就不能按照预定的计划依次开启了，我们的控制就出问题了，就会对生产线造成影响。

随着网络技术的不断发展，以太网技术也由之前的共享式半双工技术发展到了交换式全双工技术，在交换式全双工以太网中，网络被交换机分割成了各自独立的冲突域，节点之间（交换机与交换机之间，交换机与设备之间）发送和接收的传输线路也被完全分开，数据通过交换机缓存并转发，这样，发生冲突的问题就基本得到解决了，这就好比以前我们在一条窄路上运送物资，来来往往的所有人都要在这条窄路上走，大家难免会发生碰撞，于是，我们只能规定这条路在有人走的时候只能单向通行，这样的话，冲突就避免了，但是道路的使用率却大幅度下降。现在我们有了交换式全双工以太网，相当于我们把道路拓宽了一下，把之前的单车道变成了双向二车道，这样来往的人流就不会碰撞了。

同时，我们还在道路上的每个路口都设置了一个驿站，所有人只要把货物都送到驿站，然后再由驿站集中把货物送出去，送货的方式由之前每个人亲自上路去送变成了快递公司提供送货服务的方式，大大降低了道路上来来往往的人流，也大大提高了货物的运送效率。这种方法极有效地解决了网络的传输效率和延时，然而，在某些特殊条件下，它也引入了新的网络延时，那就是当交换机连接了大量设备，设备发送数据太快、太多的时候，交换机的缓存会溢出，这时，交换机会进行流量控制，发出 PAUSE 帧，要求设备停止发送数据，待延时结束后再继续发送，这就有点类似于双十一时快递爆仓，快递公司可能会暂缓接单甚至停止接单，我们发送和接收快递的时效性也都会大打折扣。因此，在交换式全双工网络中，依然存在很难解决的时效性问题。

为了解决我们之前所提到的各种网络延时问题，网络工程师们提出了一个新的网络概念，那就是 TSN——时效性网络或者叫时间敏感网络，时间敏感网络通过对实时数据和非实时数据进行流量整形，在解决传统以太网时效性的基础上保证了数据传输的实时性，同时还大大提高了网络传输的利用率。

而 CC-Link IE TSN 则是有效利用了 TSN 网络的这一特点，通过采用时间分割的方式使不同的网络数据混合传送，即使有非实时性信息通信混合传输，也可保证控制通信的实时性（图 1-12）。

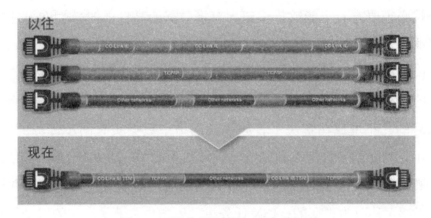

图 1-12 以往的网络与现在的网络

2、TSN——时间敏感网络

TSN 网络即是 Time-Sensitive Network，中文通常称为时效性网络或者时间敏感网络，它实际上是基于 IEEE 802.1 的框架制定的一套满足特殊需求的"子标准"，与其说 TSN 是一项新技术，不如说它是对现有网络技术以太网的改进。以太网作为确保跨网络可靠数据传输的标准发挥着它的作用。如果您通过以太网发送某个东西,您可以确信它会到达目的地,唯一的问题是你不能确切地确定它何时到达。而这一特殊需求就是必须满足网络数据传输的实时性。实时性这个看似简单的特点，由于以太网特殊的传输原理，其实让网络工程师们伤透了脑筋，研究了很多方法来实现。为了反映它的复杂度。我们举一个例子来看看可能会明白：

即将举办的北京冬季奥运会，假设电视转播机构要转播一场精彩的高山滑雪比赛，往往要在雪道的不同位置布置上百台高速高清摄像机来捕捉各个角落运动员的精彩镜头。之后，这些高清视频需要及时传送回转播中心来进行剪辑并转发。

这些摄像机所传送的数据量都非常庞大，且由于摄像机安排在雪道的不同位置，在实施过程中需要同步不同摄像机的时间，既要保证时效性又要保证每台摄像机之间的顺序不能错，时间间隔也不能错。这时，我们就必须要有一个能够传输超大容量数据的高性能时效性网络才能满足要求。

说到电视转播，TSN 网络最早还真的是为了满足音视频数据传输而产生的，2006 年，IEEE 802.1 工作组成立 AVB 音频视频桥接任务组，并在随后的几年里成功解决了音频视频网络中数据实时同步传输的问题。这一点立刻受到来自汽车和工业等领域人士的关注。2012 年，AVB 任务组在其章程中扩大了时间确定性以太网的应用需求和适用范围，并同时将任务组名称改为现在的：TSN 任务组。后来为了满足汽车的安全行驶甚至自动驾驶的要求延伸至汽车领域。而如今，它又开始在工业领域大放异彩。

TSN 网络的应用满足了工业自动化领域对实时性和大容量数据传输的双重要求，同时也进一步使得普通信息层和工业网络的融合变得更加容易。它解决了传统工业网络和以太网之间不可兼得的矛盾，为网络的互联互通奠定了基础（表 1-3）。

表1-3 TSN 功能和标准

函数	标准或项目("P"表示 仍在运行的项目)	状态
时间同步	P802.1AS-Rev:时间敏感应用 程序的时间同步-修订版	规范中
	1588-2008 (PTP):精确时钟同步协议	完成
实时调度	802.1Qbv-2015:对预定流量的增强	完成
	802.1Qch-2017:循环排队转发	完成
	P802.1Qcr:异步流量整形器	规范中
实时调度-支持	802.1 qbu - 2016:帧抢占	完成
	802.3br-2016:穿插快递流量	完成
通信流的保 留和配置	P802.1Qcc:流保留协议 增强和性能改进	规范中
	802.1Qci-2017:每流过滤和监控	完成
通信流保留 和配置-容错	802.1Qca-2015:路径控制与预留	完成
	802.1CB-2017:帧复制和消除可靠性	完成

事实上，TSN 技术我们及业界在近期已提及和"解读"过多次，但对于执着于技术细节打磨的技术工程人员，我们更多地从技术方面，对这项新技术进行"刨根挖底"的再一次解读。IEEE 802.1 定义了各种 TSN标准文档，虽然每个标准规范都可以单独使用，但是，只有在相互协同使用的情况下，TSN 作为通信系统才能充分发挥潜力。

TSN 专栏第二讲：TSN 的主要规范工作机制

话说，TSN 网络是由 IEEE 802.1 工作组下的 TSN 任务组负责开发的网络标准，现在的 TSN 任务组其实是由之前的 AVB（Audio Video Bridging）任务组改名而来，这一改名行为也意味着这一标准的应用领域发生了根本性的变化。TSN 网络主要定义了时间敏感数据在以太网上的传输机制。

IEEE 802.1 定义了各种 TSN 标准文档，虽然每个标准规范都可以单独使用，但是，只有在相互协同使用的情况下，TSN 作为通信系统才能充分发挥潜力。为实现实时通信解决方案，这些规范均可大致分为三个基本组成部分：

（1）时间同步。参与实时通信的所有设备都需要对时间进行同步

（2）调度和流量整形。参与实时通信的所有设备在处理和转发通信数据包时都必须遵循相同的规则

（3）选择信道、信道预留和容错。参与实时通信的所有设备在选择信道、保留带宽和时隙时必须遵循相同的规则，可能同时使用多个路径来实现容错性

下面我们来详细了解这三个部分的实现。

1、时间同步

关于这一部分，"时间敏感网络"这个名称已经描述得很形象了。

与我们之前提到的 IEEE 802.3 标准以太网和 IEEE 802.1Q 以太网桥接相比，时间在 TSN 网络中起着至关重要作用。对于那些对数据实时性要求非常高的工业网络而言，网络中的所有设备均需要有一个公共的时间参考，因此要求时钟彼此同步。

事实上，不仅仅 PLC 和工业机器人等终端设备需要时间同步，以太网交换机等网络设备也同样需要。只有通过同步时钟，所有网络设备才能同时运行并各自在所需的时间点执行所需的操作。TSN 网络中的时间同步可以通过不同的技术来实现。

从理论上讲，可以为每个终端设备和网络交换机配备 GPS 时钟。然而，这成本非常高，并且无法保证设备始终可以访问无线电或 GPS 卫星信号（比如设备安装在移动的汽车或位于地下的工厂车间或隧道）。由于这些限制，TSN 网络往往并不会使用外部的时钟源，而是直接通过网络由一个主时钟信号来进行分配。

在大多数情况下，TSN 使用 IEEE 1588 精确时间协议来进行时钟分配，利用以太网帧来分配时间同步信息。除了普遍适用的 IEEE 1588 规范之外，IEEE 802.1 的 TSN 任务组还制定了 IEEE 1588 行规，称为 IEEE 802.1AS。

此行规背后的想法是将大量 IEEE 1588 选项缩小到可管理的几个关键选项，而使这些选项适用于家庭网络、汽车或工业自动化网络环境。

2、调度和流量整形

调度和流量整形允许在同一网络上具有不同优先级的数据流共存——而这些数据能够各自根据需要适应带宽和网络延时。

在标准以太网中，根据 IEEE 802.1Q 的标准桥接，网络可以严格根据优先级方案使用八个不同的优先级。在协议层面，这些优先级可以在标准以太网帧的 802.1Q VLAN 标记看到。通过这些优先级，网络可以区分重要性不同的数据流量。

然而在实际使用过程中，即使某个数据具有最高优先级，其实也并不能 100% 保证点对点的传输时间，这是由于以太网交换机内部的缓冲机制造成的。如果数据帧到来时，交换机已经开始在其中一个端口上传输数据帧，此时即使新来的数据帧有最高优先级，它也必须在交换机缓冲区内等待当前的传输完成。

在使用标准以太网时，这种时间上的非确定性无法避免。只能使用在对实时性要求不高的网络环境中，如办公网络、文件传输、Email 和其他商业应用中。

然而，在工业自动化和汽车等网络环境中，闭环控制或安全应用也会使用以太网，这时，数据的可靠传输和实时性就显得至关重要了。对于在这些场合使用的以太网，则需要利用增强 IEEE 802.1Q 的严格优先级进行调度。我们如果把它的特点概括成一句话，那就是：不同的流量类别使用不同的时间片。这也是 IEEE 802.1Qbv 所定义的时间感知调度机制。

TSN 通过添加一系列机制来使标准以太网得到增强，以确保网络实时性的要求。在 TSN 中，依然保留了利用八个不同的 VLAN 优先级的机制，以确保兼容非 TSN 以太网——向下兼容和保持与现有网络架构的互操作性，并实现网络应用从原有系统到新技术的无缝迁移，这也始终是

IEEE802 工作组的重要设计原则之一。

在使用 TSN 时，对于八个优先级中的任意一个，用户都可以从不同的机制中选择如何处理以太网帧，并且将优先级单独分配给现有方法（如 IEEE 802.1Q 严格的优先级调度机制）或新的处理方法（如 TSN IEEE 802.1Qbv 时间感知流量调度程序。）

TSN 的典型应用是 PLC 与工业机器人、运动控制器等工控设备的通信。为了保证控制设备通信的所需要的实时性，系统可以将八个以太网优先级中的一个或几个分配给 IEEE 802.1Qbv 时间感知调度程序。这一调度程序主要是将网络通信分成固定的长度和时间周期。

在这些周期内，系统可以根据需要配置不同的时间片，这些时间片可以分配给八个以太网优先级中的一个或几个，数据通过优先级的不同而分别使用属于自己的时间片，这样，就实现了共享同一网络介质和传输周期，使得在以太网上传输有实时性要求且不能中断的数据成为现实。

对于这一机制，实现的基本概念即时分多址（TDMA）。通过在特定时间段内建立虚拟信道，可以将时间敏感数据与普通数据分开传送。使时间敏感数据对网络介质和设备拥有独占访问权，可以避免以太网交换机的缓冲效应，并且使时间敏感数据不发生中断。

3、选择信道，预留信道和容错

TSN 技术，主要用于实时性要求比较高的场合。在这些应用中，不仅要保证时序，同时，对容错要求也非常高。支持 TSN 的工业以太网必须要能够支持相应的工业应用，如安全网络控制、运动控制乃至最新兴的车辆自动驾驶等应用，尽最大可能避免硬件或网络中的故障。TSN 任务组为保证网络的可靠性，也制定了大量相关的容错协议、接口管理协议和本地网络注册协议等一系列协议。

其实说到这里时间同步和选择信道、信道预留和容错这两个分子协议相对我们来说比较好理解，而调度和流量整形尽管以上说了很多概念上的结论，但还是想单独拿出来说说它在 TSN 协议中所起到的重要作用。图 1-13 是 IEEE 802.1Qbv 调度程序配置的一个示例显示。

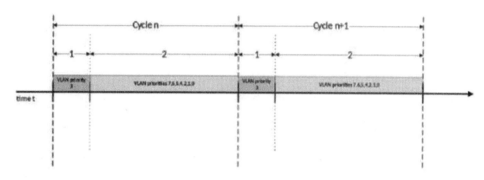

图 1-13 IEEE 802.1Qbv 调度程序示例

在此示例中，每个循环由两个时间片组成。时间片 1 仅允许传输标记有 VLAN 优先级 3 的流量，并且每个周期中的时间片 2 允许发送其余优先级。由于 IEEE 802.1Qbv 调度程序要求所有网络设备（包括以太网交换机和终端设备）上的所有时钟都要同步并且要遵循相同的调度，因此所有设备都知道在一个给定时间点可以将哪个优先级的数据发送到网络。由于时间片 2 能够分配给其他的多个优先级，因此在该时间片内，可以根据标准 IEEE 802.1Q 所规定的优先级调度来处理优先级。

通过包括其他调度或流量整形算法，在 IEEE 802.1 所规定的 TSN 网络中，定义了不同调度和流量整形程序，可以实现硬实时数据传输、软实时数据传输和后台业务在同一个以太网介质中共存。为此在 IEEE 802.1Qbv 中进行了更详细的定义：时间片和保护带。

以太网接口必须在一次数据完成后才能开始新的数据传输，包括在帧结束时传输 CRC32 校验数据。因此，以太网的这种特性再次对 IEEE 802.1Qbv 调度程序的 TDMA 方法提出了挑战。这在图 1-14 中可见。

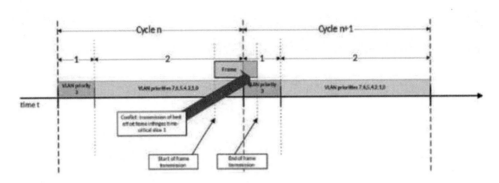

图 1-14 在尽力而为时间片中发送太晚的帧侵犯了高优先级时间片

如图 1-14 所示，在周期 n 中时间片 1 尚有空闲，一个新的数据帧开始传送，但由于数据帧太大，无法适应调度程序所规定的时间片，但由于该数据帧的传输不能被中断，所以就会侵犯下一个周期 $n+1$ 的时间片 1。由于关键时间片被部分或全部占用，实时帧可能会发生延迟，以至于不能满足应用要求。这与非 TSN 以太网交换机中发生的缓冲效果其实是非常相似的，因此 TSN 必须制定一种机制来防止这一情况的发生。所以，在实际应用中，IEEE 802.1Qbv 时间感知调度程序必须确保时间片在切换时以太网接口是空闲的。

为满足这一要求，调度程序会在每个用于传输关键流量的时间片前面放置一个保护带。在该保护带间，不能启动新的以太网帧传输，仅可以完成正在传输的数据帧。而该保护带的时长则必须与进行安全传输最大帧所需的时长一致。

对于符合 IEEE 802.3 的以太网帧，如果具有单个 IEEE 802.1Q VLAN 标记并包括帧间间隔，其最大总长度为：1500 字节（有效帧数据）+18 字节（以太网地址，类型和 CRC）+4 字节（VLAN 标签）+12 字节（帧间隔）+8 字节（前导码和 SFD）=1542 字节。

另外，发送此帧所需的总时间取决于以太网的速度。在 100Mbit / s 传输速率的以太网中，传输持续时间如下：

$$t_{max\,frame} = \frac{1542\ byte}{12.5 \cdot 10^6\ byte \cdot \frac{1}{s}} = 123.36 \cdot 10^{-6} s$$

因此，此时保护带至少为 123.36μs 长。

由于保护带的存在，（总带宽 / 时间片内的有效时间）实际上随着保护带的增加而减小了。这在图 1-15 中可见。

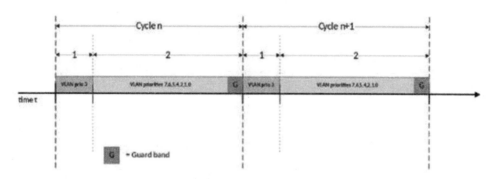

图 1-15 防护带防止了关键流量时间片的冲突

为了便于呈现该主题，图 1-15 中保护带的实际尺寸不是按比例的，而是明显小于图 1-14 所示。

在图 1-15 示例中，时间片 1 总是包含高优先级数据（如用于运动控制），而时间片 2 总是包含 BestEffort 服务数据。因此，需要将保护带放置在时间片 1 的每个转换点处以保护传输关键数据的时间片。

不过值得注意的是，虽然保护段能够保护具有高优先级、传输关键流量的时间片，但它们也有一些明显的缺点：

第一，保护带消耗的时间无法利用，由于以太网端口需要保持空闲，因此它不能用于传输任何数据。因此，保护带所浪费的时间直接转换为以太网后台流量的带宽损失。

第二，单个时间片的设置永远不能小于保护带的大小，特别是对于在低速以太网中，保护带也会相应增长，这对于网络中可以使用的最小时间片长度和循环周期时间具有很大的影响。

为了部分地减轻通过保护带造成的带宽损失，在标准 IEEE 802.1Qbv 中还包括了长度感知调度机制，当使用存储转发交换时则可使用该机制，即：

在接受完上一个以太网帧，需要在保护带内发送下一个数据帧时，调度程序会检测待发送帧的长度。如果帧长可以满足在保护带内发送完毕，而不会影响到下一个高优先级时间片，则调度程序可以发送此帧，这样就可以保证在有保护带的同时减少带宽的浪费。但是，当直通转发时，由于需要预先知道待发送数据帧的帧长，因此不能使用这种机制。

因此，当使用直通转发时进行实时数据传输时，仍然会发生带宽浪费。而且，这也无助于算短循环时间。因此，长度感知调度机制是一种有效的改进，但也并不能消除引入保护带所带来的所有缺点。

为了进一步减轻保护带来的负面影响，IEEE 工作组 802.1 和 802.3 为此设计了帧抢占机制。即帧抢占和最小化保护带。这两个工作组合作进行了这项工作，因为该技术需要改变 IEEE 802.3 控制下的以太网媒体访问控制（MAC）方案，同时，也需要改变 IEEE 802.1 控制下的管理机制。因此，帧抢占是两个不同的标准文件中进行描述：IEEE 802.1Qbu 为桥接管理组件；IEEE 802.3br 用于以太网 MAC 组件。

图 1-16 给出了帧抢占如何工作的基本示例。我们可以看到，在发送 Best-Effort 帧的过程中，MAC 在保护带开始之前中断帧传输，这部分帧用一个 CRC 校验来结束，并存储在下一个交换缓存中，以等待帧的第二部分到达。当时间片 1 中的高优先级任务传送完毕，时间周期切换回时间片 2 之后，恢复中断的帧传输。帧抢占总是以逐段链路为基础，并且只在两个交换机之间传送数据，帧在交换机被重新组装。

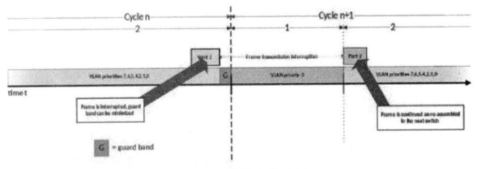

图 1-16 帧抢占的示例

与 IP 协议的分段对比，该机制不支持端到端的分段传送。而在分段传输时，数据帧的每一部分都由 CRC32 结束以进行错误检测，与常规以太网的 CRC32 校验相比，部分帧的 CRC32 中最后 16 位被反转以使其能够与常规以太网帧区分开来。此外，在传输中，帧起始界定符（SFD）也被改变。

为实现帧抢占机制，设备之间的每个链路上都必须单独支持帧预占。以太网交换机通过 LLDP（链路层发现协议）标记链路的帧抢占能力。当具备帧抢占功能的网络设备在端口上收到此类 LLDP 通知时，它就会激活帧抢占功能。相邻设备之间无法直接协商和激活该功能。能够接收 LLDP 帧抢占通知的任何设备都默认链路另一端的设备可以兼容为适应帧抢占而进行的帧格式变化（CRC32 和 SFD 的变化）。

帧抢占机制可以明显减少保护带的影响。在使用帧抢占机制时，保护带的长度取决于帧抢占机制的精度：帧抢占机制能够抢占的帧究竟有多小。由于以太网帧的最小长度是 64 字节，因此 IEEE 802.3br 则规定了在 64 字节时的最佳精度：127 字节，64 字节（最小帧）+63 字节（不能预占的剩余长度）。所有大于 64 字节的帧都可以再次抢占，因此，不需要使用防护带来防止这一尺寸。

使用帧抢占机制可以最大限度地减少浪费的 Best-Effort 传输带宽，并且可以在较慢的以太网速率（如 100 Mbps 或更低）下缩短周期时间。由于抢占发生在 MAC 层的硬件中，因此当帧通过时，也可以支持直通转发（因为不需要预先检测帧的大小）。MAC 接口只负责每隔 64 字节进行检查以判断是否需要进行帧抢占。

时间同步，IEEE 802.1Qbv 调度程序和帧抢占的组合构成了一套有效的标准，以用于保证网络上不同要求任务类别的共存，同时还保证了端到端实时数据的传输。

TSN 网络利用时间片进行网络调度和流量整形就是其核心技术。

而 CC-Link IE TSN 网络正是使用了 IEEE 802.1AS 和 IEEE 802.3Qbv 协议，充分利用了这一思路和方法实现了不同类型的数据流，并使其能够共享同一个网络介质以满足实时数据的传输需求。

总结来说，CC-Link IE TSN 网络即是基于 OSI 参考模型（图 1-17）的第 2 层的 TSN 技术，在第 3 ~ 7 层，由 CC-Link IE TSN 独立的协议和标准的以太网协议构成。

鉴于 TSN 网络具有与标准以太网的兼容性，CCLink IE TSN 也具有卓越的兼容性，还可以使用基于 TCP/IP、UDP/IP 的 SNMP、HTTP 和 FTP 等标准以太网协议。这样通用的以太网诊断工具可以直接用于网络诊断，提高了网络管理的灵活性。

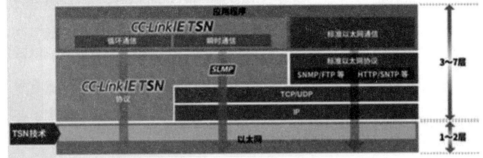

图 1-17 OSI 参考模型

TSN 专栏第三讲：5G 与 CC-Link IE TSN 融合的工业网络未来

1、工业无线网络现状

前面我们花费了大量的章节来了解工业以太网、TSN 技术以及 CC-Link IE TSN 技术，众所周知复杂的工业现场环境中有线的连接一直以稳定、有效的特点适应着大部分的应用场景但我们并不否认无线网络正在悄悄地占据一定的市场份额。市场份额正是反应一项技术的应用领域跟场景的未来发展方向。我们可以从 2020 年瑞典 HMS 公司发布的对工业网络市场的年度研究中得出，从新安装节点来看，工业以太网的市场份额增加到 64%（去年为 59%），无线技术的市场份额从 2016 年的 4% 到 2019 年的 6%（图 1-18、图 1-19）。

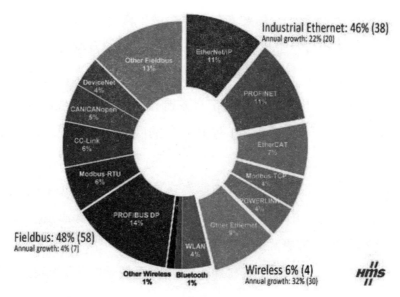

图 1-18 HMS 发布的 2017 年工网络市场报告

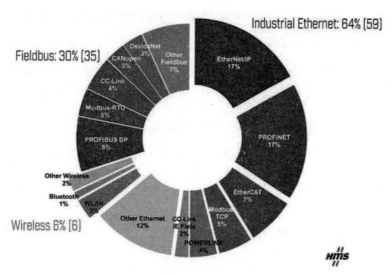

图 1-19 HMS 发布的 2020 年工网络市场报告

无线技术占有 6% 的市场份额，WLAN 仍然是最受欢迎的技术，其次是蓝牙技术。无线的市场份额保持在一个增长的市场，这是不错的，但我们预计随着时间的推移，无线的份额会增加。HMS 公司总裁 Anders Hansson 说道："随着全球所有正在进行的有关无线蜂窝技术的活动（如专用 LTE/5G 网络）成为下一阶段智能制造的推动者，市场对无线连接设备和机器的需求将会增加，未来将会有更少的电缆和灵活的自动化架构。"

我国 5G 技术研发试验在 2016-2018 年进行，分为 5G 关键技术试验、5G 技术方案验证和 5G 系统验证三个阶段实施。5G 是新一代移动通信技术发展的主要方向，是未来新一代信息基础设施的重要组成部分。

与 4G 相比，不仅可以进一步提升用户的网络体验，同时还可以满足未来万物互联的应用需求。

从用户体验看，5G 具有更高的速率、更宽的带宽，5G 网速比 4G 提高 10 倍左右，只需要几秒即可下载一部高清电影，能够满足消费者对虚拟现实、超高清视频等更高的网络体验需求。

从行业应用看，5G 具有更高的可靠性，更低的时延，能够满足智能制造、自动驾驶等行业应用的特定需求，拓宽融合产业的发展空间，支撑经济社会创新发展。

工业互联网是 5G 商用的主要场景，工业和信息化部 2020 年 3 月印发的《关于推动 5G 加快发展的通知》提出要加快垂直领域"5G+ 工业互联网"的先导应用，内网建设改造覆盖 10 个重点行业。全国政协常委、经济委员会副主任苗圩也曾表示，5G 真正的应用场景，80% 在工业互联网领域，这是 5G 最让人期待的领域。5G 技术与现有的工业以太网、现场总线、工业 Wi-Fi 和 4G 等技术不是替代关系，而是互补关系并将长期共存。

2、5G 与 TSN 技术的切合点在哪

事实上，早在 2020 年汉诺威工业博览会上，CC-Link 协会便携手 NEC（日本电气）展示了首款无线技术解决方案。该方案由插入服务器扩

展槽的 ExpEther 板和扩展单元组成，可以连接相隔很远的多台服务器的计算机资源。这是一项支持扩展的技术，即使使用一般的通用以太网交换机设备或无线 LAN 设备，它也具有可在不丢失数据的情况下实现高可靠性通信的功能。CC-Link 协会将"ExpEther"特点与"CC-Link IE TSN"特点相结合，以实现在无线通信下，也可确保时间同步、高可靠性的数据通信。

作为率先推出 TSN 网络的组织之一，着眼于未来工业网络的发展，CC-Link 协会在基于 TSN 技术和 5G 迅速发展的基础上，正在积极参与无线技术方面更深层次的探索与开发。

那么话说回来，相比传统有线工业以太网，无线网络、5G 他 TSN 高级在哪？

比如，在工业环境下，未来工业的发展肯定是需要进一步提高制造业智能化生产水平、增强工业现场安全性等，这些要求都为工业物联网（OT）和物理网络系统带来新的挑战。

相比有线工业以太网，工业无线网络提供了灵活的工业现场设备的配置方案，增强了工业生产的安全性，保障了人身财产安全，其目前已经开始应用于工业自动化等领域。

不过，当下绝大多数工业场景使用的依然是基于 IEEE 802.11b/g/a/h 的无线以太网，各种弊端显而易见。

尽管各厂家均使用了自己独特的方法来规避这些缺陷，但是并没有从根本上解决数据实时传输的问题。

随着工业应用对工业无线网络需求的增加，业界也制定了多种协议标准以实现工业环境下数据通信的实时性保证，CC-Link IE 和 CC-Link IE TSN 等具有无线应用能力的工业网络将在实践中将得到更广泛的应用。

相对于传统工业以太网，TSN（时间敏感网络）是扩展基于 IEEE 802.1 标准的以太网网络，能够完美实现工业网络中的互联互通和实时通信，并支持无线传输。

在实际应用中，有线 TSN 应该往往需要与无线 TSN 进行无线整合。

在 TSN 网络的标准规范下，需要进一步完善 TSN 无线网络技术，改进相关的协议标准，使得工业无线网络可以应用到更多更复杂的场景中。

当前，市面上现有的一些工业无线网络本质上是 Wi-Fi 技术，传输介质主要是 2.4GHz 和 5GHz 电磁波，与有线通信相比，反而更容易受到干扰。而工业现场的情况尤其严重，多种类型的电磁信号、障碍物以及信号源之间的相互干扰，都会造成数据传输的不确定性，同时，也很难保证实时数据的准确传送。

为了满足工业无线网络数据传输严格的实时性和可靠性要求，目前工业界主要是在保证高精度时间同步的前提下，使用多种调度算法来有效地分配无线网络的时隙和信道。利用相应的调度策略，基于链路质量和性能反馈进行预测从而分配网络资源，有效应对了网络的干扰，提升控制系统性能。

此外，除了无线局域网技术，目前工业网络的无线解决方案也可以通过移动网络，即我们所熟知的手机网络来实现。然而，目前我们所使用的 4G 网络并非为工业系统所设计，它在保证大容量移动数据传输的基础上，并不能实现超低延时通信，因此无法保证实时数据在链路上进行精确传输，这一先天缺陷使得移动网络在工业领域的应用受到了诸多限制。

伴随着 5G 时代的来临，5G 的低延时特性使得移动网络在工业领域的应用成为可能，因此，未来的工业无线网络可能将不再局限于无线局域网的简单应用，而向移动网络迈进，使得互联网、物联网和工业网络相结合，使得基于移动网络的各种远程控制得以实现。届时，能够实现智能的不再仅仅是我们的家庭和工厂，而是通过移动网络串联起我们工作、学习、生活和医疗的方方面面，实现智能城市和智能社会。

在这场信息化的革命中，CC-Link IE TSN 也会在实现无线解决方案的基础上，继续向 5G 迈进，并为未来的工业网络提供最新的技术。

我们已经身处 TSN 的时代，同时，5G 的时代也已经近在眼前，我们都相信，5G 必将和 TSN 一起成为未来工业网络的明星，而这二者将在其中扮演什么样的角色，发挥什么样的作用呢？接下来我们将详细讲讲 5G 和 TSN 的细节，并一起展望这二者相结合的未来工业互联网。

3、5G 与 TSN 在工业领域提供的无限可能

有了 5G，电影可以 1s 下载完；

有了 5G，我们可以躺在床上看 4K 大电影；

有了 5G，吃鸡可以更流畅；

有了 5G，10GB 流量瞬间就没了；

……

总之，有了 5G，我们的网络世界似乎全变了，但是 5G 究竟是什么呢？似乎又是云里雾里，不可捉摸。5G 的确能够给我们的网络带来巨大的改变，但这些改变并不仅仅是在我们的日常生活使网速变得更快，更多的应该是体现在高速的网络响应将会带来诸多领域内的通信革命。

比如工业领域！

在工业领域，随着智能工厂的进一步发展和建设，基于以太网技术的 IEEE 802.1 时间敏感网络（TSN）正在成为工业 4.0 的网络标准的重要组成部分。

作为移动通信的 5G，拥有极短的网络延时，因此和 TSN 一样，也有望可以在工厂中部署，并与 TSN 共存并解决工业生产的主要需求，充分发挥 5G 的灵活性和 TSN 的极低延迟性。例如，有效减少电缆铺设、移动设备广泛应用等。

除此之外，5G 和 TSN 也可以集成在一起，以提供最优的解决方案，满足工业控制中点对点的控制所需的无缝连接和高稳定性。最终，这些关键技术的整合将会满足智能工厂的需要。

在我们的理解中，5G 是为智能手机或平板电脑等消费设备提供增强的移动宽带服务，实际上工业才是发挥其最核心价值的领域。能够为物联网（IoT）通信和工业网络系统量身定制。那为什么在之前的移动通信

中我们很少提到这一应用场景呢？难道仅仅是因为 5G 的速度比较快吗？
并不尽然。

大家都知道，5G 的前辈叫 4G，4G 的系统构架主要包括无线侧（即
LTE）和网络侧（SAE）。准确点讲，这个 4G 系统构架在 3GPP 里叫 EPS
（Evolved Packet System，演进分组系统）。EPS 指完整的端到端 4G 系统，
它包括 UE（用户设备）、E-UTRAN（演进的通用陆地无线接入网络）和
EPC 核心网络（演进的分组核心网），这个 EPS 是专为移动宽带而设计
的，从 3G 到 4G 的演进属于整体演进，即核心网和接入网整体从 3G 演
进到 4G。

可是到了 5G 这里，发生了一些变化，3GPP 组织把接入网（5G NR）
和核心网（5G Core）拆分开了，可以独立演进，这样，5G 就不仅仅是
针对增强型移动宽带服务了，它主要可以面对三大场景：增强型移动宽
带（eMBB），连接大量设备/传感器的大规模机器通信（mMTC）、控制系
统之间的超可靠低延迟通信（Ultra-Reliable Low Latency Communication，
URLLC）与关键通信。针对这三大场景，国际电信联盟（ITU）也提出了
三大关键性指标：

（1）增强型移动宽带（eMMB）：峰值数据速率 > 10Gb/s。

（2）大规模机器类型通信（mMTC）：接入密度 > 1M/km^2。

（3）超可靠的低延迟通信（URLLC）：端到端延迟 < 1ms。

之前，我们的移动通信网络，包括 3G 和 4G 主要集中在 eMBB 的应
用上，而在 5G 的发展中，基于 mMTC 的技术特性，可以实现机器联网、
万物联网，基于 URLLC 的技术特性，使 5G 得以成为无线通信领域中时
间敏感网络最合适候选者。

同样，这 URLLC 的特性对于工业自动化也至关重要，因为它可以创
建实时交互通信系统，也可以满足与 TSN 集成的要求，从图 1-20 中，我
们可以看到，mMTC 和 URLLC 特性大大拓展了 5G 的应用领域，为移动
网络的发展提供了无数种新的可能。

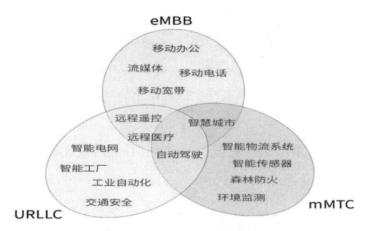

图 1-20 三大场景的应用领域

5G 在 阶 段 1（3GPP Release 15）和 阶 段 2（3GPP Release 16，于 2020 年 3 月完成）引入了一些新的功能，这些功能减少了单向延迟，并使通过无线信息传输的可靠性高达 99.999%，同时具有灵活的上行链路调度和精确的时间同步，这将加强进一步 5G 对 TSN 流量的支持。随着 5G 的不断发展，一些新的应用趋势正在出现，越来越多的垂直行业得以支持，如：非地面网络、车辆应用、公共安全和工业物联网，而这也可以实现其在工业自动化等控制领域的应用（图 1-21）。

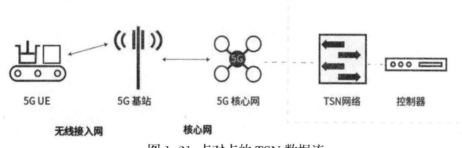

图 1-21 点对点的 TSN 数据流

随着物联网、工业互联网和工业信息化、智能化的不断发展，无线技术将成为未来发展的大趋势。通过 5G 技术，将可以在不需要电缆的情况下增加新的设备，也可以使用具有高度灵活性的移动设备，且由于 5G 支持远程连接，这些设备不需要位于同一站点，这将可以通过网络连接位于不同地点的分散型生产线。

而在 2020 年的汉诺威工博会上，无线 TSN 网络和技术作为未来工业网络的发展趋势着实是大放异彩。目前，CC-Link 协会也在无线技术领域积极参与开发，并已在以太网无线通信下，实现高可靠性的数据通信。相信随着 TSN 的进一步发展和 5G 技术的商业化及成熟应用，CC-Link IE TSN 和 5G 技术的有效整合也将指日可待，我们可以大胆地展望未来，届时将在更多的工业场景和应用领域见到 CC-Link IE TSN 的身影。

4、5G 与 TSN 能够整合的技术特点和基础

01、5G 的技术特点

我们先来看图 1-22 了解下 5G 的技术特点：

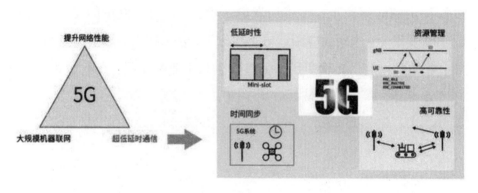

图 1-22 5G 的技术特点

（1）5G 的低延时性。5G 技术引入了 5G 无线接入网（5G RAN）功能，5G RAN 及其 5GNR（5G New Radio）接口包括一些功能，可实现特定数据流的低延迟。比如，NR 使无线子帧中的时隙更短，这有利于低延迟应用。NR 还引入了 mini-slots，在这里可以启动优先传输，而无需等待时隙边界，进一步减少了延迟。

由于使用了优先权，并能更快速地无线接入 URLLC，NR 引入了抢占机制——URLLC 数据传输可以抢占正在进行的非 URLLC 传输。另外，由于 NR 使用了非常快速的处理，轻易实现了在短延迟范围内的数据重传。

（2）5G 的无限资源管理。无线资源管理（Radio Resource Management，RRM）：是在有限带宽的条件下，为网络内无线用户终端提供业务质量保障。其基本出发点是在网络话务量分布不均匀、信道特性因信道衰弱和干扰而起伏变化等情况下，灵活分配和动态调整无线传输部分和网络的可用资源，最大程度地提高无线频谱利用率，防止网络拥塞和保持尽可能小的信令负荷。5G NR 上在 RRC 支持三种状态，RRC_IDLE、RRC_INACTIVE、RRC_CONNECTED，这和 3G/4G 并不相同，相较于 4GLTE 只有 RRC IDLE 和 RRCCONNECTED 两种 RRC 状态，5G NR 引入了一个新状态——RRC INACTIVE。在 RRC INACTIVE 状态下，终端处于省电的"睡觉"状态，但它仍然保留部分 RAN 上下文（安全上下文，UE 能力信息等），始终保持与网络连接，并且可以通过类似于寻呼的消息快速从 RRC INACTIVE 状态转移到 RRC CONNECTED 状态，且减少信令数量。

（3）5G 的高可靠性。5G 定义了超鲁棒传输模式，以提高数据无线信道和控制无线信道的可靠性。并通过各种技术进一步提高可靠性，如多天线传输、多载波和独立无线链路上的分组复制等。

（4）5G 的时间同步。时间同步作为 5G 蜂窝无线系统运行的一个重要部分被嵌入到 5G 蜂窝无线系统中，这早已经是之前蜂窝网络的普遍做法。无线网络组件本身也是时间同步的，如可以通过精密时间协议的电信配置行规（ITU-T G.8275.1 支持网络定时的相位 / 时间同步精准时间协议电信行规）来完成。而这则为时间关键型应用程序打下了坚实的基础。除了 5G RAN 功能外，5G 系统（5GS）还在核心网络（CN）中提供以太网和 URLLC 的解决方案。5G CN 支持本地以太网协议数据单元（PDU）会话。5G 能协助通过 5GS（包括 RAN、CN 和传输网络）建立冗余用户面路径。5GS 还允许冗余用户面分为 RAN 和 CN 节点，同时，也允许冗余用户面分为 UE 和 RAN 节点。

02、TSN 的协议特点

我们再来看图 1-23 了解下 TSN 的协议特点：我们在之前的系列文章

中已经详细了解了 TSN 的协议特点，我们在这里回顾一下，也便于和 5G 网络技术做一个初步的比较。

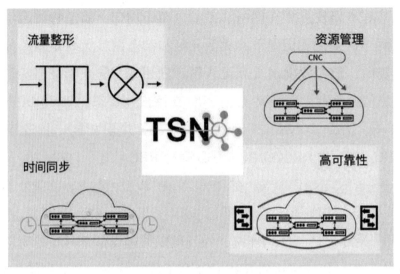

图 1-23 TSN 的协议特点

（1）调度和流量整形。调度和流量整形为关键帧保留资源，允许在同一网络上具有不同优先级的数据流共存——而这些数据能够各自根据需要适应带宽和网络延时，以满足网络的延时需求。为了充分利用带宽和减少延时，TSN 还使用了时间片、保护带和帧抢占机制。

（2）资源管理。资源预约和分配是网络保证服务质量的前提。TSN 网络中有两种类型的服务质量保证，一是带宽预约流量，一种是周期性的时间敏感流量。为保证这些流量的服务质量，一方面需要在包含网络接口适配器和交换机的端到端路径上进行资源预留，另一方面需要 TSN 网络接口适配器对预约资源流量进行整形和过滤，避免其他正常流量产生影响。因此，TSN 网络需要对交换机和网络适配器上的资源进行相应的集中式配置。TSN 资源管理由 TSN 配置模型（802.1Qcc）定义：集中式网络配置可应用于网络设备（网桥），而集中式用户配置可应用于用户设备（终端站）。所有的集中配置模型均遵循软件定义网络（SDN）。

（3）时间同步。在大多数情况下，TSN 使用 IEEE 1588 精确时间协议来进行时钟分配，利用以太网帧来分配时间同步信息，这一时间协议

为 TSN 带来了可靠的时间同步，并可以供给其他 TSN 工具使用

（4）可靠性。TSN 通过 IEEE 802.1BC 所定义的"为提高可靠性而进行的帧复制和消除（FRER）"技术，在"数据包"级别为数据流提供了超高可靠性，这一机制大大提高了 TSN 的可靠性，从而也带来了高可用性；TSN 还通过在网络中互不相交的路径上传输相同数据包的多个副本的方式，来提高网络传输的可靠性；同时，在 TSN 中，流过滤和流管理（802.1Qci）则通过防止带宽冲突、故障和恶意行为来提高网络的可靠性。通过上述文字和两幅图，我们能够看到 5G 技术尤其是 URLLC 其实是具有支持 TSN 的能力，因此，伴随着通信技术的不断发展，我们可以拭目以待，在不久的未来，5G 一定能够充分发挥自身优势，和 TSN 一起在工业自动化领域得到广泛的应用。

5、未来智能工厂对 5G 与 TSN 的融合需求

上面的内容我们分析了 5G URLLC 功能提供了与 TSN 功能的良好匹配，因此在实际应用中，我们可以将这两项关键技术进行整合和集成，以提供端到端的确定性连接。

例如，在工业自动化领域，我们可以在输入 / 输出（I/O）设备之间以及设备与云端的边缘控制器之间传送数据和指令。这种整合和集成不仅包括对必要的基本桥接功能的支持，还包括 5G 对 TSN 附加组件的支持。

由 5G 构成的那部分网络，在整个网络中是作为一组 TSN 桥的形式出现的，一个用户面功能（UPF）一个虚拟桥，在这个 5G 网络内部包括 TSN 转换程序（TT）的功能，这一功能使 5G 在用户面和控制面都能够适用于 TSN。而对于整个网络而言，其他 TSN 桥接网络也可以将这个 5G 网络也看作一个 TSN 桥接网络，其内部过程是被隐藏的。

5G 通过 TT 功能提供 TSN 桥接网络的输入 / 输出端口操作，如 TT 功能支持保持和转发功能以消除抖动。

5G 系统支持控制和管理工业网络所需的 LLDP 功能，例如拓扑发现

和 5G 虚拟网桥等功能。同时，5G 系统还需要适应桥接网络中使用的环路防治方法，该方法可以完全由 SDN 控制，而无需 LLDP 以外的任何分布式协议。

01、5G 支持时间敏感网络

通过在 TSN 和 5G 域上应用 FRER，可以提供端到端的超可靠性，这要求两个域上 FRER 端点之间的路径不相交。

在以上示例中，我们可以看到，5G 用户设备（UE）配置为建立两个 PDU 会话，这两个会话在 5G 网络用户面上是冗余的。3GPP 的机制涉及对 CN 和 RAN 节点［UPF 和 5G 基站（gNB）］的选择，以使两个 PDU 会话的用户面路径不相交。RAN 可以使用双连接特性来提供不相交的用户面路径，在这种情况下，单个 UE 可以通过两个 RAN 节点在空中接口发送和接收数据。对于配备多个 UE 的设备，也可以使用其他冗余（包括 UE 冗余），FRER 端点在 5G 系统之外，这意味着 5G 系统不需要自己指定 FRER 功能。而且，逻辑结构并不限制实施方案，包括使用同一个物理设备作为终端站和 UE。

对于 TSN 来说，只有当资源管理为沿整个路径的每个跃点分配网络资源时，才能满足 TSN 流的要求。与 TSN 配置（802.1Qcc）相一致，这也是通过 5G 系统和集中式网络配置（CNC）之间的交互来实现的。5G 系统和集中式网络配置之间的接口允许后者学习 5G 虚拟网桥的特性，并允许 5G 系统根据从集中式网络配置接收的信息建立具有特定参数的连接。有限的延迟时间需要来自 5G 系统的延迟时间一定是确定的，就像 TSN 和 5G 域上的 QoS 校正一样。需要注意的是，5G 系统可以在组件之间提供直接的无线跃点，否则这些跃点则需要通过传统工业有线网络中的多个跃点进行连接。无论如何，对于 5G 来说最重要的因素是需要提供确定性的延迟时间，只有这样，集中式网络配置（CNC）可以发现和利用 5G 系统所支持的 TSN 功能。

在 5G 虚拟网桥充当 TSN 网桥时，5GS 会根据流量整形（802.1Qbv）

模拟时控分组传送。对于 5G 控制面而言，5G 系统应用功能（AF）中的 TT 从 CNC 接收 TSN 流量类别的传输时间信息。在 5G 用户面中，UE 的 TT 和 UPF 的 TT 可以相应地调节基于时间的分组传输。TT 内部细节还需要 3GPP 来规定。例如，每个流量类别的播控（去抖动）缓冲区可以是一种解决方案。AF 和策略控制功能（PCF）则将不同的 TSN 流量类别映射到不同的 5G QoS 标识符（5QI），作为两个域之间 QoS 校正的一部分，并根据其 QoS 要求对不同的 5QI 进行处理。

02、时间同步

时间同步是所有移动数据网络中的关键组成部分。在 5G-TSN 混合的工业网络中提供时间同步是完全全新的方法，在大多数情况下，无论 TSN 桥接网络是否将其用于内部操作，最终设备都需要一个参考时间，并且，如果其他网桥也使用基于时间的 TSN 功能［如流量整形（802.1Qbv）］，那么它们也需要参考时间。

从之前的文章中，我们可以知道，在实际使用中，基于 TSN 的工业自动化系统往往使用 IEEE 802.3AS 所定义的广义的精确时钟同步系统（gPTP）作为默认的时间同步解决方案，因此 5G 系统需要与所连接的 TSN 网络的 gPTP 互通。这时，5G 系统可以作为虚拟的 gPTP 时间感知系统，并支持通过 5G 用户面 TT 在终端站和网桥之间转发 gPTP 时间同步信息，并且还考虑了在时间同步过程中 5G 系统的停留时间。在一些特殊的情况下，5G 系统时钟可以充当主时钟时，不仅为 5G 提供参考时间，而且还为整个系统中的其他设备（包括连接的 TSN 桥和终端站）提供参考时间。

对于分布范围广泛的网络系统而言，目前我国的北斗系统已经能够提供纳米级别的时间同步，相信未来这也不失为工业网络系统时间同步的一个方式。总体而言，当前已经完成和未来即将完成的 5G 标准解决了 5G-TSN 集成所需的关键方面。

03、智能工厂对 5G 与 TSN 的融合需求

5G 和时间敏感网络 TSN 相结合可以满足工业 4.0 的苛刻的网络要求。5G-TSN 集成也是未来工业网络应用重要的议题之一。我们从以上的介绍中可以看出，5G 和 TSN 的结合极其适合智能工厂，因为这二者都具有高可靠性和低延迟性。也就是说，在未来的实际使用中必将会将两种技术集成并应用，为用户提供端到端的网络解决方案，以满足工业需求。

通过无线 5G 和有线 TSN 域而集成的时间同步为工业网络点对点的传输应用提供了参考时间。5G 还集成了工业应用中使用的 TSN 工具，并提供超可靠的低延时特性。5G 和 TSN 网段在不相交的转发路径可以保证端到端传输的超可靠性和高可用性。

因此，我们可以说，从根本上讲，5G 和 TSN 包括工业自动化场景中的联合应用所需的关键技术，并且具有极高的可用性。

CC-Link IE TSN 在追随无线技术和时间敏感网络的发展上，也将步步紧趋，目前也正积极参与无线技术的探索与研究，或将在不久推出了相关无线模块，随着移动网络对于超低延时性的进一步支持，必定也将逐步跟随智能工厂工业网络的脚步而不断完善。

我相信，TSN 技术的发展及运用会随着时间的推移不断前行。TSN 工作组在 2015 年成立，2016 年 9 月召开第一次 Shaper 整形器工作组，2017 年在 NI 的 IIC TSN 测试床的架构，到了 2018 年 CLPA 全球首发的全新一代工业开放式网络 CC-Link IE TSN，截至 2020 年 11 月已经有 50 多款 CC-Link IE TSN 的兼容产品发布并投入工业现场使用。以 TSN 的发展速度而言，较之以往的总线推进速度来说，这是非常快的。由此，我们也看到了 CCLink IE TSN 带来的巨大的应用场景。让我们共同期待新一代工业开放式网络时代的到来同时也会跟各位业界人士共同营造这样的一个网络环境而不断努力！

[P LC 篇]

编写 PLC 程序我从做 Excel 表开始

第一次接触PLC，是在海天公司给一台双色注塑机增加一个转轴功能，这个功能注塑机电脑上没有，所以外加了一个 PLC，记得当时用的是三菱 FX，这是我接触的第一个 PLC，当时因为供应商提供了 PLC、伺服电机、减速机等一套产品，所以程序也就让供应商写了。

到了倍福之后，由于整个办事处就我一个人，处于什么都干的状态，所以除了销售工作，也做技术支持。记得第一个项目是上海的同事写的代码，同事来现场一次，后面的维护我接过来。所幸 TwinCAT2 这软件比较简单，一来二去自己就上手了。

后来，慢慢地也给客户写一点 DEMO，用来给客户解释为为什么 IEC61131-3 是一个简单的东西，不像想象的那么难，不要一想到 ST 语言就想到高级语言，等等诸如此类的问题。写着写着，也有了一些心得。

在聊这些心得之前，先说点题外话。我做过两件和工作不太相关的学习，一次是读研究生时，一个培训班来学校推销 ISO 内审员的培训，当时因为好奇去报了名，花了几百块钱听了一堆 ISO 的知识，记得讲课的是一位老干部。另一次是刚上班时，去报了一个计算机高级程序员的考试，看了几个月书，离及格线差了那么一大点（不是一小点）。但这两个事情，对我的影响比较大，ISO 的学习，让我理解了凡事要有流程，流程要有标准，标准要有数据，数据要可追溯，这为后来理解工业 4.0 打下了基础，而高级程序员的考试，让我学到不少 IT 的知识，尤其是软件工程方面的知识，对于构建一个大的程序，还是有帮助的。

下面的心得，和这两件事情，有比较大的关系，说穿了，就是多做纸面工作。

1、Excel 表格的创建内容

在写代码之前，我会先建个 Excel 表格，大约有这么几项（这里我虚拟了一个立体车库的项目，因为每天到办公室都会和立体车库打交道）：

（1）I/O 表，输入 / 输出的模块型号、模块的位置、每个模块上每个点的定义以及外面接的是什么元器件，对于一些电气 CAD 软件，会自动生成这个表，但我们还是建议用 Excel 做一份，以便存档。

（2）变量表，一部分变量是有地址的，比如需要和上面提到的 I/O 表进行对应，比如 Modbus 通信。Modbus 通信需要定义变量地址，而 I/O 对应的不需要在程序中指定，只要在系统配置中和硬件进行连接。另一部分变量是没有地址的，但也不能随便定义，要有一定的规则，以便阅读（图2-1）。

变量名		类型			G		是否需要掉电保持	初始值	最小值	最大值	是否在人机界面中
iFree		int		(*	记录空位位置	*)	Y	4			操作页面
iRequire		int		(*	要存/取的位置	*)	N		1	4	操作页面
iTotal		int		(*	总共有车数量	*)	Y				操作页面
iTimeOut1		int		(*	运动超时报警	*)	N				监视页面
iTimeOut2		int		(*	运动超时报警	*)	N				监视页面
iTimeOut3		int		(*	运动超时报警	*)	N				监视页面
iTimeOut4		int		(*	运动超时报警	*)	N				监视页面
iTimeOut5		int		(*	运动超时报警	*)	N				监视页面
iTimeOut6		int		(*	运动超时报警	*)	N				监视页面
iTimeOut7		int		(*	运动超时报警	*)	N				监视页面
iTimerOutSetting		int		(*	运动超时报警时	*)	Y	10	10	20	设置页面

图 2-1 变量表

（3）结构体（Structure），结构体的设计可以放在变量表之前，为了提高效率，我们会设计一些结构体来做数据类型，比如一个气缸，就可以设计一个结构体来表述，这个结构体会包含气缸的方向，磁性开关状态，以及两个方向的超时报警时间。在使用到气缸时，就可以用这个结构体类型来直接定义气缸，而无需去定义每个气缸设计的变量（图 2-2）。

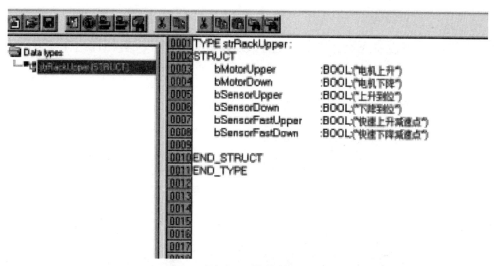

图 2-2 结构体

必要的话，可以设计枚举变量，用来表述机器的状态。

（4）POU 名称（Program Organization Unit 程序组织单元）。POU 有三种类型：程序（Program）、功能块（Function Block）、函数（Function）。在规划阶段，程序和功能块的构建是很重要的，功能块会降低很多重复工作，从而避免一些普遍性的错误（当然，错了也就都错了），程序的调用、状态的切换是否清晰可控，则决定了整个项目是否足够强壮，并可持久改进及维护（图 2-3）。

B POU名称	C 类型	D TASK	E 运行周期	F 说明	G 输入	H 输出
Main	prg	TASK1	10ms	主程序		
prgAlarm	prg	TASK1	10ms	报警程序，处理超时等报警		
prgManual	prg	TASK1	10ms	手动程序，进行车位的移动处理		
fbDown	fb			下车位功能块，车位的平移处理	移动指令/使能/传感器/到位传感器	状态（移动中，报警等）/电机运动方向
fbUpper	fb			上车位功能快，车位的升降处理	升降指令/使能/速度转换点/到位传感器	状态（移动中，报警等）/电机运动方向

图 2-3 POU 名称

（5）工艺说明，包括各个工作步骤、步骤的衔接、条件的转换等。这个步骤，可以在 Excel 中做，也可以用 word、PPT，但相比之下，Excel 可能是个更好的选择，因为 Excel 的纸面是没有限制大小的，而 word 和 PPT 很容易遇到编辑范围太小的问题（图 2-4）。

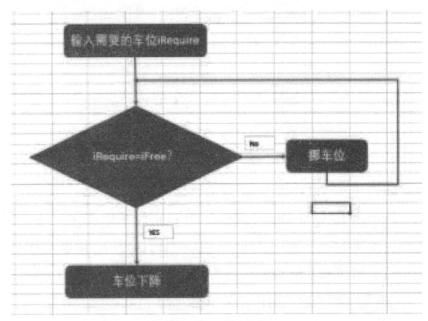

图 2-4 工艺说明

当然，也可以在纸张上来画。我个人建议每个项目备一个 A4 的本子，和 Excel 配合使用。

做完这个表格之后，我习惯将变量表直接复制到 TwinCAT 中，因为在 Excel 中，很多重复工作可以直接选中表格单元进行拖拉复制，比如注释的"（＊"和"＊）"，以及末尾的"；"都是直接复制单元格的，而对于一些带序号的变量，如 X0-X7，顺序复制即可，这会在大幅度减少工作量的同时，降低变量编写出错概率。

在程序编写过程中，除了用于 for 循环的累加数，以及用来调试时的一些标志之外，如果要增加有实际意义的变量名，必须先在 Excel 里增加，再复制到程序中。这有点强迫症，但事实证明，这个有用。

接下去就是建立各个 POU（图 2-5），对于功能块，要写好输入变量

和输出变量，而函数只需要有参数即可。写完了每个 POU，记得在每个
POU 的主体敲个 "；"，这样，即使我们一句代码也不写，也是可以编译
通过的。如果这时候编译不通过，可以看看是不是哪里有手误了，因为
这时候能错的地方都是系统保留字，或者是忘记敲，注释的括号少了之
类 "；"。

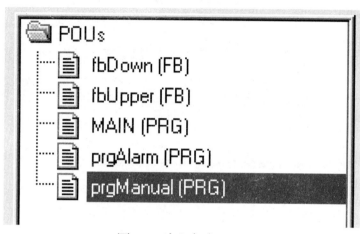

图 2-5 建立各个 POU

接下来是不是写代码？不是的，是先写注释，而且是全面注释，即
在各个功能块中，先写好注释。在 TwinCAT 中，一个程序块只需要一个
"；"，即可编译通过，我们上面已经敲好了 "；"，所以不用担心没有代
码会造成程序不能编译。

我们回到前面第 4 点，如果流程图已经画好，那我们就把流程图搬
到编程环境中，还是按照从大到小的原则，我们先把步骤编好，具体每一
步里面做什么，可能远不如步骤之间怎么切换衔接来得重要。所以，在
这个过程中，我们还可以用注释来替代代码，但别忘了在各种 for、case
中加上 "；"。

最后一步，让我们在所有注释的地方，把代码写上。然后，编译一下。

如果有人可以把 PackML 的文档看一遍，会发现里面就有关于状态切
换的图表，如果有兴趣，可以去找下 PackML 的文档（图 2-6）。

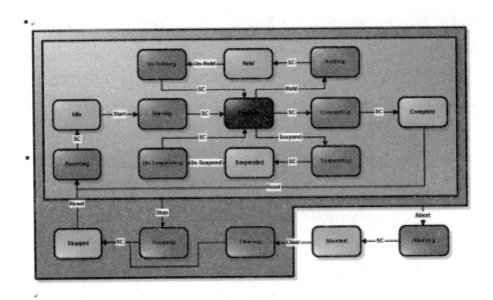

Figure 1: Machine State Model for Automatic Mode Operation

图 2-6 PackML

如果你用的是 TwinCAT 或者 Codesys 的环境，我建议在写 Excel 表格和画流程图的时候，顺带把人机界面的草图也画了，我觉得集成人机界面的开发环境就是自动化工程师的大救星。人机界面和 PLC 在同一个环境内，意味着可以随时看到工程师想看到的内容，比如在调试时，需要看多个变量，那建在人机界面上会方便很多，不需要在程序中在线观察。

人机界面和 PLC 的集成，除了大大提高自动化工程师的幸福感之外，也会极大激发自动化工程师的创作欲望。比如有些 DEMO，我会将逻辑动作的条件和输出状态都放在画面中，这样可以很清楚地看到一个逻辑动作没有执行的原因，比如某几个动作有先后，那做个定时器或者多个定时器，将这些定时器的输出放在同一个画面，就可以明察秋毫了。

写完了程序，机器也动了，我们再来做一张表，就是 修改记录，在这张表里，我们写下，某年某月某日，为了什么原因，我们改了哪个程序，怎么改的，修改后我们怎么测试的，测试的效果如何。

而修改的程序，不建议直接在原程序上改，可以建一个新的 POU，也可以在 POU 里写一个新的 action，在对应的调用处改掉调用名字即可。

这样，即使新的程序出了问题，也很容易改回（RollBack）到原来的程序。而新的代码中，记得在头部写好注释。

2、Excel 表格的创建意义

至此，我们回过头来看看，我们获得了哪些好处：

第一，我们有了一个清晰的名字列表，包括变量的、I/O 的、程序的。

第二，我们有了一个清晰的结构。

第三，所有的问题会有据可查。

上面这几点是针对程序本身的益处，而对于项目和企业而言，则有更大的意义：

第一，通过分解，将代码部分的工作量比例降低了，这种逐步聚焦的方式，可以让工程师把精力放在最关键的地方。

第二，便于沟通，在代码之前的这些工作，都可以和其他人共享，比如 I/O 表部分可以和电气工程师以及电工沟通，程序流程部分可以用来和工艺工程师沟通。

第三，便于维护，在移交给其他工程师，或者多人开发同一项目时会方便很多。如果没有注释，基本上工程师自己都会忘记原来写的什么。

第四，便于更换平台，当需要更换一个控制器平台时会发现，大部分工作是相通共用的，这会在切换平台时节约大量的时间。

这里用了一些 IEC61131-3 的概念，关于 IEC61131-3 的书很少，推荐彭瑜老师和何衍庆老师的那本《IEC61131-3 编程语言及应用基础》，机械工业出版社出版，这本书我买了应该不下 30 本，用来送人。记得在倍福 10 周年庆典那天,公司邀请了彭瑜老师,恰好庆典在人民广场附近举办，席间跑步前进到福州路的上海书城，居然买到了那本《IEC61131-3 编程语言及应用基础》，请彭瑜老师签了个名，留作纪念。

另外推荐林锐博士写的《高质量程序设计指南 C++/C 语言》，这本书有人不喜欢，觉得这本书水分太多，干货太少，但读起来还是比较轻松的，这本书出到了第三版，目前在网上有很多二手的在销售，也有一些电子版的，建议找来读一读。

我心中未来的 PLC

响应：《智能制造时代，我们需要什么样的高端 PLC？》话题，我作为一个比较老的机电工程师，也时不时和 PLC 打交道，几乎天天都要和非标机器纠结在一起。

（1）目前的 PLC 要统一编程语言几乎是不现实的。但是软件功能完全可以更简单一些了，比如我用了一款 PLC，弄一个高速计数，我硬是到现在都没有搞懂，发脉冲也没有搞明白。不好说怎么怎么的，我用 PLC 这么多年了的老手，到现在都没有搞明白，这编程软件是怎么做的？非得要弄个让人看不懂才显得高端？当然我也没有时间去研究它，不可能把时间耗在这个上面。

希望：所以我认为高端的 PLC 应该是编程简单，只有编程简单了，你的产品才有竞争优势，你的 PLC 操作简单了，谁不用你的呢？

（2）一般一种 PLC 都只支持那么一二组高速计数，或者三六个高速输出。能不能把所有的端口都能支持呢？或者说做一个型号，你要多少路的我就给你多少路的产品，这样也是可以的。

希望：所以我认为要求有产品的个性化，型号多元化。

（3）同一个厂家的软件通用性，现在我就遇到了，型号不一样，里面的某些功能地址不一样。所以造成在更换型号时，其他的特殊寄存器等都要改过。

希望这方面我认为应该要统一一下才会更加人性化。

（4）编程口总可以统一吧？现在是 10 种不同厂家的 PLC，最少要六七种数据线。

希望：统一编程口非常重要。

（5）现在的非标机器，基本要求一机多用，如：在一台机器上生产不同的型号的产品，某些参数大小有区别，所以也就必须更改某些参数。但是现在的 PLC 无法像电脑操作系统一样，不能任意编辑或新建一个文件夹，在多品种生产设备上无法建立产品数据库，很难满足一机多型号生产。我有一种检测设备，就有多达一百三十多个型号要在这个机器上检测使用，由于无法建立这么大的数据量，最后和用户讨论，只建立了常用的三十几种产品数据。

希望：今后的 PLC 应该要像电脑系统一样，支持新建文件夹和数据库等功能。

（6）质量管理系统，目前 PLC 能做质量管理的也就只见到那么一家，但是保存量有限，默认才一千条，这个量只够一般生产时的两三个小时的数据。

希望：今后的 PLC 应该支持外部存储卡，并且容量要有足够大，这样方便数据的存取。

（7）网络化。网络化以后，就可以做到远程监控和维护。特别是质量管理这方面，能直接和相关的电脑连接，主要是针对质量管理这方面。我现在接触到的企业基本要求有质量管理系统，生产的产品条码号，相关数据可追溯。

（8）可视化。我现在做的机器，基本上都要外接一个触摸显示屏。并且 PLC 是东家，触摸屏是西家。然后这两个之间的编程都还要借助别人家生产的电脑来实现。

希望：电脑都有了一体机，为什么 PLC 没有出来这种一体机呢？我特别的希望能早日出现这种一体式 PLC。甚至脑洞大开一下，再装上一个摄像像头，这样就可以进行条码识别了，这对质量管理要求严的用户来说，肯定是一个福音。

（9）PLC 逐步取代小型工控电脑。我现在就遇到这样的情况，工控机后面再背一个 PLC。

希望：由于工控电脑的编程要求比 PLC 更高一些，所以也就给了一般的工程师很大一的一个考题，所以今后的 PLC 应该要比现在的工控电脑更加简单人性化，不再用 C++ 这些复杂的语言来编写程序。

总结：大众化才是最好的。编程越简单也就是越好的产品。

三菱电机 PLC 问答集锦

问：FX3U、FX3UC 系列可编程控制器可以对缓冲寄存器直接指定吗？

答：FX3U、FX3UC 系列可编程控制器，可以直接指定特殊功能模块和特殊功能单元的 BFM（缓冲存储器）。BFM 为 16 位或 32 位的字数据，主要用于应用指令操作数。BFM 是接着特殊功能模块或特殊功能单元的模块号（U）和 BFM 编号（\G）后指定的。（如 U0\G0 表示模块号为 0 的特殊功能模块或特殊功能单元的 BFM #0 号）此外，在 BFM 编号中可以进行变址修正。指定范围如下所示。单元号（U）****0 ~ 7 BFM 编号（\G）****0 ~ 32766 MOV 指令的例子 MOV K10 U0\G10 修正 BFM 编号的例子 MOV K20 U0\G10Z0。

问：FX3U 系列可编程控制器连接特殊适配器时有哪些注意事项？

答：只使用特殊适配器中的高速输入/输出特殊适配器时，不需要功能扩展板。使用模拟量/通信特殊适配器时，需要功能扩展板。组合使用高速输入/输出特殊适配器和模拟量/通信特殊适配器时，请在连接有功能扩展板的 FX3U 可编程控制器中，先连接高速输出特殊适配器，然后再连接模拟量特殊适配器、通信特殊适配器。

问：FX PLC 是否支持 MODBUS 协议？

答：当前 FX3U、FX3UC 加 FX3U-485ADP-MB 或者 FX3U-232ADP-MB 可以支持 MODBUS 协议。

问：使用内置高速器计数时会发生监视定时器（WDT）错误，有什么原因？

答：输入到高速计数器中的信号，不能超过响应频率，如果超出频率信号时，可能会使 WDT 错误，且并联连接不能正常运行。

问：FX1S 、FX1N 、FX1NC、FX2N、FX2NC、FX3U、FX3UC、FX3G 其各自连接的特殊功能数目，以及其模块号的设定？

答：FX1S 无法连接特殊功能模块；FX1N 能连接最多五个特殊功能模块（模块号 k0-k4）；FX2N、FX3U、FX3UC 和 FX3G 能连接最多八个特殊功能模块（模块号 k0-k7）；FX2NC 能连接最多四个特殊功能模块（模块号 k0-k3）；FX3UC-32MT-LT 能连接最多七个特殊功能模块（模块号 k1-k7）。FX1NC 中使用 FX2NC-CNV-IF，最多可连接 2 台如 FX0N-3A、FX2N-16CCL-M 等特殊功能模块。

问：FX1S 、FX1N 、FX1NC、FX2N、FX2NC、FX3U、FX3UC、FX3G 各个基本单元对应不同的高速输入，最多各自可以记录几路的高速输入？

答：FX1S 、FX1N 、FX1NC、FX2N、FX2NC 单相单计数（C235-C245）：最多 6 路；单相双计数（C246-C250）：最多 2 路；双相双计数（C251-C255）：最多 2 路 FX3U、FX3UC 单相单计数（C235-C245）：最多 8 路；单相双计数（C246-C250）：最多 2 路；双相双计数（C251-C255）：最多 2 路 FX3G：单相单计数（C235-C245）：最多 6 路；单相双计数（C246-C250）：最多 2 路；双相双计数（C251-C255）：最多 3 路

问：PLC 断电后，程序是否会丢失？

答：FX1S、FX1N、FX1NC、FX3G 程序由 EEPROM 保存，断电后程序不会丢失；FX2N、FX2NC、FX3U、FX3UC 程序由电池支持，更换时若电池电量低报警，程序会丢失；无电池电量低报警，不会丢失。

问：FX PLC 哪些通信功能需要进行通信设定？

答：使用计算机链接功能、变频器通信功能、无协议通信（RS/RS2 指令）功能时，需要进行通信设定。

问：FX PLC 哪些通信功能不需要进行通信设定？

答：使用编程通信、并联连接、N:N 网络、远程维护功能时，请勿进

行通信设定。

问：对于高性能 QnCPU，能够存放文件寄存器的存储器有哪些？？

答：高性能 QnCPU 可以存放文件寄存器的存储器有：① CPU 内置的标准 RAM（文件存储器只能存储 1 个文件）；② SRAM 存储卡（顺序程序可以进行写入和读取）；③ Flash 存储卡（通过顺控程序只能进行读出，不能进行写入）。

问：多 CPU 系统中，能够扩展的基板级数和安装的模块数量是否较单 CPU 系统有所增加？

答：都没有增加。在多 CPU 系统中，如果 1 号 CPU 为高性能 CPU 时，最大的扩展基板级数为 7 级，最多可以安装（65 - CPU 的数量）个模块。对于 1 号 CPU 为其他类型的 CPU 时的情况需参考多 CPU 用户手册的第 2 章。

问：高性能 QnHCPU 使用 SFC 编程时，最多可以建多少个块？最多使用多少步？

答：SFC 编程时最多可以使用 320 个块，每个块中最多可以编写 512 步，所有块中不能超过 8192 步。

问：QCPU 中哪些是内置以太网接口的？

答：通用型 QnU 系列中，型号为 QnUDE（H）CPU 的有内置以太网接口，如 Q03UDECPU、Q04UDEHCPU 等。该类型的 CPU 除了内置以太网接口外还有一个 mini USB 接口。其他通用型 CPU 的接口为 RS232 和 mini USB 接口。

问：Q62HLC 等智能模块具有自整定功能，其作用是什么？

答：自整定功能是可以自动设置最佳的 PID 常数而设计的一种功能。在自整定中，根据测定值与设置值之间反复超高 过调及超低过调时发生的振荡周期和振幅计算 PID 常数。

问：Q 系列 CPU 模块是如何访问智能功能模块的？

答：CPU 模块可通过以下方法与智能功能模块进行通信：①利用 GX Configurator 进行初始设置设定、自动刷新设置设定；②利用软元件初始值进行初始设置设定；③ FROM/TO 指令；④智能功能模块软元件，Un\Gn；⑤智能功能模块专用指令，如串行通信模块的 OUTPUT 指令等。

问：A2ASCPU 上的 ERR 灯闪烁，但 PLC 诊断时没有错误，这是什么原因？如何解决？

答：ERR 灯闪烁可能是因为某个信号报警器被置位了。监视 D9124 ~ D9132 里的数据，可以确定信号报警器的数量及报警器号，通过顺控程序复位相应的报警器，消除 ERR 灯。

问：基本型的 QCPU 如何在 PID 程序运行时，修改 PID 运行参数？

答：可以使用 PID 参数修改指令 PIDPRMW（完全微分）或 S.PIDPRMW 来修改 PID 参数。需要注意的是在使用此指令时，所修改的环路号应在可使用的范围内（基本型 1 ~ 8，高性能 1 ~ 32），同时确保在执行 PIDPRMW 或 S.PIDPRMW 指令之前执行过 PIDINIT 或 S.PIDINIT 指令。

问：在离线状态，使用 GX Developer 编写完程序后进行编译时，弹出对话框提示"无法与 PLC"通信，什么原因？应如何解决？

答："运行中写入设置"中的设置不正确。可以通过以下方法解决：[工具]-[选项]-[运行中写入设置]，选择"变换后，不写入 PLC"。

问：第一次使用 Q02HCPU，使用 USB 连接计算机时，提示无法识别新硬件，如何处理？

答：在计算机硬件设备管理器中安装 USB 驱动，USB 驱动文件的具体路径为：GX Developer 安装目录 MELSEC 文件夹下，Easysocket 文件夹 ->USBDrivers 文件夹中。

问：CC-Link 网络模块 QJ61BT11N 使用备用主站功能时，在参数设置的"类型"选项中选择"主站"和"主站（对应于冗余功能）"有什么区别？

答：主站类型无论是选择"主站"还是"主站（对应于冗余功能）"都能实现备用主站功能，两者区别在于：选择"主站"时，当宕机的主站恢复正常时不能再恢复到系统中；而选择"主站（对应于冗余功能）"时，当宕机的主站恢复正常时可以作为备用主站，重新恢复到系统中。

详解经验法 PID 参数调节口诀

PID 参数整定口诀：

参数整定找最佳，从小到大顺序查

先是比例后积分，最后再把微分加

曲线振荡很频繁，比例度盘要放大

曲线漂浮绕大弯，比例度盘往小扳

曲线偏离回复慢，积分时间往下降

曲线波动周期长，积分时间再加长

曲线振荡频率快，先把微分降下来

动差大来波动慢，微分时间应加长

理想曲线两个波，前高后低四比一

一看二调多分析，调节质量不会低

经验法整定 PID 参数是老仪表工作几十年经验的积累，到现在仍得到广泛应用的一种 PID 参数整定方法。此法是根据生产操作经验，再结合调节过程的过渡过程曲线形状，对控制系统的调节器参数进行反复凑试，最后得到调节器的最佳参数。经验法的 PID 参数调节口诀说：参数整定寻最佳，从大到小顺次查。先是比例后积分，最后再把微分加。曲线振荡很频繁，比例度盘要放大。曲线漂浮绕大弯，比例度盘往小扳。曲线偏离回复慢，积分时间往下降。曲线波动周期长，积分时间再加长。理想曲线两个波，调节过程高质量。

这是一首流传广泛、影响很大的调节器 PID 参数调节口诀，该 PID 调节口诀最早出现在 1973 年 11 月出版的《化工自动化》一书中，流传至今已有几十年了。现在网上流传的 PID 调节口诀，大多是以该 PID 参数调节口诀作为蓝本进行了补充和改编而来的，如"曲线振荡频率快，先把微分降下来，动差大来波动慢。微分时间应加长"。还有的加了"理想曲线两个波，前高后低四比一，一看二调多分析，调节质量不会低"等。为便于理解和应用，现对该 PID 参数调节口诀进行较详细的分析。以下的分析及结论对临界比例度法、衰减曲线法也是有参考价值的。

先谈谈 PID 参数调节口诀"参数整定寻最佳，从大到小顺次查"中的"最佳"问题。很多仪表工都有这样的体会，在现场的调节器工程参数整定中，如果只按 4：1 衰减比进行整定，那么可以有很多对的比例度和积分时间同样能满足 4：1 的衰减比，但是这些对的数值并不是任意地组合，而是成对地，一定的比例度必须与一定的积分时间组成一对，才能满足衰减比的条件，改变其中之一，另一个也要随之改变。因为是成对出现的，所以才有调节器参数的"匹配"问题。而在实际应用中只有增加个附加条件，才能从多对数值中选出一对适合的值。这一对适合的值通常称为"最佳整定值"。"从大到小顺次查"中"查"的意思就是找到调节器参数的最佳匹配值。而"从大到小顺次查"是说在具体操作时，先把比例度、积分时间放至最大位置，把微分时间调至零。因为需要的是衰减振荡的过渡过程，并避免出现其他的振荡过程，在整定初期，把比例度放至最大位置，目的是减小调节器的放大倍数。而积分放至最大位置，目的是先把积分作用取消。把微分时间调至零也是把微分作用取消了。"从大到小顺次查"就是从大到小改变比例或积分时间刻度，实质是慢慢地增加比例作用或积分作用的放大倍数。也就是慢慢增加比例或积分作用的影响，避免系统出现大的振荡。最后再根据系统实际情况决定是否使用微分作用。

"先是比例后积分，最后再把微分加"是经验法的整定步骤。比例作用是最基本的控制作用，PID 参数调节口诀说的"先是比例后积分"，目的是简化调节器的参数整定，即先把积分作用取消和弱化，待系统较稳定后再投运积分作用。尤其是新安装的控制系统，对系统特性不了解时，我们要做的就是先把积分作用取消，待调整好比例度，使控制系统大致稳定以后，再加入积分作用。对于比例控制系统，如果规定 4：1 的衰减过渡过程，则只有一个比例度能满足这一规定，而其他的任何比例度都不可能使过渡过程的衰减比为 4 ：1。因此，对比例控制系统只要找到能满足 4 ：1 衰减此时的比例度就行了。

在调好比例控制的基础上再加入积分作用，但积分会降低过渡过程的衰减比，则系统的稳定程度也会降低。为了保持系统的稳定程度，可增大调节器的比例度，即减小调节器的放大倍数。这就是在整定中投入积分作用后，要把比例度增大 10% ～ 20% 的原因。其实质就是个比例度和积分时间数值的匹配问题，在一定范围内比例度的减小，是可以用增加积分时间的方法来补偿的，但也要看到比例作用和积分作用是互为影响的，如果设置的比例度过大时，即便积分时间恰当，系统控制效果仍然会不佳。

在有的场合，也可不强求以上步骤，而是采取先按表 2-1 的 PID 参数凑试范围，把比例度、积分、微分时间选择好，然后由大到小的改变比例度进行凑试，直至调节过程曲线满意为止。积分时间和微分时间预置后用比例度凑试，其体现的是经验，如果没有经验就成为盲目调试了。此方法的缺点是当同时使用比例、积分、微分三作用时，不容易找到最合适的整定参数，由于反复凑试会费很多时间。

表 2-1 经验整定法 PID 参数凑试范围 – 览表

控制系统	% (比例)	Ti/min (积分)	TD/min
温度	20-60	3-10	0.5-3
压力	10-70	0.4-3	
流量	40-100	0.3-1	
液位	20-80		

"曲线振荡很频繁，比例度盘要放大"说的是比例度过小时，会产生周期较短的激烈振荡，如图 2-7 所示。且振荡衰减很慢，严重时至会成为发散振荡。这时就要调大比例度，使曲线平缓下来。

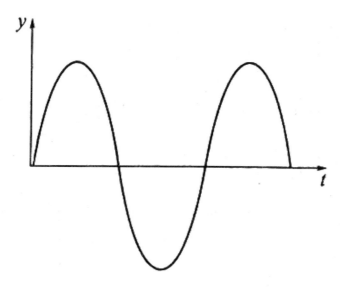

图2-7 比例度过小时的过渡过程曲线

"曲线漂浮绕大弯，比例度盘往小扳"说的是比例度过大时会使过渡时间过长，使被调参数变化缓慢，即记录曲线偏离给定值幅度值较大，时间较长，这时曲线波动较大且变化无规则，形状像绕大弯式的变化，如图2-8所示。这时就要减小比例度，使余差尽量小。

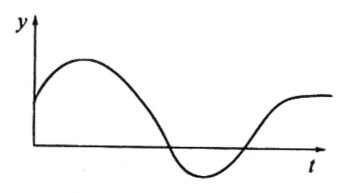

图2-8 比例度过大时的过渡过程曲线

"曲线偏离回复慢，积分时间往下降。曲线波动周期长，积分时间再加长"说的是积分作用的整定方法。当积分时间太长时，会使曲线非周期地慢慢地回复到给定值，即"曲线偏离回复慢"，如图2-9所示。则应减少积分时间。当积分时间太短时，会使曲线振荡周期较长，且衰减很慢，即"曲线波动周期长"，如图2-10所示。则应加长积分时间。

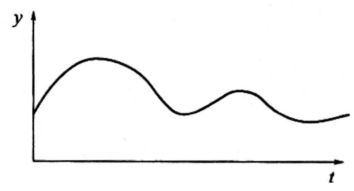

图 2-9 积分时间太长时的过渡过程曲线

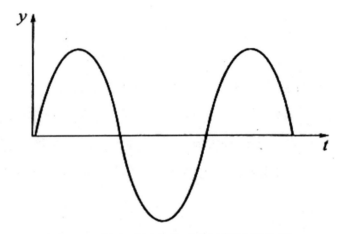

图 2-10 积分时间太长时的过渡过程曲线

调节器的参数按比例积分作用整定好后，如果需启用微分作用时，则"最后再把微分加"。由于微分作用会增强系统的稳定性，故使用微分作用后，调节器的比例度可以在原来的基础上再增大一些，一般以增大20% 为宜。微分作用主要用于滞后和惯性较大的场合，由于微分作用具有超前调节的功能，当系统有较大滞后或较大惯性的情况下，才应启用微分作用。

以上说的是孤立的调试方法，在实际调试中，由于比例、积分、微分作用的相互影响，所以要互相兼顾才能调试好。要掌握的是振荡过强则应加大比例度，加大积分时间；恢复过慢则应减小比例度，减小积分时间。加入微分作用后，要把比例度和积分时间在原有的基础上减小一些；

通过调微分时间的凑试，使过渡时间最短，超调量最小。

为方便理解几十年前的 PID 参数调节口诀，云南昌晖仪表制造有限公司对 PID 参数调节口诀中的有关问题作点说明。

（1）什么是比例度盘。由于历史的原因，当时仪表工接触的大多是气动调节仪表，20 世纪 70 年代初电动仪表的应用也是有限的。气动仪表调整比例度就是改变一个针形阀门的开度，为便于观察阀门的开度，阀门手柄上有个等分刻度盘；电动仪表调整的是电位器，同样也有一个等分刻度盘；这就是口诀中说的"比例度盘"。

（2）过程曲线的观察。经验法的实质就是看曲线，调参数。现在使用的 DCS 功能强大，想观察什么曲线就可观察什么曲线，只要把测点引入 DCS 即可，非常方便。但以前由于条件所限，当时用得最多的是气动三针记录仪，还有电子电位差计记录仪。口诀中所说"过程曲线"大多指仪表的记录曲线，通常要设置较快的走纸速度和选择合适的量程，才有可能较好地观察到记录曲线。有的对象由于调节过程较快，从记录曲线读出衰减过渡过程是很困难的，只能凭经验观察，如调节器的风压或电流来回波动两次就达到稳定状态时，就可认为是 $n:1$ 的衰减过渡过程。口诀中所说的过程曲线形状，是形象化、直观化、被放大了的曲线，其目的是便于理解。

（3）振荡周期和频率。过渡过程从一个波峰到第二个波峰之间的时间叫振荡周期，一个振荡周期是 360°；振荡周期的倒数称为振荡频率。在衰减比相同的条件下，周期与过渡时间成正比，通常希望周期短一些为好，但各种被控对象的振荡周期相差是很大的，且周期的长短取决于所整定的对象，及不同的整定参数。口诀所说的"理想曲线两个波"，是指在过渡时间内被调参数振荡的次数，如果说过渡过程振荡两次就能稳定下来，这就是很好的过渡过程。引入振荡周期和频率的概念是为了理论上分析问题的方便，与交流电的波形和频率相比，两者差别是很大的；过程控制的振荡周期是极缓慢的，大多长达数分钟至数十分钟，动次数而已。

（4）关于衰减比。在多数情况下，都希望得到衰减振荡的过渡过程，衡量衰减程度的指标是衰减比，即图 2-11 中 B 与 B′ 两峰值的比，通常表示为 $n:1$，一般 n 在 4 ～ 10 之间较妥。口诀中说 4：1 的衰减过渡过程好，是如何定出来的？这其实是工艺操作人员多年的经验总结。因为在生产现场投用自控系统的时候，被控工艺参数在受到干扰和调节器的校正后，能比较快地达到一个高峰值。然后又马上下降并较快地达到一个低峰值。如果工艺操作人员看到这样的曲线，心里就比较踏实，他知道被调工艺参数再振荡几次就会稳定下来了，是不会出现大的超调现象的。但是如果过渡过程是非振荡的过程，则工艺操作人员在较长的时间内只看到过程曲线在一直上升或下降，操作人员害怕出事故的心理，就会促使他调动相应地阀门改变工艺物料的大小以求指标稳定，由于人为的干扰会导致被调参数大大偏离给定值，这一恶性循环严重时，可能会使系统处于不可控的状态，所以说选择衰减振荡的过渡过程，并规定衰减比在 4 ～ 10：1 之间，是根据工艺操作人员的实践经验得来的。

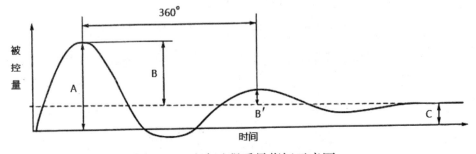

图 2-11 过渡过程质量指标示意图

（5）最大偏差与超调量。最大偏差表示控制系统偏离给定值的程度，也就是当干扰产生，经过调节待系统稳定后，被调量与给定值的最大偏差。对于衰减振荡的过渡过程，最大偏差就是第一个波的峰值，即图 2-11 中的 A。一个整定好的调节系统，一般第一个波动最大，经一大一小两个波后，也就无所谓最大偏差了。有时也用超调量来表示被控参数的偏离程度，超调量是衡量被控参数在过渡过程中振荡超出最终静态估值的程度，即图 2-11 中的 B。在实际应用中，超调量大多是用余差的百分数来表示，即图 2-11 中的 B/C×100%。

PLC 控制和继电器控制的六大区别

1、逻辑控制方式

（1）继电器控制：继电器控制系统控制逻辑采用硬件接线，利用继电器机械触点的串联或并联等组合成控 制逻辑，其连线多且复杂、体积大、功耗大，系统构成后，想再改变或增加功能、较为困难。继电器的触点数量有限，所以继电器控制系统的灵活性和可扩展性受到很大限制。

（2）PLC 控制：以程序的方式存储在内存中，改变程序，便可改变逻辑；PLC 控制系统连线少、体积小、功耗小，而且 PLC 中每只软继电器的触点数理论是无限制的，因此其灵活性和可扩展性很好。

2、顺序控制方式

（1）继电器控制：利用时间继电器的滞后动作来完成时间上的顺序控制；时间继电器内部的机械结构易受环境温度和湿度变化的影响，造成定时的精度不高。

（2）PLC 控制：由半导体电路组成的定时器以及由晶体振荡器产生的时钟脉冲计时，定时精度高；使用者根据需要，定时值在程序中可设置，灵活性大，定时时间不受环境影响。

3、控制速度

（1）继电器控制：依靠机械触点的吸合动作来完成控制任务，工作频率低，工作速度慢。

（2）PLC 控制：采用程序指令控制半导体电路来实现控制，稳定、可靠，运行速度大大提高。

4、灵活性和扩展性

（1）继电器控制：系统安装后，受电气设备触点数目的有限性和连线复杂等原因的影响，系统今后的灵活性、扩展性很差。

（2）PLC控制：具有专用的输入与输出模块；连线少，灵活性和扩展性好。

5、计数功能

（1）继电器控制：不具备计数的功能。

（2）PLC控制：PLC内部有特定的计数器，可实现对生产设备的步进控制。

6、可靠性和可维护性

（1）继电器控制：使用大量机械触点，触点在开闭时会产生电弧，造成损伤并伴有机械磨损，使用寿命短，运行可靠性差，不易维护。

（2）PLC控制：采用微电子技术，内部的开关动作均由无触点的半导体电路来完成；体积小，寿命长，可靠性高，并且能够随时显示给操作人员，及时监视控制程序的执行状况，为现场调试和维护提供便利。

学习PLC的方法和步骤

学习PLC呢，对于一些初学的人来说呢是一个让人头疼的事情，不知道从哪里下手，在这里呢，我结合以前我的一些个人学习经历和对这个行业的一些理解，总结了一些经验，跟大家交流交流。

1、了解硬件，看懂电路图

学习 PLC 首先要了解硬件，硬件是基础，如果电气元器件都不认识，不管是你看书，还是别的工程师教你，随便说个名词都不知道是干啥的，那就没法继续下去了，所以，硬件是必须要了解的。对于一些没有电工基础的，还是需要在这方面下点功夫，一些专业名词，一些元器件，最起码要认识，知道是干吗的，像我们常见常说的，按钮指示灯、常开常闭触点、断路器、接触器、热保护、继电器、PLC、开关量、开关量输入/输出模块、模拟量、模拟量输入/输出模块、开关电源、接近开关、行程开关、磁性开关、光电开关，这些开关怎么接线的，输出什么信号，电机啊，变频驱动器、变频电机、伺服驱动器、私服电机、步进驱动器、步进电机，以及这些电机需要什么样的电源，需要接什么样的控制线，是端子控制还是通信控制啊，等等。

首先得认识这些东西，然后多看设备的动作，或者工程师的调试，不懂就问，这个是干什么的啊，哪个是干什么的啊，我之前就是在电工班里待了半年，天天跟着电工师傅们，装电柜啊，设备安装啊，装到什么就问，这是什么，这个是干什么用的，这个线怎么接的，这根线接什么，那根线接什么，不懂就问。半年之后，我基本上知道了 PLC 控制的大概就是，各个按钮，开关的信号，进入到 PLC 的输入模块后，经过程序的处理，到输出模块，来控制中间继电器，然后中间继电器来控制电磁阀、电机等输出元器件，当你认识了一些硬件之后，再结合一些书籍，把相应元器件的符号也要搞清楚，这样才能理书中的意思，才能看得懂电路图，这是学习自动化的第一步门槛。

2、学习计算机进制和数据类型的知识

当你学会了第一步，认识了一些电气元器件，会看一些电路图了，这个时候就可以多看看书了，学一些计算机进制的知识，比如 PLC 里面常用的二进制、八进制、十六进制，这些都不难，就是有点绕，要静下

心来学，还有一些数据类型，比如，位，字节，字，双字，的概念，知道他们的关系，了解一些 PLC 、常用的符号表示，如 I 表示输入，Q 表示输出，M 表示中间变量等，这些都是学习 PLC 的基础，是必不可少的，不管你学什么 PLC，这些都是绕不过去的坎，必须得迈过去。

3、学习软件和逻辑指令

当你认识了一些电气元件，电气符号，能看懂电路图，了解一些数据的进制，数据类型了，就可以进行软件的学习和基本的逻辑指令的学习了。这才是 PLC 的真正入门课程了。

首先我们要了解软件里面的各部分的功能，先把软件最常用的一些功能学会，比如，新建项目、打开程序、下载程序、监控程序等，知道数据块、功能块、是干什么用的。等你的这个软件基本会用了之后就可以学习一些基本的逻辑指令了，可以把每个指令都拖出来试试。不懂的看看手册啊，帮助文档啊，看看这个指令怎么用的，有什么作用，做什么控制的，这里我们建议大家可以从梯形图开始入门，因为梯形图是从传统的电路图发展而来的，所以好多指令非常形象，基本一看就懂，比如常开、常闭、线圈之类的，非常形象，好理解。而且这个梯形图在各个 PLC 里面都支持，而且是一个统一标准，大多数基本指令都是一样的。

学会了一些指令后，就可以尝试着写一些逻辑简单的 PLC 程序，最经典的控制电机的起保停和正反转，然后难度再稍微大点的，星三角启动和红绿灯控制程序等。先从简单的开始，慢慢来，因为复杂的程序也是由这些基本的指令组成的。

4、看懂别人的 PLC 逻辑控制程序

当到了这一步的时候，你对这个 PLC 就算基本入门了。这个时候，如果公司里面有比较厉害的工程师，就可以要点程序，多看看别人写的程序。首先看懂，知道这是干啥的，再去想为什么要这样写，他这样写

的思路是什么样的，他这程序有什么不足的地方，有什么值得学习的。程序这个东西没有标准答案，实现一个功能可以有 N 种方法，如果让我写，我会怎样写。

我当初跟着师傅的时候，就是一直在研究他的程序，然后结合设备的运行情况，把他的程序全部看懂，这样地对个人提高是非常有帮助的。如果没有这样的情况，我是自学的，那就可以在网上找一些别人写的案例，或者一些教学视频啊，听一些经验丰富的工程师是怎样来写程序的，他的编程思路是怎样处理的，这个比较重要。还有一点就是要学会看一些简单的气动原理图、液压原理图、机械图纸，因为这些是我们设计电控的重要依据。

5、学习功能指令

当你能看懂一些稍微复杂的逻辑控制程序了，已经熟练掌握了基本的逻辑指令，就可以学习功能指令了，比如 PID 控制、步进电机、变频器、伺服控制、通信等。这些也是自动化里必不可少的一部分，也是相当重要的一部分。这些东西还是比较有难度的，而且都比较抽象，看书学习就比较困难了。这个时候如果你有师傅教，那真的是太幸运了，那要跟你的师傅伺候好了，让他多教教你，这会让你少走很多弯路。如果没有师傅带的话，那就只能自己学了，这个时候网络视频就非常合适了，网络视频包罗万象，种类繁多，这个时候可以先根据自己当前的需求来选择先学什么，比如当前公司的设备使用比较多的 PID 控制，这个时候我们就可以选择先学习个 PID，比如公司里面西门子 V90 伺服用得比较多，那我就学个 V90 伺服。视频课程选择灵活，上班没时间，下班了可以在家随时学习。现在互联网这么发达，手机上也可以看，真正做到了随时随地地学习了。当你把本公司的产品学会调试了，原理搞懂了，知识点学会了，就可以单独设计、编程、调试一条龙做一些项目了，从简单到复杂，从小设备到大设备，一步一步地来，到时候你的等级，工资，也会随着技术的提高慢慢涨上来的。

S7-200SMART 与 S7-200 的比较

S7-200 SMART 是西门子公司推出的高性价比小型 PLC，是国内广泛使用的 S7-200 的更新换代产品。我通过大量使用 S7-200 SMART，感觉与 S7-200 相比，它有很多亮点。因为刚刚诞生，还有一些不足之处，可以期望给我们带来更多的惊喜。

S7-200 SMART 吸取了竞争对手三菱 FX 系列的一些优点。FX 分为 FX1S、FX1N 和 FX2N 等子系列，它们的性能和价格拉开了差距，给用户更多的选择。S7-200 SMART 的 CPU 模块分为标准型和经济型，经济型的 40 点 CPU CR40 在淘宝网上的售价为 900 多元，与 24 点的 CPU 224 还要便宜一点。

三菱的 FX1N 有 60 点的基本单元（即 CPU 模块），FX2N 有 64 点、80 点和 128 点的基本单元，大 I/O 点数的基本单元平均每个 I/O 点的价格较低。S7-200 SMART 有 60 点的 CPU，而 S7-200 的 CPU（CPU 226）最多 40 点，它们的价格相差不多。

和 S7-1200 一样，S7-200 SMART 的 CPU 内可安装一块有多种型号的信号板，使配置更为灵活。

S7-200 SMART 的 CPU 保留了 S7-200 的 RS-485 接口，增加了一个以太网接口，还可以用信号板扩展一个 RS-485/RS-232 接口。S7-1200 没有集成的 RS-485 接口。

以太网给人的感觉特别好，S7-200 用 19.2 bps 的波特率下载一个 30 多 KB 的项目用了 8s，同样的项目用以太网下载，给人的感觉是一瞬间下载就结束了。我只有最早的 S7-1200，同样要求的项目它用以太网下载的速度比 S7-200 还慢（因为程序增大了 100 多倍）。用以太网和交换机（或路由器）实现多台 PLC、HMI 和计算机的通信非常方便。

S7-1200 的 24M SIMATIC 存储卡可以用来更新操作系统，但是价格高达 1000 多元，和 CPU 模块的价格差不多了。V3 版的 S7-1200 可以直接用以太网更新操作系统。

S7-200 SMART 使用手机的 Micro SD 卡，可以传送程序、更新 CPU 的固件和恢复 CPU 的出厂设置，24M 的卡只要 30 多元。

S7-200 SMART 的晶体管输出的 CPU 模块有 3 路 100 kHz 的高速脉冲输出，集成了 S7-200 的位置控制模块 EM 253 的功能。S7-200 的 CPU 只有两路高速脉冲输出。只有 CPU 224XP 的高速脉冲输出频率为 100 kHz，其他 CPU 的只有 20 kHz。

与 S7-200 SMART 配套的触摸屏 SMART LINE 700 IE 在淘宝网上的价格为 950 元左右，它们之间可以用以太网或 RS-485 接口通信。

关于 PLC 故障分析及排除方法

为了便于故障的及时解决，首先要区分故障是全局性还是局部性的，如上位机显示多处控制元件工作不正常，提示很多报警信息，这就需要检查 CPU 模块、存储器模块、通信模块及电源等公共部分。如果是局部性故障可从以下几方面进行分析。

1、根据上位机的报警信息查找故障

PLC 控制系统都具有丰富的自我诊断功能，当系统发生故障时立即给出报警信息，可以迅速、准确地查明原因并确定故障部位，具有事半功倍的效果，是维修人员排除故障的基本手段和方法。

2、根据动作顺序诊断故障

对于自动控制，其动作都是按照一定的顺序来完成的，通过观察系统的运动过程，比较故障和正常时的情况，即可发现疑点，诊断出故障原因。如某水泵需要前后阀门都要打开才能开启，如果管路不通水泵是不能启动的。

3、根据 PLC 输入 / 输出口状态诊断故障

在 PLC 控制系统中，输入 / 输出信号的传递是通过 PLC 的 I/O 模块实现的，因此一些故障会在 PLC 的 I/O 接口通道上反映出来，这个特点为故障诊断提供了方便。如果不是 PLC 系统本身的硬件故障，可不必查看程序和有关电路图，通过查询 PLC 的 I/O 接口状态，即可找出故障原因。因此要熟悉控制对象的 PLC 的 I/O 通常状态和故障状态。

4、通过 PLC 程序诊断故障

PLC 控制系统出现的绝大部分故障都是通过 PLC 程序检查出来的。有些故障可在屏幕上直接显示出报警原因；有些虽然在屏幕上有报警信息，但并没有直接反映出报警的原因；还有些故障不产生报警信息，只是有些动作不执行。遇到后两种情况，跟踪 PLC 程序的运行是确诊故障的有效方法。对于简单故障可根据程序通过 PLC 的状态显示信息，监视相关输入、输出及标志位的状态，跟踪程序的运行，而复杂的故障必须使用编程器来跟踪程序的运行。如某水泵不工作，检查发现对应的 PLC 输出端口为 0，于是通过查看程序发现热水泵还受到水温的控制，水温不够 PLC 就没有输出，把水温升高后故障排除。

当然，上述方法只是给出了故障解决的切入点，产生故障的原因很多，所以单纯依靠某种方法是不能实现故障检测的，需要多种方法结合，配合电路、机械等部分综合分析。

如何评价 PLC 程序质量好与不好

PLC 程序最好的评估标准是实践。看程序能否到达预期的意图。但这还不行。由于能到达意图的程序还有好与不好之分。到底什么样的程序才算好的程序呢？大体有如下几个方面：

1、正确性

PLC 的程序必定要正确，并要通过实际作业验证，证明其可以正确作业。这是对 PLC 程序的最根本的要求，若这一点做不到，其他的再好也没有用。

要使程序正确，必定要精确地运用指令，正确地运用内部器材。精确地运用指令与精确了解指令相联系，为此对指令含义和运用条件必定要弄清楚。必要时，可编写小程序对一些不清楚的指令做些测验。

同一指令，由于 PLC 的出厂批次不同或是 PLC 的系列型号的不同，一些指令细节有可能不一样，应细心查阅编程手册。

内部器材正确运用也是重要的。如有的 PLC 有掉电维护，有的 PLC 没有。必定要做到该掉电维护的必定要用掉电维护的器材,反之则不能用。

总归，要精确地运用指令，正确运用内部器材，使所编的程序能正确工作，这是对 PLC 程序最根本的要求。

2、牢靠性

程序不仅要正确，还要牢靠。牢靠反映着 PLC 程序的稳定性，这也是对 PLC 程序的基本要求。

有的 PLC 程序，在正常的作业条件下或合法操作时能正确作业，而出现非正常作业条件（如暂时停电，又很快再通电）或进行非法操作（如一些按钮不按次序按，或同时按若干按钮）后，程序就不能正常作业了。

这种程序，就不大牢靠，或说不稳定，就是不好的程序。好的 PLC 程序对非正常作业条件出现，能予以识别，并能使其与正常条件连接，可使程序适应于多种状况。好的 PLC 程序对非法操作能予以回绝，且不留下"痕迹"。只接受合法操作。

联锁是回绝非法操作常用的手法，继电电路常用这个方法，PLC 也可继承这个方法。

3、简略性

使 PLC 程序尽可能简略，也是应寻求的目标。

简略的程序可以节省用户存储区；大多状况下也可节省履行时刻，进步对输入的响应速度，还可进步程序的可读性。

程序是否简略，一般可用程序所用的指令条数衡量，用的条数少，程序自然就简略。

要想程序简略，从大的方面讲，要优化程序结构，用流程控制指令简化程序，从小的方面讲还要用功能强的指令替代功能单一的指令，以及留意指令的安排次序等。

4、省时性

程序简略可以节省程序运转时刻，但简略与省时并不彻底是一回事。由于运转程序时刻虽与程序所拥有指令条数有关，并且还与所运用的是什么指令有关。PLC 指令不同，履行的时刻也不同。并且，有的指令，在逻辑条件 ON 时履行与在 OFF 时履行其时刻也不同。别的，由于运用了流程控制指令，在程序中，不是一切指令都要履行等。所以，运转程序的时刻计算是比较杂乱的。但要求其平均时刻少，最大时刻也不太长是必要的。这样可进步 PLC 的响应速度。

省时的关键是用好流程控制指令。按状况确定一些必须履行的指令，作必备部分，其余的可依程序进行，有选择地履行，或做些分时作业的规划，防止最大时刻太长等。

5、可读性

要求所规划的程序可读性要好。这不仅便于程序规划者加深对程序的了解，便地调试，并且，还要便于别人读懂你的程序，便于运用者维护。必要时，也可使程序推广。

要使程序可读性好，所规划的程序就要尽可能清晰。要留意层次，完成模块化，以至于用面向对象的方法进行规划。要多用一些标准的规划。

再就是 I/O 分配要有规律性，便于回忆与了解。必要时，还要做一些注释作业。内部器材的运用也要讲规律性，不要随便地拿来就用。

可读性在程序规划开始时就要留意。这不易彻底做到。由于在程序调试的过程中，指令的增减，内部器材的运用变化，可能使原较清晰的程序，变得有些乱。所以在规划时就对调试增减留有必定的余地，然后调试完毕后再做一下收拾，这样所规划的程序具有更高的质量。

6、易改性

要使程序易改，也就是要便于修正。

PLC 的特点之一就是方便，可灵活地适用于各种状况。其办法就是靠修正或重新规划程序。

重新规划程序用于改动 PLC 工艺的用途要求的状况，不仅程序重编，并且 I/O 也要重新分配。大多状况下不需要重编程序，作一些修正就可以了。这就要求程序具有易性，便于修正。

易改也就是弹性，要求只要做很少的改动，即可到达改动参数或理论动作的意图。在规划 PLC 程序的过程中，可以满足以上 6 方面的要求就能称得上是一个好程序了。

编程时用 ST 语言好？还是直接 C 语言好？

大部分主流品牌商编程时采用 ST 语言，如施耐德 PLC 等。ST 是结构化文本编程，类似于 C 语言，不同于梯形图和顺序函数功能表。它的优点就是能简化复杂的数学方程，进行梯形图所难以执行的复杂计算，完成程式的建立。

少部分品牌商编程时采用 C 语言，可以通过 C 语言子函数调用的方式，加入到梯形图的体系中，主要起到辅助作用，它主要解决复杂的数字方程，解决梯形图无法达到的运算速度和效率，解决梯形图编程过于复杂的问题，用 C 语言编程可提高程序效率，如 CRC 校验、复杂浮点数运算、多项式函数运算、凸轮参数设置等。

如何调试 PLC 程序？

调试工作是检查 PLC 控制系统能否满足控制要求的关键工作，是对系统性能的一次客观、综合的评价。系统投用前必须经过全系统功能的严格调试，直到满足要求并经有关用户代表、监理和设计等签字确认后才能交付使用。调试人员应受过系统的专门培训，对控制系统的构成、硬件和软件的使用和操作都比较熟悉。

调试人员在调试时发现的问题，都应及时联系有关设计人员，在设计人员同意后方可进行修改，修改需做详细的记录，修改后的软件要进行备份。并对调试修改部分做好文档的整理和归档。调试内容主要包括输入/输出功能、控制逻辑功能、通信功能、处理器性能测试等。

1、输入/输出回路调试

（1）模拟量输入（AI）回路调试。要仔细核对 I/O 模块的地址分配；

检查回路供电方式（内供电或外供电）是否与现场仪表相一致；用信号发生器在现场端对每个通道加入信号，通常取 0、50% 或 100% 三点进行检查。对有报警、联锁值的 AI 回路，还要在报警联锁值（如 高报、低报和联锁点以及精度）进行检查，确认有关报警、联锁状态的正确性。

（2）模拟量输出（AO）回路调试。可根据回路控制的要求，用手动输出（即直接在控制系统中设定）的办法检查执行机构（如阀门开度等），通常也取 0、50 % 或 100 % 三点进行检查；同时通过闭环控制，检查输出是否满足有关要求。对有报警、联锁值的 AO 回路，还要在报警联锁值（如高报、低报和联锁点以及精度）进行检查，确认有关报警、联锁状态的正确性。

（3）开关量输入（DI）回路调试。在相应的现场端短接或断开，检查开关量输入模块对应 通道地址的发光二极管的变化，同时检查通道的通、断变化。

（4）开关量输出（DO）回路调试。可通过 PLC 系统提供的强制功能对输出点进行检查。通过强制，检查开关量输出模块对应通道地址的发光二极管的变化，同时检查通道的通、断变化。

2、回路调试注意事项

（1）对开关量输入 / 输出回路，要注意保持状态的一致性原则；通常采用正逻辑原则，即当输入 / 输出带电时，为"ON"状态，数据值为"1"；反之，当输入 / 输出失电时，为"OFF"状态，数据值为"0"。这样，便于理解和维护。

（2）对负载大的开关量输入 / 输出模块应通过继电器与现场隔离；即现场接点尽量不要直接与输入 / 输出模块连接。

（3）使用 PLC 提供的强制功能时,要注意在测试完毕后,应还原状态;在同一时间内，不应对过多的点进行强制操作，以免损坏模块。

3、控制逻辑功能调试

控制逻辑功能调试，需会同设计、工艺代表和项目管理人员共同完成。要应用处理器 的测试功能设定输入条件，根据处理器逻辑检查输出状态的变化是否正确，以确认系统的 控制逻辑功能。对所有的联锁回路，应模拟联锁的工艺条件，仔细检查联锁动作的正确性，并做好调试记录和会签确认。

检查工作是对设计控制程序软件进行验收的过程，是调试过程中最复杂、技术要求最高、难度最大的一项工作。特别在有专利技术应用、专用软件等情况下，更加要仔细检查其 控制的正确性，应留有一定的操作裕度，同时保证工艺操作的正常运作以及系统的安全性、可靠性和灵活性。

4、处理器性能测试

处理器性能测试要按照系统说明书的要求进行，确保系统具有说明书描述的功能且稳 定可靠，包括系统通信、备用电池和其他特殊模块的检查。对有冗余配置的系统必须进行 冗余测试。即对冗余设计的部分进行全面的检查，包括电源冗余、处理器冗余、I/O冗余和 通信冗余等。

（1）电源冗余。切断其中一路电源，系统应能继续正常运行，系统无扰动；被断电的电源加电后能恢复正常。

（2）处理器冗余。切断主处理器电源或切换主处理器的运行开关，热备处理器应能自动成为主处理器，系统运行正常，输出无扰动；被断电的处理器加电后能恢复正常并处于备用状态。

（3）I/O冗余。选择互为冗余、地址对应的输入和输出点，输入模块施加相同的输入信号，输出模块连接状态指示仪表。分别通断（或热插拔，如果允许）冗余输入模块和输出模 块，检查其状态是否能保持不变。

（4）通信冗余。可通过切断其中一个通信模块的电源或断开一条网络，检查系统能否 正常通信和运行；复位后，相应的模块状态应自动恢复正常。

冗余测试，要根据设计要求，对一切有冗余设计的模块都进行冗余检查。此外，对系统功能的检查包括系统自检、文件查找、文件编译和下装、维护信息、备份等功能。对较为复杂的 PLC 系统，系统功能检查还包括逻辑图组态、回路组态和特殊 I/O 功能等内容。

PLC 实用技巧

1、接地问题

PLC 系统接地要求比较严格，最好有独立的专用接地系统，还要注意与 PLC 有关的其他设备也要可靠接地。

多个电路接地点连接在一起时，会产生意想不到的电流，导致逻辑错误或损坏电路。

产生不同的接地电势的原因，通常是由于接地点在物理区域上被分隔得太远，当相距很远的设备被通信电缆或传感器连接在一起的时候，电缆线和地之间的电流就会流经整个电路，即使在很短的距离内，大型设备的负载电流也可以在其与地电势之间产生变化，或者通过电磁作用直接产生不可预知的电流。

在不正确的接地点的电源之间，电路中有可能产生毁灭性的电流，以至于破坏设备。

PLC 系统一般选用一点接地方式。为了提高抗共模干扰能力，对于模拟信号可以采用屏蔽浮的技术，即信号电缆的屏蔽层一点接地，信号回路浮空，与大地绝缘电阻应不小于 $50M\Omega$。

2、干扰处理

工业现场的环境比较恶劣，存在着许多高低频干扰。这些干扰一般是通过与现场设备相连的电缆引入 PLC 的。

除了接地措施外，在电缆的设计选择和敷设施工中，应注意采取一些抗干扰措施：

（1）模拟量信号属于小信号，极易受到外界干扰的影响，应选用双层屏蔽电缆。

（2）高速脉冲信号（如脉冲传感器、计数码盘等）应选用屏蔽电缆，既防止外来的干扰，也防止高速脉冲信号对低电平信号的干扰。

（3）PLC 之间的通信电缆频率较高，一般应选用厂家提供的电缆，在要求不高的情况下，可以选用带屏蔽的双绞线电缆。

（4）模拟信号线、直流信号线不能与交流信号线在同一线槽内走线。

（5）控制柜内引入引出的屏蔽电缆必须接地，应不经过接线端子直接与设备相连。

（6）交流信号、直流信号和模拟信号不能共用一根电缆，动力电缆应与信号电缆分开敷设。

（7）在现场维护时，解决干扰的方法有：对受干扰的线路采用屏蔽线缆，重新敷设；在程序中加入抗干扰滤波代码。

3、消除线间电容避免误动作

电缆的各导线之间都存在电容，合格的电缆能把此容值限制在一定范围之内。

即使是合格的电缆，当电缆长度超过一定长度时，各线间的电容容值也会超过所要求的值，当把此电缆用于 PLC 输入时，线间电容就有可能引起 PLC 的误动作，会出现许多无法理解的现象。

这些现象主要表现为明接线正确，但 PLC 却没有输入；PLC 应该有的输入没有，而不应该有的却有，即 PLC 输入互相干扰。为解决这一问题，应当做到：

（1）使用电缆芯绞合在一起的电缆。

（2）尽量缩短使用电缆的长度。

（3）把互相干扰的输入分开使用电缆。

（4）使用屏蔽电缆。

4、输出模块的选用

输出模块分为晶体管、双向可控硅、接点型：

（1）晶体管型的开关速度最快（一般 0.2ms），但负载能力最小，约 0.2 ~ 0.3A、24VDC，适用于快速开关、信号联系的设备，一般与变频、直流装置等信号连接，应注意晶体管漏电流对负载的影响。

（2）可控硅型优点是无触点、具有交流负载特性，负载能力不大。

（3）继电器输出具有交直流负载特点，负载能力大。常规控制中一般首先选用继电器触点型输出，缺点是开关速度慢，一般在 10ms 左右，不适于高频开关应用。

5、变频器过电压与过电流处理

（1）减小给定使电机减速运行时，电机进入再生发电制动状态，电机回馈给变频器的能量亦较高，这些能量贮存在滤波电容器中，使电容上的电压升高，并很快达到直流过电压保护的整定值而使变频器跳闸。

处理方法：采取在变频器外部增设制动电阻的措施，用该电阻将电机回馈到直流侧的再生电能消耗掉。

（2）变频器带多个小电机，当其中一个小电机发生过流故障时，变频器就会过流故障报警，导致变频器掉闸，从而导致其他正常的小电机也停止工作。

处理方法：在变频器输出侧加装 1：1 的隔离变压器，当其中一台或几小电机发生过流故障，故障电流直流冲击变压器，而不是冲击变频器，从而预防了变频器地掉闸。经实验后，工作良好，再没发生以前的正常电机也停机的故障。

6、标记输入与输出方便检修

PLC 控制着一个复杂系统，所能看到的是上下两排错开的输入／输出继电器接线端子、对应的指示灯及 PLC 编号，就像一块有数十只脚的集成电路。任何一个人如果不看原理图来检修故障设备，会束手无策，查找故障的速度会特别慢。鉴于这种情况，我们可以根据电气原理图绘制一张表格，贴在设备的控制台或控制柜上，标明每个 PLC 输入／输出端子编号与之相对应的电器符号，中文名称，即类似集成电路各管脚的功能说明。

有了这张输入／输出表格，对于了解操作过程或熟悉本设备梯形图的电工就可以展开检修了。

但对于那些对操作过程不熟悉，不会看梯形图的电工来说，就需要再绘制一张表格：PLC 输入／输出逻辑功能表。该表实际说明了大部分操作过程中输入回路（触发元件、关联元件）和输出回路（执行元件）的逻辑对应关系。

实践证明，如果你能熟练利用输入／输出对应表及输入／输出逻辑功能表，检修电气故障，不带图纸，也能轻松自如。

7、通过程序逻辑推断故障

现在工业上经常使用的 PLC 种类繁多，对于低端的 PLC 而言，梯形图指令大同小异，对于中高端机，如 S7-300，许多程序是用语言表编的。

实用的梯形图必须有中文符号注解，否则阅读很困难，看梯形图前如能大概了解设备工艺或操作过程，看起来比较容易。

若进行电气故障分析，一般是应用反查法或称反推法，即根据输入／输出对应表，从故障点找到对应 PLC 的输出继电器，开始反查满足其动作的逻辑关系。

经验表明，查到一处问题，故障基本可以排除，因为设备同时发生两起涉及两起以上的故障点是不多的。

8、PLC 自身故障判断

一般来说，PLC 是极其可靠的设备，出故障率很低，PLC、CPU 等硬件损坏或软件运行出错的概率几乎为零，PLC 输入点如不是强电入侵所致，几乎也不会损坏，PLC 输出继电器的常开点，若不是外围负载短路或设计不合理，负载电流超出额定范围，触点的寿命也很长。

因此，我们查找电气故障点，重点要放在 PLC 的外围电气元件上，不要总是怀疑 PLC 硬件或程序有问题，这对快速维修好故障设备、快速恢复生产是十分重要的。

因此这里所谈的 PLC 控制回路的电气故障检修，重点不在 PLC 本身，而是 PLC 所控制回路中的外围电气元件。

9、充分合理利用软、硬件资源

（1）不参与控制循环或在循环前已经投入的指令可不接入 PLC。

（2）多重指令控制一个任务时，可先在 PLC 外部将它们并联后再接入一个输入点。

（3）尽量利用 PLC 内部功能软元件，充分调用中间状态，使程序具有完整连贯性，易于开发。同时也减少硬件投入，降低了成本。

（4）条件允许的情况下最好独立每一路输出，便于控制和检查，也保护其他输出回路；当一个输出点出现故障时只会导致相应输出回路失控。

（5）输出若为正/反向控制的负载，不仅要从 PLC 内部程序上联锁，并且要在 PLC 外部采取措施，防止负载在两方向动作。

（6）PLC 紧急停止应使用外部开关切断，以确保安全。

10、其他注意事项

（1）不要将交流电源线接到输入端子上，以免烧坏 PLC。

（2）接地端子应独立接地，不与其他设备接地端串联，接地线截面积不小于 $2mm^2$。

（3）辅助电源功率较小，只能带动小功率的设备（光电传感器等）。

（4）一些 PLC 有一定数量的占有点数（即空地址接线端子），不要将线接上。

（5）当 PLC 输出电路中没有保护时，应在外部电路中串联使用熔断器等保护装置，防止负载短路造成损坏。

掌握 PLC 信号输入知识，学 PLC 事半功倍

其实 PLC 只是工厂中电气系统的一部分，如果把工厂理解成一个人体，那么 PLC 就是工厂的大脑，大脑通过眼睛鼻子等信号输入进行分析，最终控制四肢等进行动作。因此眼睛鼻子和四肢同样重要。

眼睛在工厂里对应的是什么？就是输入信号，比如说接近开关，光电开关，各种传感器等检测外部状态的装置；四肢是输出信号，对应工厂里的电机，汽缸等直接驱动设备的装置。因此无论输入还是输出都同样重要。

学习 PLC，不仅仅应该只学习软件，还需要学习硬件，而且硬件比软件更重要，所以对于 PLC 的学习；硬件电气回路的学习也同样重要，大家不要顾此失彼。

接下来我们说说信号输入，我们可以将它归类以便于学习：

1、数字量输入信号

工厂中的信号输入有数字量的；即只有两种状态的，是离散量，在程

序里对应 "1" 和 "0"。主要有接近开关，光电开关，液位开关等，基本上带开关两个字的都是数字量的。那么我们说说它们是怎么连接 PLC 的以及注意事项。

数字量的传感器从原理上分为两种 PNP 和 NPN 的，对应不同接法的 PLC，尽量不要混用，有些麻烦，不懂的可以去我以前的文章里看一下。其实就是输出的电压不同，对于程序编程没有影响。

数字传感器从接线上可分为两线制和三线制，区别在于是否需要将 24V- 接到传感器上。

数字量的传感器从功能上又可以分为常开（NO）和常闭（NC），这一点与继电器类似，常开的传感器未触发时在程序里是 0，触发了在程序里是 1；常闭的传感器未触发时在程序里是 1，触发了在程序里是 0，需要记住。

检测的功能不同，比如接近开关需要近距离检测金属，光电传感器需要有遮挡即可，液位开关需要有液体没过，安全光栅中间需要没有遮挡物等，这点我们也可以在日后的学习中，用到哪一个再讲一下。

对于数字量的传感器我们记住这些即可。

2、模拟量输入信号

模拟量输入信号有些麻烦，有电流信号的；有电压信号的。代表的是一个连续的状态，是非离散量，工厂中常见的模拟量输入信号有检测温度、压力、流量等。需要注意的是：

不是所有的检测温度，压力的传感器都是模拟量的，工厂中同样有一些压力结点传感器和温度结点传感器，是指到达一定的压力或者温度或者其他什么数值，然后传感器本身输出一个开关量信号，这些也是数字量的。

模拟量传感器的接线有些麻烦，有两线制的，有四线制的，现在国内都用三线制的。两线制传感器是指，电源和信号共用两根线，四线制传感器是电源和信号分别用两根线。三线制是在四线制的基础上把电源地负于信号的负短接在一起，所以只有三根线。西门子 S7-200/S7-200smart/s1200 一般是四线制的，即电源和信号分开，且在硬件配置里可以选择信号类型。

有一些特定的模拟量需要使用特定的设备或者模块接收，PLC 一般可以接受 4 ~ 20mA，0 ~ 10V 等，而检测高温的热电偶或者称重传感器等因为工作原理，一般只有 MV 级别的电压信号，所以需要使用特定的模块或者仪表进行转换，这一点也需要经验去积累。

3、非数字量，模拟量输入信号

比如说编码器使用高速脉冲输入等。

还有一些精度非常高的传感器，比如说西客、基恩士等高精度的传感器，因为模拟量的分辨率不够，所以需要使用通信或者其他手段进行连接才能达到传感器本身的精度。

还有一些传感器或者其他设备自带库文件，直接调用库文件就可以读出数据来。

我们再说说信号输出。

数字量输出，我们以前说过 PLC 有一个优势就是利用 24v 控制 220V 甚至 380V，数字量输出指"0""1"两个状态，一般控制普通电机，电磁阀等，数字量输出比较好控制，只要逻辑没问题就可以。

模拟量输出，一些非离散型的装置，比如说调节阀，液压的比例放大器等需要逐渐变化的一些控制，一般这类装置都需要反馈值做闭环控制或者 PID，以后有机会带大家做这一方面的练习。

通信控制，一些变频器或者伺服驱动器等需要使用通信控制，其实就这一方面；PLC 的编程不难，难点是熟悉需要控制的装置。这一点有一些难度，需要很强的自学能力。

对于 PLC 的学习，不仅需要动手做程序并调试以此得到大量的经验，还需要很强的自学能力，在这个过程中有时一个有经验的人一句话可以为你省下很多时间，所以也要多运用互联网的力量。

PLC 如何接线，一文搞懂 PLC 接线方法和原理

今天为大家带来传感器与 PLC 的接线方法（图 2-12），二十张接线图，是不是超丰厚？快一起来看吧。

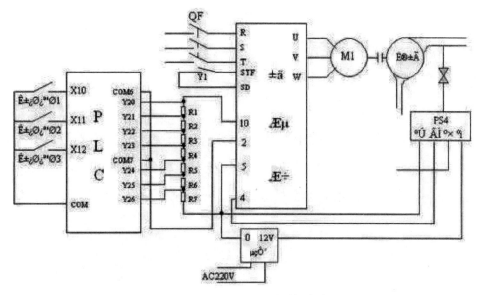

图 2-12 传感器与 PLC 的接线方法

1、概述

PLC 的数字量输入接口并不复杂，PLC 为了提高抗干扰能力，输入接口都采用光电耦合器来隔离输入信号与内部处理电路的传输。因此，输入端的信号只是驱动光电耦合器的内部 LED 导通，被光电耦合器的光电管接收，即可使外部输入信号可靠传输。

目前 PLC 的数字量输入端口一般分单端共点与双端输入，由于有区别，用户在选配外部传感器时接法上需要一定的区分与了解才能正确使

用传感器与 PLC 为后期的编程工作和系统稳定奠定基础（图 2-13）。

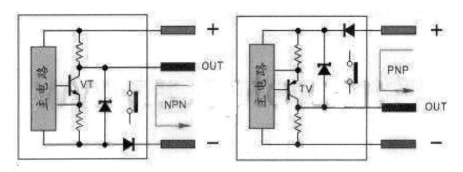

图 2-13 PLC 的数字量输入接口

2、输入电路的形式

01、输入类型的分类

PLC 的数字量输入端子，按电源分直流与交流，按输入接口分类由单端共点输入与双端输入，单端共点接电源正极为 SINK（sink Current 拉电流），单端共点接电源负极为 SRCE（source Current 灌电流）（图 2-14）。

PLC数字量 输入的分类	直流	单端共点 (COM)	SINK	光耦正极共点
			SOURCE	光耦负极共点
		单端共点 (S/S)	SINK/SOURCE	光耦正极 / 负极共点可选
		双端输入	Line-Drive	双线驱动方式
		单端共点 (COM)	SINK	光耦正极共点
			SOURCE	光耦负极共点
		单端共点 (S/S)	SINK/SOURCE	光耦正极 / 负极共点可选
	交流	单端共点 (COM)		

图 2-14 PLC 的数字量输入端子

02、词语的概述

SINK 漏型为电流从输入端流出，那么输入端与电源负极相连即可，说明接口内部的光电耦合器为单端共点为电源正极，可接 NPN 型传感器。

SOURCE 源型为电流从输入端流进，那么输入端与电源正极相连即可，说明接口内部的光电耦合器为单端共点为电源负极，可接 PNP 型传感器。

接近开关与光电开关三、四线输出分 NPN 与 PNP 输出，对于无检测信号时 NPN 的接近开关与光电开关输出为高电平（对内部有上拉电阻而言），当有检测信号，内部 NPN 管导通，开关输出为低电平。

对于无检测信号时 PNP 的接近开关与光电开关输出为低电平（对内部有下拉电阻而言），当有检测信号，内部 PNP 管导通，开关输出为高电平，如图 2-15 所示。

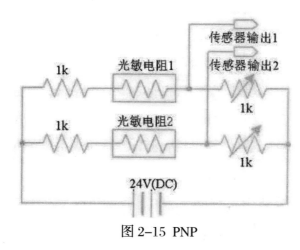

图 2-15 PNP

以上的情况只是针对，传感器是属于常开的状态下。

03、按电源配置类型

（1）直流输入电路如图 2-16 所示，直流输入电路要求外部输入信号的元件为无源的干接点或直流有源地无触点开关接点，当外部输入元件与电源正极导通，电流通过 R1，光电耦合器内部 LED，VD1（接口指示）到 COM 端形成回路，光电耦合器内部接收管接受外部元件导通的信号，传输到内部处理；这种由直流电提供电源的接口方式，叫直流输入电路。

直流电可以由 PLC 内部提供也可以外接直流电源提供给外部输入信号的元件。R2 在电路中的作用是旁路光电耦合器内部 LED 的电流，保证光电耦合器 LED 不被两线制接近开关的静态泄漏电流导通。

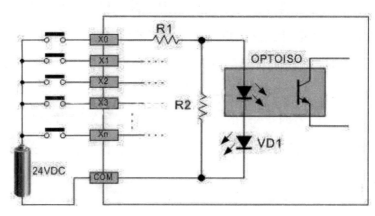

图 2-16 直流输入电路

（2）交流输入电路如图 2-17 所示，交流输入电路要求外部输入信号的元件为无源的干接点或交流有源的无触点开关接点，它与直流接口的区分在光电耦合器前加一级降压电路与桥整流电路。外部元件与交流电接通后，电流通过 R1，C2 经过桥整流，变成降压后的直流电，后续电路的原理与直流的一致。

交流 PLC 主要适用相对环境恶劣，布线技改变动不大等场合；如接近开关就用交流两线直接替代原来行程开关。

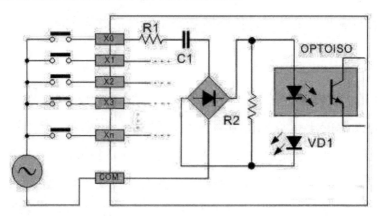

图 2-17 交流输入电路

04、按端口类型

（1）单端共点（Comcon）数字量输入方式为了节省输入端子，单端共点输入的结构是在 PLC 内部将所有输入电路（光电耦合器）的一端连接在一起接到标识为 COM 的内部公共端子，各输入电路的另一端才接到其对应的输入端子 X0、X1、X2、com 共点与 N 个单端输入就可以做 N 个数字量的输入（N+1 个端子），因此我们称此结构为"单端共点"输入。用户在做外部数字量输入组件的接线时也需要同样的做法，需要将所有输入组件的一端连接在一起，叫输入组件的外部共线；输入组件的另一端才接到 PLC 的输入端子 X0、X1、X2。

SINK 输入方式，可接 NPN 型传感器，即 X 端口与负极相连。

SRCE 输入方式，可接 PNP 型传感器。即 X 端口与整机极相连。

（外部输入组件可以为按钮开关、行程开关、舌簧开关、霍尔开关、接近开关、光电开关、光幕传感器、继电器触点、接触器触电等开关量的元件。）

（2）SINK（sink Current 拉电流）输入方式。单端共点 SINK 输入接线（内部共点端子 COM → 24V+，外部共线 → 24V-）。如图 2-18 所示。

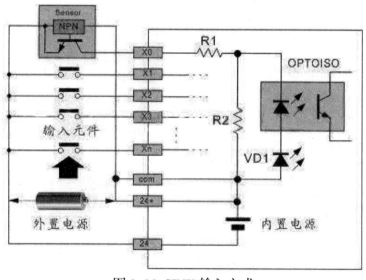

图 2-18 SINK 输入方式

（3）SRCE（source Current 灌电流）输入方式。单端共点 SRCE 输入接线（内部共点端子 COM → 24V-，外部共线 → 24V+）。如图 2-19 所示。

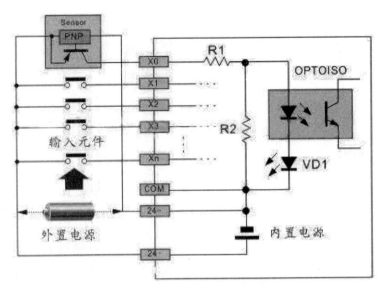

图 2-19 SRCE 输入方式

（4）SINK/SRCE 可切换输入方式。S/S 端子与 COM 端不同的是，COM 是与内部电源正极或负极固定相连，S/S 端子是非固定相连的，根据需要才与内部电源或外部电源的正极或者负极相连。

单端共点 SINK 输入接线（内部共点端子 S/S → 24V+，外部共线 → 24V-）。如图 2-20 所示。

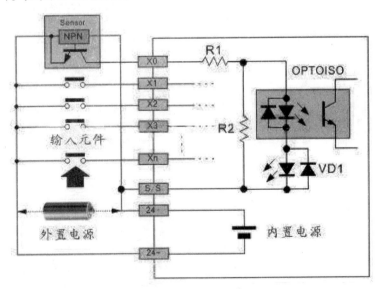

图 2-20 单端共点 SINK 输入接线

单端共点 SRCE 输入接线（内部共点端子 S/S → 24V−，外部共线 → 24V+）。如图 2-21 所示。

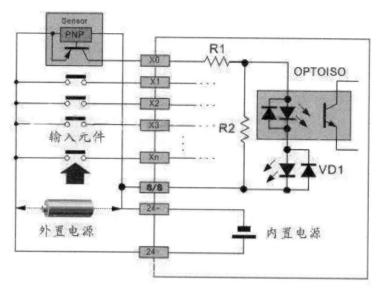

图 2-21 单端共点 SRCE 输入接线

（5）当有源输入元件（霍尔开关、接近开关、光电开关、光幕传感器等）数量比较多，消耗功率比较大，PLC 内置电源不能满足时，需要配置外置电源。根据需求可以配 24VDC，一定功率的开关电源。外置电源原则上不能与内置电源并联，根据 COM 与外部共线的特点，SINK（sink Current 拉电流）输入方式时，外置电源与内置电源正极相连接；SRCE（source Current 灌电流）输入方式时，外置电源与内置电源负极相连接。

（6）简单判断 SINK（sink Current 拉电流）输入方式，只需要 Xn 端与负极短路，如果接口指示灯亮就说明是 SINK 输入方式。共正极的光耦合器，可接 NPN 型的传感器。SRCE（source Current 灌电流）输入方式，将 Xn 端与正极短路，如果接口指示灯亮就说明是 SRCE 输入方式。共负极的光耦合器，可接 PNP 型的传感器。

（7）对于 2 线式的开关量输入，如果是无源触点，SINK 与 SRCE 按上图的输入元件接法，对于 2 线式的接近开关，需要判断接近开关的极性，正确接入。我公司部分 2 线式的 LJK 系列接近开关也有不分极性即可接入接口的，具体参考附带产品说明书。

（8）超高速双端输入电路，主要用于硬件高速计数器（HHSC）的输入使用，接口电压为5VDC，在应用上为确保高速及高噪声抗性通常采用双线驱动方式（Line-Drive）。如果工作频率不高与噪声低也可以采用5VDC的单端SINK或者SRCE接法，串联一个限流电阻转换成24VDC的单端SINK或者SRCE接法。

（9）双输入端双线驱动方式（Line-Drive）。如图2-22所示。

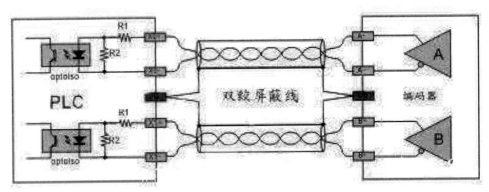

图2-22 双输入端双线驱动方式

（10）5VDC的单端SINK或者SRCE接法。如图2-23所示。

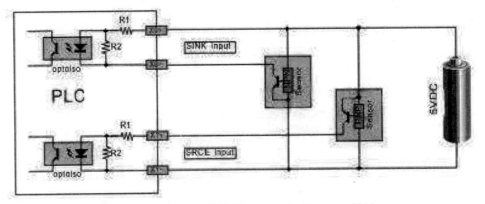

图2-23 5VDC的单端SINK或者SRCE接法

（11）24VDC 的单端 SINK 或者 SRCE 接法。如图 2-24 所示。

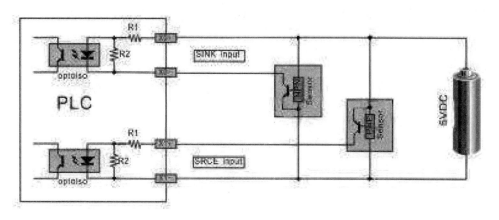

图 2-24 24VDC 的单端 SINK 或者 SRCE 接法

注：24VDC 供电的传感器，在输入回路上需要串联限流电阻，R1 为 10Ω，R2 为 2kΩ，不串联限流电阻，将烧毁接口回路，限流电阻取值 2.7kΩ。

3、外部输入元件

01、无源干接点（按钮开关、行程开关、舌簧磁性开关、继电器触点等）

无源干接点比较简单，接线容易。不存在电源的极性，压降等因素，上图 2-18- 图 2-21 中的输入元件这是此类型。这里不重复介绍。

02、有源两线制传感器（接近开关、有源舌簧磁性开关）

有源两线接近开关分直流与交流，此传感器的特点就是两根线，传感器输出端导通后，为了保证电路正常工作需要一个保持电压来维持电路工作，通常在 3.5 ~ 5V 的压降，静态泄漏电流要小于 1mA，这个指标很重要；如果过大，在接近开关没检测信号时，就使 PLC 的输入端的光电耦合器导通。我公司的 LJK 系列两线制接近开关静态泄漏电流控制在 0.35 ~ 0.5mA 之间适应各类型 PLC。

直流两线制接近开关分二极管极性保护与桥整流极性保护，前者在接 PLC 时需要注意极性，后者就不需要注意极性。有源舌簧磁性开关主要用在汽缸上做位置检测，由于需要信号指示，内部有双向二极管回路，因此也不需要注意极性；交流两线制接近开关就不需要注意极性。如图2-25 所示。

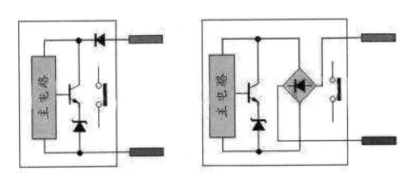

图 2-25 直流两线制

（1）单端共点 SINK 输入接线（内部共点端子 COM → 24V+，外部共线→ 24V−）。如图 2-26 所示。

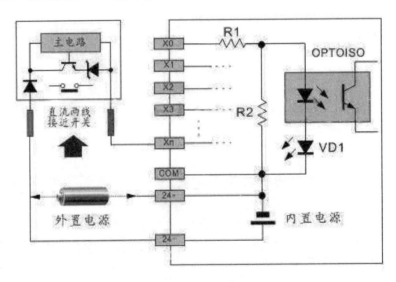

图 2-26 单端共点 SINK 输入接线

（2）单端共点 SRCE 输入接线（内部共点端子 COM → 24V−，外部共线→ 24V+）。如图 2-27 所示。

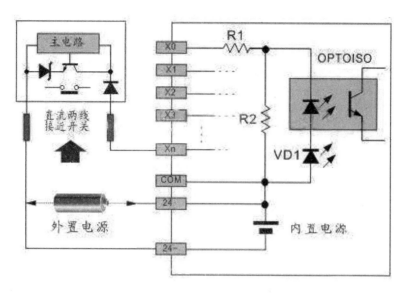

图 2-27 单端共点 SRCE 输入接线

（3）S/S 端子接法参考图 2-20、图 2-21 以及图 2-26、图 2-27。

03、有源三线传感器（电感接近开关、电容接近开关、霍尔接近开关、光电开关等）

直流有源三制线接近开关与光电开关输出管使用三极管输出，因此传感器分 NPN 和 PNP 输出，有的产品是四线制，有双 NPN 或双 PNP，只是状态刚好相反，也有 NPN 和 PNP 结合的四线输出。

NPN 型当传感器有检测信号 VT 导通，输出端 OUT 的电流流向负极，输出端 OUT 电位接近负极，通常说的高电平翻转成低电平。

PNP 型当传感器有检测信号 VT 导通，正极的电流流向输出端 OUT，输出端 OUT 电位接近正极，通常说的低电平翻转成高电平。

电路中三极管的发射极上的电阻为短路保护采样电阻 2-3Ω 不影响输出电流。三极管的集电极的电阻为上拉与下拉电阻，提供输出电位，方便电平接口的电路，另一种输出的三极管集电极开路输出不接上拉与下拉电阻。

简单说当三极管 VT 导通，相当于一个接点导通，如图 2-28 所示。

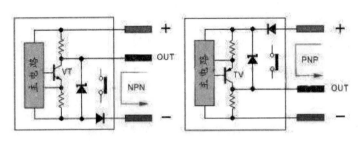

图 2-28 三极管 VT 导通

（1）单端共点 SINK 输入接线（内部共点端子 COM → 24V+，外部共线 → 24V-）。如图 2-29 所示。

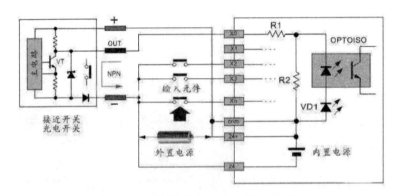

图 2-29 单端共点 SINK 输入接线

（2）（内部共点端子 COM → 24V-，外部共线 → 24V+）。如图 2-30 所示。

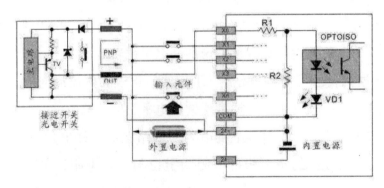

图 2-30 单端共点 SINK 输入接线

S/S 端子接法参考图 2-20、图 2-21、图 2-26、图 2-27 以及图 2-29、图 2-30。

PLC 输入接口电路形式和外接元件（传感器）输出信号形式的多样

性，因此在 PLC 输入模块接线前有必要了解 PLC 输入电路形式和传感器输出信号的形式，才能确保 PLC 输入模块接线正确无误，在实际应用中才能游刃有余，后期的编程工作和系统稳定奠定基础。

PID 项目详解

1、PID 回路控制概述

PID 控制器是应用最广泛的闭环控制器，它根据给定值与被控实测值之间的偏差；按照 PID 算法计算出控制器的输出量，控制执行机构进行调节，使被控量跟随给定量变化，并使系统达到稳定；自动消除各种干扰对控制过程的影响。其中 PID 分别表示比例、积分和微分 S7-200 SMART 中 PID 功能实现方式有以下三种：

PID 指令块：通过一个 PID 回路表交换数据，只接受 0 ~ 1.0 之间的实数（实际上就是百分比）作为反馈、给定与控制输出的有效数值。

PID 向导：方便地完成输入 / 输出信号转换 / 标准化处理。PID 指令同时会被自动调用。

根据 PID 算法自己编程：

S7-200 SMART CPU 最多可以支持 8 个 PID 控制回路（8 个 PID 指令功能块），根据 PID 算法自己编程没有具体数目的限制，但是我们需要考虑 PLC 的存储空间以及扫描周期等影响。

PID 控制是负反馈闭环控制，能够抑制系统闭环内的各种因素所引起的扰动，使反馈跟随给定变化。

PID 控制算法有几个关键的参数 Kc（Gain，增益）Ti（积分时间常数），Td（微分时间常数）Ts（采样时间）在 S7-200 SMART 中 PID 功能是通过 PID 指令功能块实现。通过定时（按照采样时间）执行 PID 功能块，按照

PID 运算规律，根据当时的给定、反馈、比例－积分－微分数据，计算出控制量。

由于 PID 可以控制温度、压力等许多对象，它们各自都是由工程量表示，因此有一种通用的数据表示方法才能被 PID 功能块识别。S7-200 SMART 中的 PID 功能使用占调节范围的百分比的方法抽象地表示被控对象的数值大小。在实际工程中，这个调节范围往往被认为与被控对象（反馈）的测量范围（量程）一致。PID 功能块只接受 0 ~ 1.0 之间的实数（实际上是 0 ~ 100%）作为反馈、给定与控制输出的有效数值，如果是直接使用 PID 功能块编程，必须保证数据在这个范围之内，否则会出错。其他如增益、采样时间、积分时间、微分时间都是实数。因此，必须把外围实际的物理量与 PID 功能块需要的（或者输出的）数据之间进行转换。这就是所谓输入 / 输出的转换与标准化处理

2、PID 主要参数

采样时间：CPU 必须按照一定的时间间隔对反馈进行采样，才能进行 PID 控制的计算。采样时间就是对反馈进行采样的间隔。短于采样时间间隔的信号变化是不能测量到的。过短的采样时间没有必要，过长的采样间隔显然不能满足扰动变化比较快，或者速度响应要求高的场合。

增益（Gain，放大系数，比例常数）：增益与偏差（给定与反馈的差值）的乘积作为控制器输出中的比例部分。提高响应速度，减少误差，但不能消除稳态误差，当比例作用过大时，系统的稳定性下降。

积分时间：偏差值恒定时，积分时间决定了控制器输出的变化速率。积分时间越短，偏差得到的修正越快。过短的积分时间有可能造成不稳定。积分时间的长度相当于在阶跃给定下，增益为"1"的时候，输出的变化量与偏差值相等所需要的时间，也就是输出变化到二倍于初始阶跃偏差的时间。如果将积分时间设为最大值，则相当于没有积分作用。

微分时间：偏差值发生改变时，微分作用将增加一个尖峰到输出中，

随着时间流逝减小。微分时间越长，输出的变化越大。微分使控制对扰动的敏感度增加，也就是偏差的变化率越大，微分控制作用越强。微分相当于对反馈变化趋势的预测性调整。如果将微分时间设置为 0 就不起作用，控制器将作为 PI 调节器工作。

比例调节：提高响应速度，减少误差，但不能消除稳态误差，当比例作用过大时，系统的稳定性下降。（由小到大单独调节）

积分调节：消除稳态误差，使系统的动态响应变慢，积分时间越小，积分作用越大，偏差得到的修正越快，过短的积分时间有可能造成不稳定。（将调好的比例增益调整到 50% ~ 80% 后，由大到小减小积分时间）

微分调节：超前调节，能预测误差变化的趋势，提前抑制误差的控制作用，从而避免了被控量的严重超调。可以改善系统的响应速度和稳定性，对噪声干扰有放大作用，对具有滞后性质的被控对象，应加入微分环节。

3、PID 向导

在 Micro/WIN SMART 中的工具菜单中选择 PID 向导。

S7-200 SMART CPU 最多可以支持 8 个 PID 控制回路（8 个 PID 指令功能块）。

增益：即比例常数积分时间：如果不想要积分作用可以将该值设置很大（比如 10000.0）微分时间：如果不想要微分回路，可以把微分时间设为 0。

采样时间：是 PID 控制回路对反馈采样和重新计算输出值的时间间隔

单极性：0-27648 双极性 -27648 到 27648 温度 0。是 PT100 的热电阻或热电偶 的温度值，℃表示摄氏度，℉表示华氏度，选用 20% 偏移：如果输入为 4-20mA 则选此项，4mA 是 0-20mA 信号的 20%，所以选 20% 偏移，即 4mA 对应 5530，20mA 对应 27648。

输出类型：可以选择模拟量输出或数字量输出。模拟量输出用来控制一些需要模拟量给定的设备，如比例阀、变频器等数字量输出实际上是控制输出点的通、断状态按照一定的占空比变化，可以控制固态继电器（加热棒等）。

范围：为单极时，缺省值为 0 到 27648 为双及时，取值 −27648 ~ 27648 为 20% 偏移量时，取值 5530 ~ 27648，不可改变 14、反馈值下限的 10% 时报警

反馈值高于上限的 90% 时报警 16、模拟量模块错误报警。"EM0"就是第一个扩展模块的位置

可以选择添加 PID 手动控制模式。

PID 功能块使用了一个 120 个字节的 V 区地址来进行控制回路的运算工作；并且 PID 向导生成的输入 / 输出量的标准化程序也需要运算数据存储区。要保证该地址起始的若干字节在程序的其他地方没有被重复使用。

向导完成生成的子程序。

向导生成的数据块。

数据块的地址需要组态断电保持。

4、PID 指令

PID 指令如图 2-31 所示。

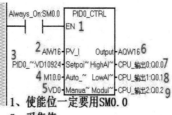

1、使能位一定要用SM0.0
2、采集值
3、设定值
4、手自动切换　为1时，执行PID运算
5、手自动选择的输出　范围为0--1.0
6、模拟量输出
7、上限报警
8、下限报警

图 2-31 PID 指令

5、程序编写

利用 PID 向导编写程序、使温度保持在给定值，并对 PID 参数进行整定。

六、下载并调试

下载操作在这不做阐述。

01、调试说明。

（1）比例增益：提高调节速度，减小误差，但不能消除稳态误差。

参考方法可由小到大单独调节。

（2）积分作用：消除稳态误差，使系统的动态响应相应地变慢，积分过大会影响系统的稳定性。

调节参考方法：将调节好的比例系数调整到 50% ~ 80%；由大到小，增加积分影响。

（3）微分作用：超前控制，减少调节时间，对干扰有放大作用。

调节方法参考：由小到大单独调节，并相应调整比例和积分，追求调节偏差的变化率

（4）PID 调节方法：先将积分和微分关闭，先调比例，在比例差不多时加上积分，一般情况，比例值越大输出结果越快；积分越大，输出结果越慢；微分在调节温控时使用，一般情况可不用。

02、状态图表监控选出标题可通过状态图表监控并修改给定值、手自动状态、PWM 输出设置等。

但也可通过 PID 控制面板进行调试，如图 2-32 所示。

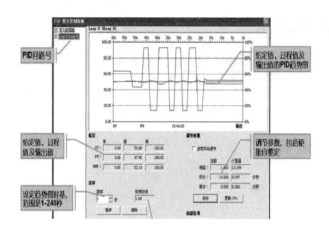

图 2-32 PID 控制面板调试

（1）给定值和过程值共用图形左侧的纵轴，输出使用图形右侧的纵轴。

（2）采样时间是 PID 控制回路对反馈采样和重新计算输出值的时间间隔（在 PID 向导配置中更改）。

（3）速率：设置图形显示区所有显示值的采样更新速率时间。

（4）调节参数：增益、积分和微分的当前值。

（5）如果选择启用手动调节，可在计算值中修改 PID 参数。

（6）在自动模式下，单击"启动"按钮，启动自整定，自整定完成后，单击"更新"按钮，可把参数写进 CPU 中。

（7）单击"选项"可进入自整定参数设置，如图 2-33 所示。

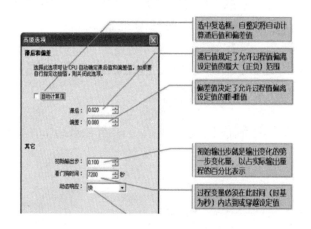

图 2-33 自整定参数设置

7、PID 常见问题

01、PID 向导生成的程序为何不执行？

确保用 SM0.0 无条件调用 PID0_CTRL 库。

在程序的其他部分不要再使用 SMB34 定时中断，也不要对 SMB34 赋值。

确认当前工作状态：手动还是自动。

02、如何实现 PID 反作用调节？

在有些控制中需要 PID 反作用调节。例如，在夏天控制空调制冷时，若反馈温度（过程值）低于设定温度，需要关阀，减小输出控制（减少冷水流量等）这就是 PID 反作用调节（在 PID 正作用中若过程值小于设定值，则需要增大输出控制）。

若想实现 PID 反作用调节，需要把 PID 回路的增益设为负数。对于增益为 0 的积分或微分控制来说，如果指定积分时间、微分时间为负值，则是反作用回路。

03、如何根据工艺要求有选择地投入 PID 功能？

可使用"手动 / 自动"切换的功能。PID 向导生成的 PID 功能块需要保证每个扫描周期都调用，所以在主程序内使用 SM0.0 调用。

04、PID 控制不稳定怎么办？如何调试 PID？

闭环系统的调试，首先应当做开环测试。所谓开环，就是在 PID 调节器不投入工作的时候，观察：①反馈通道的信号是否稳定②输出通道是否动作正常。

可以试着给出一些比较保守的 PID 参数，比如放大倍数（增益）不要太大，可以小于 1，积分时间不要太短，以免引起振荡。在这个基础上，可以直接投入运行观察反馈的波形变化。给出一个阶跃给定，观察系统的响应是最好的方法。

如果反馈达到给定值之后，历经多次振荡才能稳定或者根本不稳定，应该考虑是否增益过大、积分时间过短；如果反馈迟迟不能跟随给定，上升速度很慢，应该考虑是否增益过小、积分时间过长……PID参数的调试是一个综合的、互相影响的过程，实际调试过程中的多次尝试是非常重要的步骤。

05、没有采用积分控制时，为何反馈达不到给定？

因为积分控制的作用在于消除纯比例调节系统固有的"静差"。没有积分控制的比例控制系统中，没有偏差就没有输出量，没有输出就不能维持反馈值与给定值相等。所以永远不能做到没有偏差。

06、S7-200 SMART控制变频器，在变频器也有PID控制功能时，应当使用谁的PID功能？

可以根据具体情况使用。一般来说，如果需要控制的变量直接与变频器直接有关，比如变频水泵控制水压等，可以优先考虑使用变频器的PID功能。

07、指令块与向导使用的PID回路号是否可以重复？

不可以重复，使用PID向导时，对应回路的指令块也会调用，所以指令块与向导使用的PID回路号不能重复，否则会产生预想不到的结果。

08、同一个程序里既使用PID指令块又使用向导，PID数目怎样计算？

使用PID向导时，对应回路的指令块也会调用，所以PID指令块与向导一共支持8个。

09、PID指令块可以在主程序/子程序里调用吗？

可以，但是不推荐，主程序/子程序的循环时间每个周期都可能不同，不能保证精确地采样，建议用定时中断，如SMB34/SMB35。

010、SMB34 定时最大 255ms，如果采样时间是 1S 怎样实现？

采样时间是 1S，要求 PID 指令块每隔 1S 调用一次。可以先做一个 250ms 的定时中断，然后编程累加判断每 4 次中断执行一次 PID 指令即可。

011、PID 指令块怎样实现手动调节？

可以简单地使用"调用 / 不调用"指令的方式控制自动 / 手动模式。不调用 PID 指令时，可以手动给输出地址 0 ~ 1.0 之间的实数。

电气工程师的面试热门基础知识点

1、带传动有何优缺点？

答：优点：传动平稳，无噪声；有过载保护作用；传动距离较大；结构简单，维护方便，成本低。缺点：传动比不能保证；结构不够紧凑；使用寿命短；传动效率低；不适用于高温、易燃、易爆场合。

2、三相异步电动机是怎样转动起来的？

答：当三相交流电通入三相定子绕组后，在定子内腔便产生一个先转磁场。转动前静止不动的转子导体在旋转磁场的作用下，相当于转子导体相对地切割磁场的磁力线，从而在转子导体中产生了感应电流（电磁感应原理）。由于转子内导体总是对称布置的，因而导体上产生的电磁力方向正好相反，从而形成电磁转矩，使转子转动起来。由于转子导体中的电流是定子旋转磁场产生的，因此也称感应电动机。又由于转子的转速始终低于定子旋转磁场的转速，所以又称为异步电动机。

3、电动机与机械之间有哪些传动方式？

答：①拷贝轮式直接传动；②皮带传动；③齿轮传动；④蜗杆传动；⑤链条传动；⑥摩擦轮传动。

4、单相桥式整流电流中，如果错误地反接一个二极管，会产生什么结果？如果有一个二极管内部已断路，结果会如何？

答：在单相桥式整流电流中，如果错误地反接一个二极管，将造成电源短路。如果一个二极管内部已断路，则形成单相半波整流。

5、液压传动有何优缺点？

答：优点：可进行无级变速；运动比较平稳；瓜快、冲击小，能高速启动、制动和换向；能自动防止过载；操作简便；使用寿命长；体积小、重量轻、结构紧凑。缺点：容易泄漏，无元件制造精度要求高；传动效率低。

6、使用低压验电笔应注意哪些问题？

答：应注意以下几点：①测试前先在确认有电的带电体上试验，以证明验电笔是否良好。②使用时应穿绝缘鞋。③在明亮光线下测试，应注意避光观察。④有些设备工作时，外壳会因感应带电，用验电笔测验会得不到正确结果，必须用万用表等进行测量其是否真正有电还是感应带电。⑤对 36V 以下电压的带电体，验电笔往往无效。

7、造成电动机定、转子相擦的主要原因有哪些？定转子相擦有何后果？

答：造成电动机定、转子相擦的原因主要有：轴承损坏；轴承磨损造成转子下沉；转轴弯曲、变形；基座和端盖裂纹；端盖止口未合严；电机内部过脏等。定、转子相擦将使电动机发生强烈的振动和响声，使相擦表面产生高温，甚至冒烟冒火，引起绝缘烧焦发脆以致烧毁绕组。

8、简述三相异步电动机几种电力制动原理？

答：①反接制动：特点是电动机运行在电动状态，但电磁转矩与电机旋转方向相反。②再生发电制动（回馈制动）：当电动机的转速 $n > N1$ 时，转子导条被旋转磁场切割的方向与电动状态（$n < N1$）时恰恰相反，因而转子导体中感应电动势的方向改变，转子电流方向也变得与电动状态时相反，此时电动机所产生的转矩方向与电动状态时相反。

9、在交流电压放大电路中，产生非线性失真的原因有哪些？静态估值对失真有何影响？

答：①静态值取得不适当，会引起非线性失真，此外，温度变化以及其他一些干扰信号（如电源电压波动、负载的变化、外界电磁现象），均会引起非线性失真。②如果静态估值取得不合适，交流信号加入后，晶体管可能进入饱和状态或截止状态，即进入晶体管非线性区域工作，这样会造成非线性失真。

10、一台三相异步电动机的额定电压是 380V，当三相电源线电压是 380V 时，定子绕组应采用哪种连接？当三相电源线电压为 660V 时，应采用哪种连接方法？

答：当三相电源线电压为 380V 时，定子绕组采用三角形连接；当三相电源线电压为 660V 时，定子绕组宜采用星形连接。

11、直流电动机降低转速常用的方法有哪几种？

答：以并励电动机为例，可有以下三种。①降低端电压：此种方法由于存在着端电压降低的同时有导致励磁电流下降的弊端，所以很少使用。

②增加励磁电流：即增加磁场，但此方法又受到磁饱和的限制，有一定局限性。③在电枢回路中并联电阻，降低电枢端电压。此方法容易实现，所以一般常用的方法。

12、造成电动机定、转子相擦的主要原因有哪些？定转子相擦有何后果？

答：造成电动机定、转子相擦的原因主要有：轴承损坏；轴承磨损造成转子下沉；转轴弯曲、变形；机座的端盖裂纹；端盖止口未合严；电机内部过脏等。定、转子相擦将使电动机发生强烈的振动和响声，使相擦表面产生高温，甚至冒烟冒火，引起绝缘烧焦发脆以至烧毁绕组。

13、万用表的直流电流测量线路中，为什么多采用闭路式分流电路？

答：因为闭合式分流电路中，转换开关的接触电阻与分流电阻的阻值无关，即使接触不良或带负荷转换量程，对表头也不会有什么不良的影响，能保证测量的准确和仪表的安全，若采用开路式分流电路，则其接触电阻将串入分流电阻，增大误差，而且接触不好或带负荷转换量程时，大电流将直接通过表头，烧坏表头。

14、试说明磁场强度与磁感应强度的区别？

答：磁场强度用 h 表示，磁感应强度用 B 表示，二者都可以描述磁场的强弱和方向，并且都与激励磁场的电流及分布情况有关。但 H 与磁场介质无关，而 B 与磁场介质有关。H 的单位是 A/m（安 / 米），而 B 的单位是 T（特斯拉）。在有关磁场的计算中多用 H，而在定性描述磁场时多用 B。

15、直流力矩电动机在使用维护中应特别注意什么问题?

答:直流力矩电动机在运行中电枢电流不得超过峰值电流,以免造成磁钢去磁,转矩下降。当取出转子时,定子必须用磁短路环保磁,否则也会引起磁钢去磁。

16、防爆电器设备安装一般有哪些规定?

答:①电力设备和电路,特别是在运行时发生火花的电气设备,应尽量装设在爆炸危险场所以外,若需要设在危险场所内时,应装设在危险性较小的地点,并采取有效的安全措施。②爆炸危险场所以内的电气设备和线路,应注意其免受机械损伤,并应符合防腐、防潮、防晒、防风雨和防风沙等环境条件的要求。③有爆炸危险场所内的电气设备应装设可靠的过载和短路等保护。④在爆炸危险场所内,必须装设的插座,应装在爆炸混合在不易积聚的地方;局部照明灯具,应安装在事故时气体不易冲击的位置。

17、调节斩波器输出直流电压平均值的方法有哪几种?

答:斩波器的输出电压是矩形脉冲波电压,调节输出电压平均值的方法有三种:固定频率调脉宽、固定脉宽调频率和调频调宽。

18、交流接触器频繁操作时为什么过热?

答:交流接触器启动时,由于铁芯和衔铁之间空隙大,电抗小,可以通过线圈的激磁电流很大,往往大于工作电流的十几倍,如频繁启动,使激磁线圈通过很大的启动电流,因而引起线圈产生过热现象,严重时会将线圈烧毁。

19、怎样正确地拆修异步电动机？

答：在拆修异步电动机前应做好各项准备工作，如所用工具，拆卸前的检查工作和记录工作。拆卸电动机步骤：①拆卸皮带或联轴器：在拆卸皮带和联轴器前应做好标记，在安装时应先除锈，清洁干净后方可复位。②拆卸端盖：先取下轴承盖，再取端盖，并做好前后盖的标记，安装时应按标记复位。③拆卸转子：在定转子之间应垫上耐磨的厚纸防止损伤定值绕组，若绕子很重，可用起重设备安装转子时先检查定子内部是否有杂质，然后先将轴伸端端盖装上，再将转子连同风扇及后盖一起装入。

20、直流力矩电动机在使用维护中应特别注意什么问题？

答：直流力矩电动机在运行中电枢电流不得超过峰值电流，以免造成磁钢去磁，转矩下降。当取出转子时，定子必须用磁短路环保磁，否则也会引起磁钢去磁。

21、螺旋传动有哪些特点？

答：可把回转运动变为直线运动，且结构简单，传动平稳，噪声小；可获得很大的减速比；产生较大的推力；可实现自锁。缺点是传动效率低。

22、在异步电动机运行维护工作中应注意什么？

答：①电动机周围保持清洁；②用仪表检查电源电压和电流的变化情况，一般电动机允许电压波动定为电压的 ±5%，三相电压之差不得大于 5%，各相电流不平衡值不得超过 10%，并应注意是否缺相运行；③定期检查电动机的升温，常用温度计测量升温，应注意升温不得超过最大允许值；④监听轴承有无异常杂音，密封要良好，并要定期更换润滑油，一般滑动轴承换油周期为 1000h，滚动轴承为 500h；⑤注意电动机音响、气味、振动情况及传动装置情况。正常运行时，电动机应音响均匀，无杂音和特殊叫声。

23、三相异步电动机的转子是如何转动起来的？

答：对称三相正弦交流电通入对称三相定子绕组，便形成旋转磁场。旋转磁场切割转子导体，便产生感应电动势和感应电流。感应电流受到旋转磁场的作用，便形成电磁转矩，转子便沿着旋转磁场的转向逐步转动起来。

24、什么叫短路和短路故障？怎样防止短路故障的危害？

答：短路是指电路中某两点有一阻值可以忽略不计的导体直接接通的工作状态。短路可发生在负载两端或线路的任何处，也可能发生在电源或负载内部。若短路发生在电源两端此时回路中只存在很小的电源内阻，会形成很大的短路电流，致使电路损坏。所以电源短路是一种严重的故障，应尽量避免。但在电路中为了达到某种特定目的而采用的"部分短路（短接）"不能说成是故障。为了防止短路故障的危害扩大，通常在电路中接入熔断器或自动断路器来进行保护。

25、晶闸管可控整流电路的触发电路必须具备哪几个基本环节？有哪些基本要求？

答：晶闸管的触发电路必须具备：同步电压形成、移相和触发脉冲的形成与输出三个基本环节。晶闸管对触发电路的要求有：①触发电压必须与晶闸管的阳极电压同步；②触发电压应满足主电路移相范围的要求；③触发电压的前沿要陡，宽度要满足一定的要求；④具有一定的抗干扰能力；⑤触发信号应有足够大的电压和功率。

26、电磁铁通电后为什么会产生吸力？

答：电磁铁的励磁线圈通电后，在线圈的周围产生磁场。当在线圈内放入磁铁材料制成的铁芯时，磁铁即被磁化而产生磁性。对于电磁铁来说，励磁线圈通电后产生的磁通经过铁芯和衔铁形成闭合磁路，使衔铁也被磁化，并产生与铁芯不同的异性磁极，从而产生吸力。

27、电磁系测量机构为什么不能直接用于交流电的测量？

答：因为磁电系测量机构中的永久磁铁产生的磁场方向恒定不变，如果线圈中通入交流电，会因为电流方向的不断改变，转动力矩方向也随之发生改变。其可动部分具有惯性，就使得指针在原处几乎不动或作微小的抖动，得不到正确读数，所以电磁系测量机构不能直接用于交流电的测量。

28、简述三相交流换向器异步电动机的工作原理和调速方法？

答：转子初级绕组引入三相电源而产生旋转磁场，在调节绕组和定子次级绕组中产生感应电动势，在次级回路中产生电流，形成电磁转矩，转子便转动起来了。改变同相电刷间的张角 θ，即可改变调节电动势进而改变次级回路电流及电磁转矩，从而改变电动机转速。

29、什么叫直流电动机的机械特性？什么叫串励直流电动机的人工机械特性曲线？

答：当直流电动机的电源电压、励磁电流、电枢回路总电阻都等于常数时，转速与转矩之间的关系，称为机械特性。如果在串励电动机的电枢回路中串入电阻，使转速特性曲线改变，称它们为人工特性曲线。

30、三相笼型异步电动机直接启动时为什么启动电流很大？启动电流过大有何不良影响？

答：三相异步电动机直接启动瞬间，转子转速为零，转差最大，而使转子绕组中产生电流最大，从而使定子绕组中产生很大的启动电流。启动电流过大将造成电网电压波动，影响其他电气设备的正常运行，同时电动机自身绕组严重发热，加速绝缘老化，缩短使用寿命。

31、什么是涡流？在生产中有何利弊？

答：交变磁场中的导体内部将在垂直于磁力线的方向的截面上感应出闭合的环形电流，称为涡流。利用涡流原理可以制成感应炉来冶炼金属，利用涡流可制成磁电式、感应式电工仪表，电能表中的阻尼器也是利用涡流原理制成的；在电动机、变压器等设备中，由于涡流存在，将产生附加消耗，同时，磁场减弱，造成电气设备效率降低，使设备的容量不能充分利用。

32、如何改变三相异步电动机的转向？

答：由异步电动机工作原理可知：①异步电动机的需安装方向与旋转磁场的旋转方向一致；②而旋转磁场的旋转方向取决于定子绕组中电流的相序；③只要改变异步三相电源的相序，就可改变电动机旋转磁场的选装方向，其转子转动方向也就随之改变了。

33、变配器所信号回路包括哪些？

答：断路器操作机构常见的有：①电磁操动机构；②弹簧操纵机构；③手柄操动机构。操作电源有交、直流两种。

34、电机的铁心制造应注意哪些问题？如果质量不好会带来什么后果？

答：电机铁心制造应注意材料的选择、尺寸的准确性、形状的规则性、绝缘的可靠性、装配的牢固性。如果质量不好，将使电机励磁电流增大，铁心发热严重，产生振动、噪声和扫膛等。

·····[变频器篇]·····

三菱变频器问答集锦

1、FR-A740 变频器有漏电保护功能吗?

答:当检测出变频器的输出侧（负载侧）发生接地，流过接地过电流时，变频器会有 E.GF 报警保护，停止变频器输出。

2、FR-A700 系列变频器，发生过流故障时，变频器如何动作?

答:出厂状态，所有故障发生时，都是立即切断变频器输出，电机自由停车。如设定故障定义参数 Pr.875=1，则当电机过电流保护动作时，减速停止。

3、FR-A740 操作面板显示 HOLD，不能操作，该如何设置?

答:显示 HOLD 表示 M 旋钮，键盘操作无效，可以长按 MODE 键 2S 来解除此状态。

4、FR-A740 接电机运行时，电机噪声很大，可以如何解决此问题?

答:增大 PWM 载波频率 Pr.72 的设定值可以减小电机的噪声，但是会增加变频器产生干扰和漏电流。

5、FR-A700 变频器如何实现慢快慢三级调速？

答：可以通过多段速来实现三级调速，将 Pr.4 ~ 6 设定为所需速度，这样就可以实现高、中、低三级调速了。

6、FR-A700 系列变频器，如何查看报警履历？

答：按 [MODE] 键 2 次，选择到 [E---]，通过调节 M 旋钮可以显示过去 8 次的报警。

7、FR-A700 系列变频器，想要面板给定频率有效，但是当给定多段速信号后，就以多段速频率运行，如何实现？

答：可以选择组合运行模式，设定 Pr.79=3，外部给定启动信号后，按面板设定频率运行；当给定多段速信号后，则以多段速频率运行。

8、FR-E700 系列变频器，如何实现极性可逆功能？

答：设定 Pr.73=10 或 11，以模拟量输入来切换正反转。以 DC0 ~ 2.5V 正转，2.5 ~ 5V 反转为例，则设定 Pr.73=11，C3=50 即可。

9、FR-F700-CHT 系列变频器做多泵控制，设定 Pr.579=3 时，电机停止时的动作时序如何？

答：电机切换方式为交替 - 直接方式，当电机停止条件成立时变频器驱动的电机减速并停止，工频运行电机切换为变频器驱动运行。

10、FR-F700 系列变频器如何切换 PU 模式和 EXT 模式？

答：出厂设定情况下 Pr.79=0，可以通过面板上的 PU/EXT 按键来进行切换；或设定 Pr.79=1 为 PU 运行模式，设定 Pr.79=2 为外部运行模式。

11、FR-D700 系列变频器，如何设置密码保护功能？

答：可以通过密码保护选择参数 Pr.296 来选择密码注册时的参数读取 / 写入水平；通过密码注册 / 解除参数 Pr.297 来设定 4 位数密码。

12、一台变频器带多台电机，电机顺序启动，如何选型？

答：选定变频器要求：变频器的额定输出电流≥运行的各电机额定电流之和 1.1+ 最后启动电机的启动电流。

13、FR-A700 系列变频器如何监视变频器输出电流？

答：在监视模式下，按操作面板上的 SET 键一次，此时监视的即为变频器的输出电流，指示灯在"A"前点亮。

14、FR-A700 系列变频器，有否转矩检测信号？

答：控制回路输出信号有转矩检测信号 TU，电机转矩超过 Pr.864 设定值时输出。通过输出端子功能选择参数 Pr.190 ~ Pr.196 中的任意一个设定为"35"，即定义了 TU 信号。

15、FR-F740 要实现瞬时掉电再启动功能，该如何设置参数？

答：瞬停再启动选择端子 CS 置 ON，同时设定 Pr.57=0。

16、FR-A700 系列变频器，外部给定启动信号，STF-SD 间是否一直要短接才有效？

答：必须 STF-SD 间导通，变频器才能保持运行。此外，使用启动自保持功能，短接 STF-SD、STOP-SD 后，STF-SD 在 ON-OFF 后还是保持现在的运行状态，STOP 为 OFF 时运行停止。

17、FR-A700 系列变频器，报警 E.CTE 是什么原因？如何解决？

答：E.CTE 是操作面板用电源输出短路，RS-485 端子用电源短路。需要检查 PU 接口连接线是否短路；RS-485 端子连接是否有错误。

18、FR-A700 系列变频器，关断启动信号的减速停止，与短接 MRS-SD 的停止方式有什么区别？

答：减速停止是根据减速时间参数 Pr.8 的设定来运行停止的；短接 MRS-SD20ms 以上，马达处于自由运转。希望马达快速停止状态时，用电磁制动停止电机。

19、FR-A740 有否电流预报警的端子输出，如何设定？

答：信号 THP 即为电子过电流预报警，当电子过电流积分达到 85% 时进行输出，把输出端子功能选择参数 Pr.190 ~ Pr.196 中的任意一个设定为"8"，即定义了 THP 信号。

20、变频器控制回路输出端子，外接指示灯显示，是否要外接电源？

答：集电极开路输出端子外接 DC24v；继电器输出端子可外接 DC24v 或者 AC230v。

21、FR-A700 系列变频器，报警 E.CDO 是什么原因？如何解决？

答：E.CDO 是超过输出电流检测值报警，输出电流超过 Pr.150 输出电流检测水平中的设定值时启动。如要屏蔽此报警，设定输出电流检测动作选择 Pr.167=0 即可。

22、FR-A700 系列变频器，想要让电机自由停车，如何实现？

答：可以使用输出停止 MRS 端子，短接 MRS-SD 时，变频器输出停止；也可以设定停止选择参数 Pr.250=0，则关断启动信号后，电机自由运行停止。

23、FR-A700 系列变频器，通信时报警 E.SER，如何消除？

答：E.SER 是主机通信异常报警，请确认 RS-485 端子的接线，设定 Pr.335=Pr.336=9999。

24、FR-A740 变频器，如何通过控制回路输出端子 CA 来监视电机的转速？

答：设定 CA 端子功能选择参数 Pr.54=6，即设定输出至端子 CA 的为电机转速。

25、FR-A740 变频器，加速时报 E.OV1，停止运行，是什么原因？该如何解决？

答：E.OV1 是加速时再生过电压跳闸，因再生能量使变频器内部的主电路直流电压达到规定值以上时，保护电路动作，停止变频器输出。也可能是电源浪涌电压引起的。建议可以缩短减速时间；或是使用再生回避功能（Pr.882 ～ Pr.886），具体可参考 FR-A700 使用手册（应用篇）4.25.8 章节。

26、FR-A700 系列变频器，如何通过面板监视 PID 反馈值？

答：设定 DU/PU 主显示数据选择参数 Pr.52=53，即能通过面板监视 PID 测量值。

英威腾变频器常见疑问处理指南 102 例

1. 问题：GD 变频器外接电位器后 P0.06 改不了 2，调不了频

答：这是因为 P0.07 默认参数值为 2，需将 P0.07 改为 0，然后再将 P0.06 设为 2，或者将 P0.09 设为 1。（不同参数功能码不能占用同一个数据）

2. 问题：变频器能否从某个频率直接启动

答：可以，设置 P1.01 直接启动频率，尽量不要设地过高（启动频率范围建议小于 10Hz，），作用为增大低频力矩，适合一些要求低频力矩偏大的场合。

3. 问题：怎样设置 CHF100A 的变频器的最高频率

答：将 P0.03 和 P0.04 同时增加到所需频率即可，先设 P0.03，再设 P0.04。

4. 问题：有哪些变频器带 V/F 分离功能

答：CH 系列（除了定制的）不具备，GD 系列变频器具有该功能。

5. 问题：挤出机宜选用什么型号变频器

答：选用通用型变频器 G 型机即可。

6. 问题：用于多台电机拖一条皮带机实现同步控制选用什么型号变频器

答：选用 CHV190、CHV100A、GD200、GD300、GD35 都可以。

7. 问题：起重机宜选用什么型号变频器。

答：GD300-19 起重专用变频器，闭环用 GD35-19。

8. 问题：能量回馈单元是否标配电抗器

答：标配。

9. 问题：变频器显示状态不对怎么办

答：通过 SHIFT 移位键切换到所需状态即可。

10. 问题：用于主轴定位选用哪款变频器

答：GD35，然后根据编码器型号确定机型。

11. 问题：变频器加减速太慢，如何加快

答：减小加减速时间参数。

12. 问题：CHF100A 变频器转矩模式和速度模式可否切换，怎样切换

答：将 P0.00 设为 2，然后将其中一个 S 端子设为：29：转矩控制禁止，S 端子断开时为转矩模式，闭合有效则为速度模式。

13. 问题：变频器使用电位器调速，阻值需要多大

答：4.7（5）～ 10kΩ，一般电位器即可。模拟量电压输入模式，内部阻抗为 20k。

14. 问题：GD 系列键盘是否通用

答：GD10 和 GD100 键盘一样，GD200、GD300 和 GD35 键盘一样。

15. 问题：GD300 有哪些通信方式

答：PROFIBUS 通信、MODBUS 通信、以太网。

16. 问题：GD 系列通信上位机断电，但变频器不停机

答：设置 P14.04 不为零即可。

17. 问题：CHV190 可以同时使用两个键盘吗

答：不可以，CHV190 变频器只有一个键盘接口，另外一个是以太网接口。

18. 问题：CHV190 按键盘上下键能否修改频率

答：不能。

19. 问题：GD3000 变频器有哪几个电压等级的？

答：1140V、2300V、3300V 三个电压等级。

20. 问题：缓冲电路的作用是？

答：限制母线电容的充电电流。减小电流冲击（对整流桥和前端开关）。

21. 问题：GD200 有没有设置 G/P 的参数？

答：有，参数为 P00.17。

22. 问题：660V 最小功率是多大？

答：660V 最小标准的功率为 22G。

23. 问题：变频器 RS485 通信波特率可以达到多少？

答：默认值 19200BPS，最大为 115200BPS。

24. 问题：变频器采用 MODBUS-RTU 通信时，一次最多可以连续读取多少个寄存器的值？

答：16 个。

25. 问题：IPE200 的 DP 通信卡是否跟 GD300DP 通信卡通用？

答：是，型号：EC-TX-103。

26. 问题：CHV100A 中压变频器跟 CHV100 低压变频器 I/O 扩展卡是否一样？

答：CHV100A-A0 和 CHV100 低压变频 I/O 扩展卡一样。

27. 问题：IPE200 安装尺寸是否跟 CHV190 一样？

答：是。

28. 问题：CHE100 都有 GND 端子？

答：0.75kW 以下的没有。

29. 问题：660V 变频器是否可以驱动 380V 电机

答：不可以。

30. 问题：普通电机能否运行在 60Hz 以上？

答：不建议，60Hz 已经是普通电机最高值。

31. 问题：有输入 220V，输出 380V 的变频器吗 /220V 变频器能否输出 380V？

答：没有。

32. 问题：变频器本机键盘和外引键盘能否同时显示？

答：通过 P7 组设置键盘显示选择参数即可实现。

33. 问题：CHF100A 变频器是否支持 LCD 键盘？

答：不支持。

34. 问题：有哪些变频器支持 LCD 键盘？

答：CHV 系列支持，GD 系列变频器（除 GD10、GD100）均支持。

35. 问题：变频器恢复出厂值后是否所有参数都会恢复？

答：P2 电机参数组不会恢复。

36. 问题：哪些型号变频可以应用在数控车床上？

答：所有变频器都可以使用闭环使用的用 GD35。

37. 问题：电机有启动后有加减速过程，但显示屏幕上一直是一个固定频率？

答：按移位键，调到运行频率状态。

38. 问题：GD200、GD300 变频器电位器调速太慢

答：将 P08.43 键盘积分速率减小。

39. 问题：CHF100A 的变频器用触点式的开关怎么启动变频器

答：开关为带常开触点和常闭触点，分别将一个开关的常开触点接到 S1 和 COM 作为启动信号，另一个开关的常闭触点接到 S2 和 COM 作为停止信号，然后将 P0.01 设为 1，P5.01 设为 1，P5.02 设为 3，P5.10 设为 3 即可实现。（建议客户使用带常开和常闭触点的开关）

40. 问题：CH 系列 15KW 以下变频器按键无效怎么处理？

答：一般是面膜有问题造成，更换面膜即可，如还不行，则是控制板有问题，需要更换或维修。

41. 问题：变频器跟 PLC 采用 485 通信不上

答：1.检查变频器的通信地址是否正确，如果采用通信启动，检查 P0.01 是否为 1，如果通过通信设定频率，检查 P0.06=8，P0.09=1。

2.通信串口是否选对。

3.变频器地址，波特率，检验方式是否设置一致。

4.485+，– 是否接反。

5.如果是多台变频器通信，检查变频器通信地址是否冲突，第一台和最后一台需要加入终端电阻。

42. 问题：空压机运行不能到达上限频率

答：1.空压机采用模拟量给定频率，首先 P0.06 频率给定源是否正确，其次检查压力变送器的接线和模拟量的跳线是否一致（电流信号还是电压信号），检查模拟量的上限值 P5.34（以 AI1 为例）跟实际变送器的最大模拟信号电压是否一致。

2.通过 PLC 来给定信号的，检查 PLC 给到变频器的运行频率信号。

3.电机参数设置不正确或自学习不准确。

4.负载电流过大，达到限流，频率上不去，检查负载。

43. 问题：变频器停机速度慢，甚至报过压

答：1.减速时间过长。

2.能耗制动没有使能（设置 P8.37=1）。

3.负载惯性大，未加制动电阻。

3.制动电阻阻值偏大。

4.过压失速。

44. 问题：空压机加载报过压或失调 STO

答：电流环设置是否正确，可以适当加大。

自学习 交直轴电感比值 3：1。

45. 问题：变频器用于恒压供水，远程压力表接线是否要串接电阻？

答：1. 需要串一个和压力表阻值同样大小的电阻（大约 400 欧姆），以防损坏变频器 10V 电源和远程压力表。

2. 此电阻接不接和线长没关系，是压力表的最大工作电压所决定的，一般压力表工作电压小于 6V，所以要接一个电阻分压。

46. 问题：GD35 跳 DEU 故障

答：1. 参数不正确，速度的输出值与速度的给定值的偏差超过 P11.14（速度偏差检出值）的状态持续时间超过 P11.15（速度偏差检出时间）。

2. 负载过大，减小负载。

3. 加减速时间过短，增加减速时间。

4. 负载为锁定状态，检查机械系统。

5. 电机被制动器机械性制动。

47. 问题：变频器用在风机水泵上减速时报 OV3

答：首先延长减速时间，如还报则更改 V/F 曲线。可设置为自由停车。

48. 问题：变频器报 OUT 故障

答：首先检查变频器逆变部分是否正常，如有问题，寻求服务。排线是否插紧或良好，如有问题更换排线。检查外部电机三相绕组内阻是否相同；检查霍尔线的插法要一一对应；对的是否短路；接地是否不良。如果排除了以上方面问题，寻求服务。

49. 问题：变频器运行但电机不转

答：1. 检查变频器 U.V.W 输出是否有电压输出，如没有电压则查看变频器是否有频率给定是否正常如果正常（运行指示灯是否亮），如频率给定正常则寻求服务 则检查变频器和电机之间接触器是否吸合或电机是否堵转；有频率有电压输出的情况下，此时变频器无问题，请查看输出端到电机接线情况来排查。

2.目标频率是否小于直接启动频率。

3.小功率可能为模块损坏。

4.控制板损坏。

50.问题：变频器 485 通信正常，但频率给不了

答：频率给定没设定为通信给定。

检查频率设定数据地址。

51.问题：变频器设置了摆频功能，但不摆频

答：相关参数没设置好，导致不摆频或频率超过上限值而不摆频。

CH 系列参数 P8.12–P8.15。

GD 系列参数 P8.15–P8.18。

52.问题：变频器启动不了

答：1.询问变频器采用何种启动方式，如果采用端子启动，检查 LOCAL/ROMOT 灯是否闪烁，如果没有闪烁，设置 P0.01=1，P5.01=1（如果采用 S1 启动），采用线直接短接 S1 和 com，如果正常启动，变频器没有问题，请检查外围器件。

2.如果为键盘启动，请确认参数无误，用键盘替换进行测试。

3.如果为通信给定启动，请确认相关参数（通信地址、数据地址、波特率、数据位及校验方式），再检查上位机是否正常。

53.问题：变频器已经停机，负载仍在低速运行，以离心机，机床最多，怎么处理

答：1.直流制动。

2.磁通制动。

3.能耗制动（制动电阻）（参考相关参数）。

54. 问题: 自动转矩提升特点

答: 自动转矩提升的优点是可以得到较大的启动转矩, 缺点是有时会发生振荡 (改为手动转矩提升, 人为地给定一定量来提升转矩, 防止过流现象)。

55. 问题: 转差补偿应用

答: 转差补偿, 是当电动机的负载增加时, 适当地加大一点输出频率, 使电动机的转速增加一点。由于变频器的给定频率未变, 所以, 从给定频率的角度看, 转差补偿功能使电动机的机械特性"变硬"了。(参考说明书)

56. 问题: GD300 参数 P0.00 里 0 和 1 区别和应用

答: 区别:

矢量模式 0 适合于同步机和异步机, 而矢量模式 1 只适合于异步机。

矢量模式 0 是电流矢量控制, 而矢量模式 1 是电压型矢量控制。

所以电流环控制参数仅对矢量模式 0 有效, 而对矢量模式 1 无效。

矢量模式 0 比矢量模式 1 转矩动态响应较更快, 转矩精度更高

矢量模式 0 比矢量模式 1 对电机参数更为敏感, 控制上矢量模式 1 更稳定。

矢量模式 1 的弱磁控制性能和稳定性优于矢量模式 0。

应用场合:

目前来看, 矢量模式 0 还是主要用于永磁同步电机的控制, 而矢量模式 1 用于异步电机的控制。在一些转矩控制要求较高的异步机场合矢量模式 0 效果更好。

57. 问题: 什么场合使用 AVR 功能

答: 当输入电压变化时, 变频器的直流母线电压也会变化, 控制器实时检测母线电压, 根据母线电压改变输出调制比, 使输出相对稳定的电压。

58. 问题：跳跃频率作用，使用场合

答：设定频率在跳跃频率范围之内时，变频器将运行在跳跃频率边界。通过设置跳跃频率，使变频器避开负载的机械共振点。变频器可以设置三个跳跃频率点。若将跳跃频率点均设为 0，则此功能不起作用。

59. 问题：CHV100A 应用在矿用绞车上，重负载时半坡启动遛车、或报 OC 故障

答：首先检查电机参数，若基本参数、电机参数都设置正确合适，则可适当加大电机空载电流，如增加 5% ~ 10% 以内；适当加大转子电阻 5% ~ 10% 以内，也可适当减小加速时间。若问题依然存在，则可能需要调整松闸时序，也可能是负载过重需加大变频器及电机选型。P3.00（速度环）调小（先调）。

60. 问题：矢量控制低频振荡

答：自学习得到的转子电阻可能偏大，可适当减小，或者直接使用厂家默认参数，并在 10% 上下调整即可消除震荡。

自学习互感、漏感、电机空载电流（数值调整微调 – 从小到大）。

矢量控制组。

61. 问题：GD35 闭环系统下报 ENC1D（编码器反向故障）？

答：检查变频器运行方向与编码器反馈方向是否一致，具体查看 P18.00，显示为正还是负值，如果为负值那么修改 P20.02 将 A、B 方向反向或者对调编码器 A、B 接线。

62. 问题：GD35 闭环系统下，Z 脉冲位置 P18.02 不稳定大幅度跳动？

答：查看编码器电压和端子板上的是否符合，也可以将拨动码开关，调整电压（编码器和端子板电压和型号是否匹配）。

编码器线数设置是否正确（P20.02）。

干扰（信号线是否采用屏蔽线，屏蔽层有没有接地；有没有和动力线走一起。）

63. 问题：过调制功能使用？

答：当要求逆变器输出的电压高于母线所能提供的电压大小时，变频器进入过调制区，逆变器输出电压波形会产生畸变谐波来提升基波幅值来满足电压要求。

漏电流过大（漏电跳闸）的场合需关掉此功能。

64. 问题：磁通制动含义？

答：变频器通过加大定子电压的方式来加大定子磁通，从而增大电机的制动转矩来实现快速的制动效果，同时加大电机定子磁通，可以在制动过程中产生更多的定子励磁损耗，这部分损耗能量将转化为热能，减少回馈能量（GD 系列才有此功能）。

参数（P08.50 参数为 100 以上）。

65. 问题：过压失速定义？（说明书）

答：过压失速功能是当电机处于减速或被拖动等发电状态工况时，变频器通过调节输出频率来维持直流母线电压到一个设定值而不会持续上升的一种处理方法。

66. 问题：低速启动电机声音异常，怎么处理？

答：1.降低载频可以减少模块损耗，降低 IGBT 模块应力。

2.降低死区的影响，低频转矩会更大。

3.电机参数自学习。

4.是否堵转。

5.三相电流不平衡（变频器和电机接线端螺丝是否打紧）。

6.更改 PWM 调制方式。

67. 问题: 一现场, 变频器与电机比较远, 不定时跳过流故障和过载故障? (不考虑硬件问题)

答: 1. 检查电机线是否超过 30m。

2. 检查电机和电缆线是否漏电。

3. 检查接线螺丝是否打紧。

4. 调节载波频率。

5. 调节 PWM 模式。

6. 加装输出电抗器。

7. 采用多点 VF 控制。

8. 检查电机负载 (突变、堵转)。

68. 问题: 变频器应用中, 低频时起不来或电流大?

答: 1. 选型不匹配 (小马拉大车)。

2. 负载是否过重。

3. 电机是否堵转。

4. 电机线是否过长。

5. V/F 模式下, 调节转矩提升或多点 V/F。

6. 矢量模式下: ①进行电机自学习; ②手动调节电机参数, 适当加大空载电流, 适当加大定子电阻, 调节漏感和互感; ③在自动转矩提升下, 加大转差补偿。

69. 问题: 直流制动功能?

答: 直流制动就是给变频器给电机通以直流电, 产生固定磁场, 电动机切割磁场发电, 把动能以热能的方式消耗在转子上, 使电机快速停止运转。

70. 问题: 电动转矩和制动转矩区别?

答: 电动转矩是指电机运行于电动状态时输出的电磁转矩。

制动转矩是指电机运行于发电状态时输出的电磁转矩。

电机以稳定运行频率向上提升一个重物，电机输出的电动转矩用于克服物体重力。

电机转子运行方向与定子磁场一致且频率高于定子磁场频率，此时转差 <1。

71. 问题：怎么样调节静摩擦补偿系数和动摩擦补偿系数？

答：调节静摩擦补偿系数 P03.28 可进行低频转矩补偿，该值仅在 1Hz 内设置有效。

调节动摩擦补偿系数 P03.29 可进行运行中转矩补偿，该值在运行频率在大于 1Hz 时有效。

72. 问题：载波频率影响？

答：1. 功率模块 IGBT 的功率损耗与载波频率有关，载波频率提高，功率损耗增大，功率模块发热增加，对变频器不利。

2. 载波频率对变频器输出电流的波形影响：当载波频率高时，电流波形正弦性好，而且平滑。这样谐波就小，干扰就小，反之就差，当载波频率过低时，电机有效转矩减小，损耗加大，温度增高等缺点，反之载波频率过高时，变频器自身损耗加大，IGBT 温度上升，同时输出电压的变化率 dv/dt 增大，对电动机绝缘影响较大。

3. 载波频率对电动机的噪省的影响：载波频率越高电动机的噪声相对越小。

4. 载波频率与电动机的发热：载波频率高电动机的发热也相对较小。

73. 问题：抑制振荡系数如何设置？

答：1.V/F 控制模式下，电机特别是大功率电机，容易在某些频率出现电流震荡，轻者电机不能稳定运行，重者会导致逆变器过流。

2. 抑制振荡的原理是变频器把电机电流分解为有功电流和无功电流，

当电机电流出现振荡是有功电流也会出现周期性的变化，软件通过对有功电流进行 PI 调节改变变频器的输出频率的方法实现对有功电流振荡的抑制。

3. 振荡抑制因子就是有功电流的 PI 调节器的比例系数。加大该比例系数可更有效地抑制振荡，但对于不振荡的电机可以适得其反，如果该值设得过大，可能会导致电流波形出现畸变，转矩脉动加大。

74. 问题：节能运行参数有无实际用处？

答：1. 节能运行的控制原理：当电机空载或轻载运行时，变频器通过检测转矩值来判断电机是否处于空载或轻载，若是满足空载或轻载条件则自动减小输出电压，这时电机电流也将逐步变小，当变频器检测到负载超过 30% 的额定负载时，将重新恢复到正常电压值，保证电机的带载能力，从而实现了最优节能效果。

2. 节能运行的最根本原理是通过减少励磁损耗，来达到节能目的。

3. 在一些负载较轻的场合可以考虑自动节能运行功能，如风机、球磨机等场合。

75. 问题：三相调制和两相调制区别？

答：1. 三相调制和两相调制都属于 SVPWM，三相调制为连续的空间电压矢量，两相调制为非连续空间电压矢量。相对于 SPWM，其直流母线电压利用率更高，区别是两种 SVPWM 的调制波不同，两相调制比三相调制开关次数少 1/3。

2. 两相调制优点：①模块开关损耗较少；②死区影响也更小，相同情况下电机不容易出现振荡，变频器温升较低。

3. 两相调制缺点：①电流的谐波更大，在低频运行时不能形成正弦；②电机噪声较大。

76. 问题：磁通制动使用？

答：1. 变频器通过加大定子电压的方式来加大定子磁通，从而增大电机的制动转矩来实现快速的制动效果，同时加大电机定子磁通，可以在制动过程中产生更多的定子励磁损耗，这部分损耗能量将转化为热能，减少回馈能量。

2. 当运行于 VF 控制或矢量模式 1 时，在停机制动时可使能磁通制动功能。

3. 一般在客户要求要实现快速的停机制动，但不想采用能耗制动时，可考虑使能磁通制动。

4. 频繁磁通制动将造成电机长时间励磁电流过大、磁通饱和、电机严重发热，影响使用寿命。

77. 问题：过压失速功能？

答：1. 过压失速功能是当电机处于减速或被拖动等发电状态工况时，变频器通过调节输出频率来维持直流母线电压到一个设定值而不会持续上升的一种处理方法。维持母线电压稳定是通过 PI 调节器输出一个频率调节量来改变变频器的输出频率。从外部表现上看在电机减速发电过程中如果使用了过压失速功能，减速时间将自动加长。

2. 当电机稳速或加速发电运行时如果使能过压失速功能，电机将加速运行。

3. 目前，GD 通用变频器出厂就带有过压失速功能，客户设置较短的减速时间也不会跳过压故障，结合磁通制动功能将会使减速时间进一步缩短。

4. 过压失速功能常跟下垂控制一起在软连接的速度同步控制上使用。

5. 当使用能耗制动时需把过压失速功能去除。

78. 问题：什么是转矩下垂控制？

答：转矩下垂功能原理：用参数规定额定负载转矩下的转速差，而系统根据实际转矩和给定转速决定实际的速度给定值，如式（3-1）所示。这样，系统根据转矩情况自动调整给定转速，具备了速度适应能力。因此，转矩下垂特性允许主机和从机之间存在微小的速度差。

$$n=n_0 - \triangle nT/T_0 \qquad (3-1)$$

式中，n 为实际给定转速，n_0 为给定转速，$\triangle n$ 为转速差，T 为实际转矩，T_0 为额定转矩。

79. 问题：RS232 通信的距离？ RS485 通信距离？ 区别？

答：RS232 传输距离较短，一般使用传输距离 10M 以内的场合，环境要比较好的。

RS485 传输距离较长，百米以上没问题，抗干扰能力强。

区别：RS232 电平为 +12V 为逻辑负，-12 为逻辑正，类似与 TTL 电平逻辑。RS485 信号为差分信号，最小识别电平 200mV。

80. 问题：对电动机从基本频率向上变频调速属于什么调速？

答：恒功率调速。

恒转矩调速是指调速时的输出转矩能力不变，标志是主磁通恒定，对于大多数的低同步调速，这是最为理想的调速。而恒功率调速则是调速时的输出功率能力不变，通常只适于超同步调速，实际上是指输出转矩能力随转速升高而减小。

81. 问题：增量式编码器主要包含哪三路信号？怎么接？

答：A、B、Z 三路信号。

接法有：差分输出方式、开路集电极输出方式、互补型输出方式。

82. 问题：终端电阻在什么情况下应用？如何设置？

答：多台变频器采用 485 通信时，须将最后一台变频器的终端电阻置为 ON。

CH 系列通过薄码开关，GD 系列通过跳线。

83. 问题：风扇常见的失效模式有？

答：电源线间短路、电源线间开路、通电不转、通电转速度过慢。

84. 问题：变频器处于速度控制模式时，以控制电机转速恒定为目的。恒速时，电机转矩是否等于负载转矩。

答：1. 负载过大，堵转，负载转矩大于电机转矩。

2. 额定负载内，电机转矩等于负载转矩。

85. 问题：变频器启动瞬间，键盘会灭掉或闪烁后会重新显示正常（就像重新通电一样）

答：一般是变频器的散热风扇故障，启动电流变大，拉低开关电源电压，造成键盘的显示故障。

86. 问题：CHF100/CHE100 跟 CHF100A 的区别？

答：CHF100A 包含 CHE100 和 CHF100 功能。

CHF100A 不支持 ASCII 的 485 通信，CHF100A 多功能端子比 CHF100 多，CHF100 停产。

87. 问题：440V 电网选用哪种电压等级的变频器？

答：380V 等级通用变频器。

88. 问题：国外 60Hz380V 电网是否要定制变频器？

答：不用，可以用通用变频器。

89. 问题：电机线缆超过 50m 怎样选电抗器和滤波器？

答：30，150m 加输出电抗器。

150m 以上选输出正弦波滤波器。

90. 问题: 用于冲床，运行会跳 OV，怎么处理?

答：1.GD 系列调小制动转矩。

2.打开过压失速，减小过压失速点。

3.加大加减速时间。

4.调整设备压力。

5.输入电压是否偏高。

6.查看变频器母线电压和检测值是否一致。

91. 问题: 变频器恒压供水，开到 50Hz 很久都没水压?

答：水泵反转，或者管网有问题：止回阀有问题，或者漏水，压力表问题。

92. 问题: 用变频器驱动后电机噪声大，温升高?

答：1.查看变频器到电机电缆是否超过 50M，如超过 50M，建议加电抗器。

2.检查变频器输出三相是否平衡。

93. 问题：用普通万用表测量变频器输出电压不稳定，是否正常?

答：普通万用表可能受谐波干扰，测量不准。

94. 问题：空压机显示的功率为什么开到 50Hz 还是达不到电机的额定功率?

答：功率显示为有功功率，不是视在功率。

95. 问题: 一启动就跳 uv?

答：1.检查风扇是否损坏。

2.缓冲接触器或继电器没吸合。

3.输入电网偏低。

96. 问题：设了频率下限（30Hz），为什么还可以调到 30Hz 以下

答：没启动之前只显示给定频率，会到 30Hz 以下，但启动后实际运行频率则不会存在此情况。

97. 问题：显示 5 个 8？

答：如果排除外围接线短路，则是变频器损坏。

1. 使用面膜的机器可能为控制板损坏。

2. 使用键盘的机器查看键盘本身，再检查键盘线及接口，另可能为控制板损坏。

98. 问题：输入电网正常，但 GD100 经常跳 SPI？

答：1. 检查输入接线螺丝是否打紧。

2. 检查变频器前端开关是否接触良好。

99. 问题：变频器用在潜水泵或深井泵上过一段时间报 OL，怎么解决？

答：1. 查看故障记录，确定是否为真实过流。

2. 首先排除电机是否堵转。

3. 一般将载波降低，改为 P 型机，如还报，改为多点 V/F 运行。

4. 用在潜水泵或深井泵上的变频器到电机输出电缆是否超过 50M，如超过 50M，建议增加输出电抗器。

100. 问题：CHV160A 启动时切泵太快

答：首先检查压力反馈是否有问题，如反馈正常则调节 P3 组 PID 参数（增大压力容差，降低比例 P，如不能解决则增大积分 I）。

101. 问题：变频器接上电位器后调不了频率？

答：首先检查参数是否设置正确，如果参数设置正确，检查电位器接

线是否正确，如果还有问题，测量 +10V 是否正常，如正常则可能 AI 模拟通道损坏。如没有电压则寻求现场服务。

102. 问题：需要变频器有正反转，但只有一个转向

答：1. 首先检查参数和接线，直接短接 S 端子和 COM、查看 P0 和 P5 组参数以确定信号和参数没问题。

2. 查看变频器是否接地，如没接地，要进行接地，还有控制线是否和动力线一块走线，如在一起则分开走线。

最全西门子变频器常见故障分析和处理方法介绍

1、西门子变频器概述

西门子变频器是由德国西门子公司研发、生产、销售的知名变频器品牌，主要用于控制和调节三相交流异步电机的速度。并以其稳定的性能、丰富的组合功能、高性能的矢量控制技术、低速高转矩输出、良好的动态特性、超强的过载能力、创新的 BiCo（内部功能互联）功能以及无可比拟的灵活性，在变频器市场占据着重要的地位。

西门子变频器在中国市场的使用最早是在钢铁行业，然而在当时电机调速还是以直流调速为主，变频器的应用还是一个新兴的市场，但随着电子元器件的不断发展以及控制理论的不断成熟，变频调速已逐步取代了直流调速，成为驱动产品的主流，西门子变频器因其强大的品牌效应在这巨大的中国市场中取得了超规模的发展，西门子在中国变频器市场的成功发展应该说是西门子品牌与技术的完美结合。在中国市场上我们能碰到的早期的西门子变频器主要有电流源的 SIMOVERTA，以及电压源的 SIMOVERTP，这些变频器也主要由于设备的引进而一起进入了中国的市场，目前仍有少量的使用，而其后在中国市场大量销售的主要

有 MicroMas ter 和 MidiMast er，以及西门子变频器最为成功的一个系列
SIMOVERT Master Drive，也就是我们常说的 6SE70 系列。它不仅提供了
通用场合使用的 AC 变频器，也提供了在造纸，化纤等特殊行业要求使用
的多电机传动的直流母线方案。当然西门子也推出了在我个人看来技术
上比较失败然而在市场上却相当成功的 ECO 变频器，在技术上的失败主
要是由于它太高的故障率，市场上的成功主要是因为它超越了富士变
频器成为中国市场的第一品牌。现在西门子在中国市场上的主要机型就
是 MM420，MM440.6SE70 系列。

2、变频器的参数设置

变频器的设定参数多，每个参数均有一定的选择范围，使用中常常
遇到因个别参数设置不当，导致变频器不能正常工作的现象。

控制方式：速度控制、转矩控制、PID 控制或其他方式。采取控制方
式后，一般要根据控制精度，需要进行静态或动态辨识。

最低运行频率：电机运行的最小转速，电机在低转速下运行时，其散
热性能很差，电机长时间运行在低转速下，会导致电机烧毁。而且低速时，
其电缆中的电流也会增大，也会导致电缆发热。

最高运行频率：一般的变频器最大频率到 60Hz，有的甚至到 400 Hz，
高频率将使电机高速运转，这对普通电机来说，其轴承不能长时间的超
额定转速运行，电机的转子是否能承受这样的离心力。

载波频率：载波频率设置得越高其高次谐波分量越大，这和电缆的长
度，电机发热，电缆发热变频器发热等因素是密切相关的。

电机参数：变频器在参数中设定电机的功率、电流、电压、转速、最
大频率，这些参数可以从电机铭牌中直接得到。

跳频：在某个频率点上，有可能会发生共振现象，特别在整个装置比
较高时；在控制压缩机时，要避免压缩机的喘振点。

3、变频器的工作原理

我们知道,交流电动机的同步转速表达式位:

$$n = 60f(1-s)/p \qquad (3-2)$$

式中

n——异步电动机的转速;

f——异步电动机的频率;

s——电动机转差率;

p——电动机极对数。

由式(3-2)可知,转速 n 与频率 f 成正比,只要改变频率 f 即可改变电动机的转速,当频率 f 在 0 ~ 50Hz 的范围内变化时,电动机转速调节范围非常宽。变频器就是通过改变电动机电源频率实现速度调节的,是一种理想的高效率、高性能的调速手段。

4、西门子变频器选择注意事项

西门子公司不同类型的变频器,用户可以根据自己的实际工艺要求和运用场合选择不同类型的变频器。在选择变频器时应注意以下几点注意事项:

(1)根据负载特性选择变频器,如负载为恒转矩负载需选择西门子 mmv/mdv、mm420/mm440 变频器,如负载为风机、泵类负载应选择西门子 430 变频器。

(2)选择变频器时应以实际电动机电流值作为变频器选择的依据,电动机的额定功率只能作为参考。另外,应充分考虑变频器的输出含有丰富的高次谐波,会使电动机的功率因数和效率变差。因此,用变频器给电动机供电与用工频电网供电相比较,电动机的电流会增加10%而温升会增加20%左右。所以在选择电动机和变频器时应考虑到这种情况,适当留有余量,以防止温升过高,影响电动机的使用寿命。

(3)变频器若要长电缆运行时,此时应该采取措施抑制长电缆对的耦合电容的影响，避免变频器出力不够。所以变频器应放大一、两档选择或在变频器的输出端安装输出电抗器。

（4）当变频器用于控制并联的几台电动机时，一定要考虑变频器到电动机的电缆的长度总和在变频器的容许范围内。如果超过规定值，要放大两档来选择变频器，另外在此种情况下，变频器的控制方式只能为v/f 控制方式，并且变频器无法实现电动机的过流、过载保护，此时，需在每台电动机侧加熔断器来实现保护。

（5）对于一些特殊的应用场合，如高环境温度、高开关频率、高海拔等，此时会引起变频器的降容，变频器需放大一档选择。

（6）使用变频器控制高速电动机时，由于高速电动机的电抗小，会产生较多的高次谐波。而这些高次谐波会使变频器的输出电流值增加。因此，选择用于高速电动机的变频器时，应比普通电动机的变频器稍大一些。

（7）变频器用于变极电动机时，应充分注意选择变频器的容量，使其最大额定电流在变频器的额定输出电流以下。另外，在运行中进行极数转换时，应先停止电动机工作，否则会造成电动机空转，恶劣时会造成变频器损坏。

（8）驱动防爆电动机时，变频器没有防爆构造，应将变频器设置在危险场所之外。

（9）使用变频器驱动齿轮减速电动机时，适用范围受到齿轮转动部分润滑方式的制约。润滑油润滑时，在低速范围内没有限制；在超过额定转速的高速范围内，有可能发生润滑油用光的危险。因此，不要超过最高转速容许值。

（10）变频器驱动绕线转子异步电动机时，大多是利用已有的电动机。绕线电动机与普通的鼠笼电动机相比，绕线电动机绕组的阻抗小。因此，容易发生由于纹波电流而引起的过电流跳闸现象，所以应选择比通常容量稍大的变频器。一般绕线电动机多用于飞轮力矩 gd2 较大的场合，在设定加减速时间时应多注意。

5、西门子变频器常见故障分析及处理（一）

为了对变频器的好坏作一个初步的判断，我们可以先对它做一个静态测试，主要是对直流中间电路和 igbt 的检测，用万用表检测其内部保险是否烧断、中间滤波电容的容量及是否击穿、igbt 的续流二极管是否损坏等。因为变频器同一种报警可以由底板、cuvc 板、通信板共同造成，所以发现故障时不要盲目判断，引起工作的烦琐和时间的浪费。

01、e 报警

西门子变频器 "e" 报警据分析其原因为：底板（15V 过低），cuvc 板（5V 电压没传到指定地点，cuvc 板有短路故障）等。

（1）西门子变频器 6se7023-4ta61-z 故障现象：控制面板 pmu 液晶显示屏显示 "e" 报警。

处理情况：①更换 cuvc 板送电开机，液晶显示屏仍显示 "e" 报警，说明故障原因不在 cuvc 板而在底板。②检查底板，用万用表测底板各电压，发现 15V 明显偏低，查 8 脚软启动电压是 0.5V（正常值为 3.85V）经查 5V 正常，q2 触发电压正常，用万用表测 q2 有故障换新后电压恢复正常，15V 输出正常，恢复变频器接线，输入参数，启动变频器运行正常。

（2）西门子变频器 6se7016-1ta61-z 故障现象：控制面板 pmu 液晶显示屏显示 "e" 报警。

处理情况：更换 cuvc 板送电开机，一切正常，说明故障就在 cuvc 板，测与之相关的 3 个 1kΩ 电阻，有一个已经变值，换新后恢复正常。

（3）西门子变频器 6se7021-0ta61-z 故障现象：控制面板 pmu 液晶显示屏显示 "e" 报警。

处理情况：查底板 15V 不正常，严重过小，底板有明显的过热现象，断开 15V 负载,恢复正常,显然故障在其负载,经查为后部 mos 管短路造成,将 mos 管和与之并联的稳压管换新后，电压恢复，重新送电试机一切正常。

（4）西门子变频器 6se7016-1ta61-z 故障现象：控制面板 pmu 液晶显

示屏显示"e"报警。

处理情况：更换 cuvc 板故障消失，说明故障就在 cuvc 板，用万用表电阻挡测 1，2 点（5V 电源端）阻值为 320Ω（正常为 486Ω）证明了电路有短路的地方，经查 d5 有两脚直接击穿，用热风枪拿掉 d5，换上新的（焊接一定要仔细，不要有人为的短路或断路产生）重新送电试机，完全恢复正常。

02、黑屏

西门子变频器黑屏一般故障原因有（电源损坏、igbt 短路造成内部保险烧毁）等。

（1）6se7023-4tc61-z 故障现象：控制面板 pmu 液晶显示屏无显示。

处理情况：用表测 igbt 内部已严重短路，造成内部保险已经烧断失去电源，更换 igbt 以及维修触发电路重新送电，一切正常。

（2）6se7016-1ta61-z 故障现象：控制面板 pmu 液晶显示屏无显示。

处理情况：用外接 24V 电源试机，屏幕显示正常，再用万用表测低压交流输出，无电压说明故障在电源处，测 uc3844（6）脚脉冲输出正常，到 q36 栅极没有，经表测量 r321 由 28Ω 变为无穷大换新后试机，故障消失。

03、008 报警

"008"为开机封锁报警，变频器不能启动，故障原因：在上电后变频器对其测试点进行检测，如果条件达到，cuvc 板输出信号将充电电阻用并联的继电器短封，给变频器以更大的电流使之运行，否则将在屏幕上显示"008"并且无法启动。

（1）6se7023-4ta61-z 故障现象：控制面板 pmu 液晶显示屏显示"008"报警。

处理情况：30（下）为 008 检测点（正常为 15V），测 30（下）没有 15V，k1 已经闭合，查 q3 发射极有 15V 基极电压正常，怀疑 q3 损坏，换新以后送电，一切正常。

（2）西门子变频器 6se7022-4ta61-z 故障现象：控制面板 pmu 液晶显示屏显示"008"报警。

处理情况：更换 cuvc 板正常，说明故障在 cuvc，经查为与之相连的 r652 和 r658 损坏造成的，换新后试车，一切正常。

04、f002 报警

6se7016-1ta61-z 故障现象：控制面板 pmu 液晶显示屏显示"f002"电压过低报警。

处理情况：查母线直流 540V 正常，说明底板电压检测系统出现故障，经检测直流母线 540V 电压经电阻串联通过 tl084 传信号给 cuvc 板，如果检测电压低于参数 p071 所设置的数值将会停止电机并发出报警，用万用表电压挡测 tl084 端无有电压（正常值应为 2.38v），再用电阻挡测串联的 30 个电阻发现有两个因腐蚀已经断路致使信号无法传递，更换电阻后，送电试车一切正常。

6、西门子变频器常见故障分析（二）

变频器常见的故障根据其故障类型的不同可以分为外部故障和变频器内部故障两种类型的故障，其中外部故障发生时应当注意检测变频器的外部参数、外部电源、电机等所引起的故障，变频器内部故障则分为软故障和硬件故障两个方面。变频器的外部故障主要有以下几种类型：

（1）参数设置错误，变频器内部所设置的参数需要与所驱动的电机相匹配，如变频器参数设置不当或是设置错误将会导致变频器无法正常启动。

（2）外部接线故障，在变频器的使用过程中其外部接线在长时间的使用后会出现断线、插头损坏等的问题从而影响变频器的正常运行。

（3）变频器外部供电出现问题，当变频器的外部电源出现"欠压、过压、过流、过频"等的问题时将导致西门子变频器无法正常运行。

（4）过载，造成西门子变频器过载主要是由于加速时间过短、制动量过大或是电网电压过低等的原因所导致的。针对这一问题可以采用延长电机启动加速时间、延长电机制动时间等的方式予以解决。由电机所导致的过载可着重检查电机是否存在卡死等的问题。

（5）过流，造成西门子变频器外部过流问题的原因可能是由于电机负载突变从而引起较大的冲击、电机或是供电线缆的绝缘遭到破坏短路等所导致的。

西门子变频器的软、硬件故障则主要针对的是西门子变频器自身，由于西门子变频器需要长时间承受高电压、高电流从而导致其内部的硬件（控制板类的控制部件、IGBT 等功率部件）等的烧毁损坏，从而影响西门子变频器的正常运行。

7、西门子变频器常见故障的排查与解决

当西门子变频器出现故障时，首先查看西门子变频器上的数码管上所显示的报警信息，针对报警信息查看西门子变频器的报警说明以此来对西门子变频器的故障进行定位。如直接对一台故障的西门子变频器进行检查，在上电检查之初则首先需要使用万用表来对西门子变频器进行测量。使用万用表对西门子变频器中的整流桥、IGBT 模块等功率部件进行检查并注意查看西门子变频器中是否有明显的烧毁痕迹。在使用万用表对功率部件进行检查时，将万用表打到 1k 的电阻挡，将黑表笔与西门子变频器的直流（−）极连接，而后使用万用表的红表笔分别连接西门子变频器的三相输入、输出端来测量电阻，测量所得出的电阻值应当在 5 ~ 10k 之间且输入、输出三相之间要相互一致，输出端的三相电阻值要略小于输入电阻值，完成了（−）测的电阻测量后继续将黑表笔放置在（＋）测继续进行三相测量，测量方法与上述一致，如测量电阻值正常且并未有充放电现象，则表明西门子变频器能够上电测量，如若不然则意味着西门子变频器功率部件损坏需要对测量存在问题的部件进行更换，尤其是西门子变频器中的功率部件上存在明显烧毁痕迹的不得将西门子

变频器直接上电。

完成了对于西门子变频器的初步测量后需要对西门子变频器进行上电测量，以西门子变频器中 MM4 变频器为例：

（1）上电后西门子变频器上的数码管显示的是 F231 故障时，则意味着西门子变频器的电源驱动板或是主控板存在问题，则可以更换西门子变频器中的电源驱动板或是主控板来进行测试。

（2）在西门子变频器上电后如面板无显示或是面板下的指示灯不亮，则意味着西门子变频器的整流供电部分存在问题，应当对西门子变频器中的供电部分进行检测，可以使用万用表对西门子变频器中的整流部分中的整流二极管进行检测，发现存在问题的二极管直接进行更换即可解决问题。

（3）如西门子变频器上电后显示的是（------），多数意味着西门子变频器中的主控板存在问题，可以通过更换西门子变频器主控板的方式予以解决，造成此类故障的原因主要是由于西门子变频器外部接入线中存在着较大的杂波，从而使得西门子变频器主控板上的电阻、电容等遭到冲击后损坏所造成的，此外，在西门子变频器工作的过程中也会产生较大的热量，如西门子变频器主控板散热不好也会造成主控板上的电子部件烧毁。

（4）在西门子变频器上电运行后，不论是空载运行还是带负载运行都会在西门子变频器上显示过流报警，当此类故障发生时一般意味着西门子变频器中的 IGBT 功率部件损坏，应当对西门子变频器中的功率部件及驱动部分进行详细的测量，检测存在问题的功率及驱动部件，更换新的部件、详细地测量后才能再次上电，如驱动部分存在问题将会导致西门子变频器中新更换的 IGBT 在上电后再次烧毁。造成此类故障的原因主要是由于西门子变频器在使用的过程中出现多次过载或是西门子变频器长时间处于电压波动较大的情况，从而导致西门子变频器中的器件烧毁，针对这一情况需要对西门子变频器的外侧电路进行检测，检测电机是否正常，并在西门子变频器的进线端加装电压保护装置，以避免西门子变频器烧毁。

（5）某西门子变频器在使用的过程中经常出现无征兆的"停机"，重新启动后其有可能是正常的，将西门子变频器拆下后经过检测各器件均未能发现问题，通过对西门子变频器上电后经过长时间的观察后发现，在西门子变频器工作的过程中其主接触器在工作时会存在着吸合不正常的问题，从而导致西门子变频器在工作一段时间后无法保持吸合状态从而导致掉电、乱跳等问题，经过对西门子变频器主接触器进行拆开后发现造成这一故障的主要原因是西门子变频器中的开关电源与主接触器线包一路的滤波电容漏电，从而导致电压偏低，导致无法正常吸合，如供电电压较高这一问题还可以掩盖过去而当电压较低时问题则会较为明显地暴露出。通过对西门子变频器常见故障进行分析后发现，西门子变频器中的功率部件的损坏所占的比例并不高，而是其中的电阻、电容等的控制器件的损坏所占的比例较高，在故障排查时要予以注意。

富士变频器常见故障及处理意见

富士低压通用变频器在发生保护动作及报错误时，不管是相关的工作人员还是技术人员，首先应该参照该变频器的说明进行判断和处理，下面带大家看看富士变频器的常见故障和判断方法，希望对大家有用：

1、OC 报警

键盘面板 LCD 显示：加、减、恒速时过电流。

对于短时间大电流的 OC 报警，一般情况下是驱动板的电流检测回路出了问题，模块也可能已受到冲击（损坏），有可能复位后继续出现故障。出现这种情况的原因基本有以下几种情况：电机电缆过长、电缆选型临界造成的输出漏电流过大或输出电缆接头松动和电缆受损造成的负载电流升高时产生的电弧效应。

小容量（7.5G/11P 以下）变频器的 24V 风扇电源短路时也会造成 OC3 报警，此时主板上的 24V 风扇电源会损坏，主板其他功能正常。若出现"1、OC2"报警且不能复位或一上电就显示"OC3"报警，则可能是主板出了问题；若一按 RUN 键就显示"OC3"报警，则是驱动板坏了。

2、OLU 报警

键盘面板 LCD 显示：变频器过负载。

当 G/P9 系列变频器出现此报警时可通过三种方法解决：首先修改一下"转矩提升""加减速时间"和"节能运行"的参数设置；其次用卡表测量变频器的输出是否真正过大；最后用示波器观察主板左上角检测点的输出来判断主板是否已经损坏。

3、OU1 报警

键盘面板 LCD 显示：加速时过电压。

当通用变频器出现"OU"报警时，首先应考虑电缆是否太长、绝缘是否老化，直流中间环节的电解电容是否损坏，同时针对大惯量负载可以考虑做一下电机的在线自整定。另外在启动时用万用表测量一下中间直流环节电压，若测量仪表显示电压与操作面板 LCD 显示电压不同，则主板的检测电路有故障，需更换主板。当直流母线电压高于 780VDC 时，变频器做 OU 报警；当低于 350VDC 时，变频器做欠压 LU 报警。

4、LU 报警

键盘面板 LCD 显示：欠电压。

如果设备经常"LU 欠电压"报警，则可考虑将变频器的参数初始化（H03 设成 1 后确认），然后提高变频器的载波频率（参数 F26）。若 E9 设备 LU 欠电压报警且不能复位，则是（电源）驱动板出了问题。

5、EF 报警

键盘面板 LCD 显示：对的短路故障。

G/P9 系列变频器出现此报警时可能是主板或霍尔元件出现了故障。

6、Er1 报警

键盘面板 LCD 显示：存储器异常。

关于 G/P9 系列变频器"ER1 不复位"故障的处理：去掉 FWD-CD 短路片，上电、一直按住 RESET 键下电，知道 LED 电源指示灯熄灭再松手；然后再重新上电，看看"ER1 不复位"故障是否解除，若通过这种方法也不能解除，则说明内部码已丢失，只能换主板了。

7、Er7 报警

键盘面板 LCD 显示：自整定不良。

G/P11 系列变频器出现此故障报警时，一般是充电电阻损坏（小容量变频器）。另外就是检查内部接触器是否吸合（大容量变频器，30G11 以上；且当变频器带载输出时才会报警）、接触器的辅助触点是否接触良好；若内部接触器不吸合可首先检查驱动板上的 1A 保险管是否损坏。也可能是驱动板出了问题，可检查送给主板的两芯信号是否正常。

8、Er2 报警

键盘面板 LCD 显示：面板通信异常。

11kW 以上的变频器当 24V 风扇电源短路时会出现此报警（主板问题）。对于 E9 系列机器，一般是显示面板的 DTG 元件损坏，该元件损坏时会连带造成主板损坏，表现为更换显示面板后上电运行时立即 OC 报警。而对于 G/P9 机器一上电就显示"ER2"报警，则是驱动板上的电容失效了。

9、OH1 过热报警

键盘面板 LCD 显示：散热片过热。

OH1 和 OH3 实质为同一信号，是 CPU 随机检测的，OH1（检测底板部位）与 OH3（检测主板部位）模拟信号串联在一起后再送给 CPU，而 CPU 随机报其中任一故障。出现"OH1"报警时，首先应检查环境温度是否过高，冷却风扇是否工作正常，其次是检查散热片是否堵塞（食品加工和纺织场合会出现此类报警）。若在恒压供水场合且采用模拟量给定时，一般在使用 800Ω 电位器时容易出现此故障；给定电位器的容量不能过小，不能小于 $1k\Omega$；电位器的活动端接错也会出现此报警。若大容量变频器（30G11 以上）的 220V 风扇不转时，肯定会出现过热报警，此时可检查电源板上的保险管 FUS2（600V，2A）是否损坏。

当出现"OH3"报警时，一般是驱动板上的小电容因过热失效，失效的结果（症状）是变频器的三相输出不平衡。因此，当变频器出现"OH1"或"OH3"时，可首先上电检查变频器的三相输出是否平衡。

对于 OH 过热报警，主板或电子热计出现故障的可能性也存在。G/P11 系列变频器电子热计为模拟信号，G/P9 系列变频器电子热计为开关信号。

10、1、OH2 报警与 OH2 报警

对 G/P9 系列机器而言，因为有外部报警定义存在（E 功能），当此外部报警定义端子没有短接片或使用中该短路片虚接时，会造成 OH2 报警；当此时若主板上的 CN18 插件（检测温度的电热计插头）松动，则会造成"1、OH2"报警且不能复位。检查完成后，需重新上电进行复位。

11、低频输出振荡故障

变频器在低频输出（5Hz 以下）时，电动机输出正 / 反转方向频繁脉动，一般是变频器的主板出了问题。

12、某个加速区间振荡故障

当变频器出现在低频三相不平衡（表现电机振荡）或在某个加速区间内振荡时，我们可以尝试一下修改变频器的载波频率（降低），可能会解决问题。

13、运行无输出故障

此故障分为两种情况：一是如果变频器运行后 LCD 显示器显示输出频率与电压上升，而测量输出无电压，则是驱动板损坏；二是如果变频器运行后 LCD 显示器显示的输出频率与电压始终保持为零，则是主板出了问题。

14、运行频率不上升故障

即当变频器上电后，按运行键，运行指示灯亮（键盘操作时），但输出频率一直显示"0.00"不上升，一般是驱动板出了问题，换块新驱动板后即可解决问题。但如果空载运行时变频器能上升到设定的频率，而带载时则停留在 1Hz 左右，则是因为负载过重，变频器的"瞬时过电流限制功能"起作用，这时通过修改参数解决；如 F09 → 3，H10 → 0，H12 → 0，修改这三个参数后一般能够恢复正常。

15、操作面板无显示故障

G/P9 系列出现此故障时有可能是充电电阻或电源驱动板的 C19 电容损坏，对于大容量 G/P9 系列的变频器出现此故障时也可能是内部接触器不吸合造成。对于 G/P11 小容量变频器除电源板有问题外，IPM 模块上的小电路板也可能出了问题；30G11 以上容量的机器，可能是电源板的为主板提供电源的保险管 FUS1 损坏，造成上电无显示的故障。当主板出现问题后也会造成上电无显示故障。

····[ＨＭＩ篇]····

什么是 HMI？了解 HMI 或人机界面的一些基础知识

1、HMI 在生活中有哪些应用

今天，我们来了解有关 HMI 的相关知识。也许您从未听说过 HMI，但是您肯定经常遇到 HMI。

HMI 是 Human Machine Inter face 的缩写。我们在工业中使用 HMI 来控制和监视设备。大家经常会遇到常见的 HMI 是 ATM 机。屏幕和按钮使您可以操作机器完成取款或存款。

2、工业 HMI

现在让我们谈谈工业 HMI。没有 HMI，在行业中很难实现自动化控制。

HMI 通常会以屏幕的形式出现，像计算机屏幕，而有时更多的是触摸屏。操作员或维护人员可以从 HMI 操作和监视设备。它们可能包括温度，压力，工艺步骤和材料计数等信息。它们还可以显示出罐中精确的高度和设备的精确位置。

现在可以在一个屏幕上查看多个设备的数据。具体实现仅限于特定的软件和硬件。

3、工业 HMI 的优势

对于维护人员来说，许多 HMI 还可以连接到 PLC，并将其数据显示在屏幕上，开展故障检修。相比每次连接计算机或笔记本电脑，这可以节省宝贵的时间。

拥有现代人机界面的另一个好处是，工厂和其他工业场所可以监视和控制多台机器或其他设备。一个小型制造工厂甚至可以在一台位于中心的 HMI 上监视整个工厂。

多年来，供水系统和废水处理设施通过将 HMI 与 PLC 结合使用。能够远程监视位置，如水泵以及工厂内部的设备。

现在，您可能已经明白 HMI 是操作面板和监视屏幕。但是 HMI 实际如何连接到机器进行控制和监视？

让我们来看看。

首先，HMI 使用专用软件，工程师可以对其进行编程。不同品牌的 HMI 使用不同的软件。工程师可以在该软件上设计屏幕上实际看到的内容，可以在屏幕上监视数据，可以设计"按钮"实现操作控制。例如，HMI 可能会在屏幕上显示一个大水箱，并显示液位。在水箱旁边是一个水泵，用于控制液位。

HMI 还可以在泵旁边的屏幕上显示启动和停止按钮，并可以使用该按钮。该按钮能够实现打开和关闭水泵。但是，这并不像在屏幕上放置一个按钮或在屏幕上放置一个带有水准仪的储罐那样简单。HMI 编程人员必须将每个指示器和按钮编程到 PLC 的指定寄存器地址中。

这就提出了另一点，即 HMI 和 PLC 需要兼容。这意味着它们需要实现交互。它们根据所谓的协议来执行操作。不同的公司使用不同的协议。常见协议为 Modbus，以太网 / IP 和 Profibus。这些全都是工业通信网络，有点像您家里有多台计算机，电视或其他设备相互连接的网络。只要 PLC 和 HMI 能够交互，就可以使用 HMI 中编程的指令数据来监视和控制 PLC 功能。

让我们回顾一下，今天学习了 HMI 或人机界面的一些基础知识。机器的监视器和控件让操作员可以控制或监视机器。工程师可以对 HMI 进行编程，实现控制监视功能。HMI 和 PLC 协同运行以监视和控制机器。这意味着它们必须兼容，并且还必须采用相同的数据指令。它以协议的形式出现，只是一个工业网络。

····[传感器篇]····

五种常用的传感器的原理和应用

当今社会，传感器早已渗透到诸如工业生产、宇宙开发、海洋探测、环境保护、资源调查、医学诊断、生物工程甚至文物保护等极其之泛的领域。可以毫不夸张地说，从茫茫的太空，到浩瀚的海洋，以至各种复杂的工程系统，几乎每一个现代化项目，都离不开各种各样的传感器。今天带大家来全面了解传感器！

1、传感器定义

传感器是复杂的设备，经常被用来检测和响应电信号或光信号。传感器将物理参数（如温度、血压、湿度、速度等）转换成可以用电测量的信号。我们可以先来解释一下温度的例子，玻璃温度计中的水银使液体膨胀和收缩，从而将测量到的温度转换为可被校准玻璃管上的观察者读取的温度。

2、传感器选择标准

在选择传感器时，必须考虑某些特性，具体如下：

（1）准确性。

（2）环境条件——通常对温度/湿度有限制。

（3）范围——传感器的测量极限。

（4）校准——对于大多数测量设备而言必不可少，因为读数会随时间变化。

（5）分辨率——传感器检测到的最小增量。

（6）费用。

（7）重复性——在相同环境下重复测量变化的读数。

3、传感器分类标准

传感器分为以下标准：

（1）主要输入数量（被测量者）。

（2）转导原理（利用物理和化学作用）。

（3）材料与技术。

（4）财产。

（5）应用程序。

转导原理是有效方法所遵循的基本标准。通常，材料和技术标准由开发工程小组选择。

01、根据属性分类

根据属性分类如下：

（1）温度传感器——热敏电阻、热电偶、RTD、IC 等。

（2）压力传感器——光纤、真空、弹性液体压力计、LVDT、电子。

（3）流量传感器——电磁、压差、位置位移、热质量等。

（4）液位传感器——压差、超声波射频、雷达、热位移等。

（5）接近和位移传感器——LVDT、光电、电容、磁、超声波。

（6）生物传感器——共振镜、电化学、表面等离子体共振、光寻址电位测量。

（7）图像——电荷耦合器件、CMOS。

（8）气体和化学传感器——半导体、红外、电导、电化学。

（9）加速度传感器——陀螺仪、加速度计。

（10）其他——湿度、湿度传感器、速度传感器、质量、倾斜传感器、力、粘度。

来自生物传感器组的表面等离子体共振和光可寻址电位是基于光学技术的新型传感器。与电荷耦合器件相比，CMOS 图像传感器的分辨率较低，CMOS 具有体积小、价格便宜、功耗低的优点，因此可以更好地替代电荷耦合器件。加速度计由于在未来的应用中（如飞机、汽车等）以及在视频游戏、玩具等领域中的重要作用而被独立分组。磁强计是测量磁通强度 B（以特斯拉或 As/m^2 为单位）的传感器。

02、根据传感器的电源或能量供应要求分类

根据传感器的电源或能量供应要求进行分类：

（1）有源传感器 – 需要电源的传感器称为有源传感器，如激光雷达（光探测和测距）、光电导单元。

（2）无源传感器 – 不需要电源的传感器称为无源传感器，如辐射计、胶片摄影。

03、根据应用分类

根据应用分类如下：

（1）工业过程控制、测量和自动化。

（2）非工业用途 – 飞机、医疗产品、汽车、消费电子产品、其他类型的传感器。

04、根据当前和未来的应用前景分类

根据当前和未来的应用前景中，传感器可分为以下几类：

（1）加速计——它们基于微电子机械传感器技术。它们被用于病人监测，包括配速器和车辆动态系统。

（2）生物传感器——它们基于电化学技术。它们被用于食品测试、

医疗设备、水测试和生物战剂检测。

（3）图像传感器——它们基于 CMOS 技术。它们被用于消费电子、生物测定、交通和安全监视以及个人电脑成像。

（4）运动探测器——基于红外线、超声波和微波 / 雷达技术。它们被用于电子游戏和模拟，光激活和安全检测。

4、五种常用的传感器类型

一些常用的传感器及其原理和应用说明如下：

01、温度传感器

该设备从源头收集有关温度的信息，并转换成其他设备或人可以理解的形式。温度传感器的最佳例证是玻璃水银温度计，会随着温度的变化而膨胀和收缩。外部温度是温度测量的来源，观察者观察汞的位置以测量温度。温度传感器有两种基本类型：

（1）接触式传感器——这种类型的传感器需要与被感测对象或介质直接物理接触。它们可以不在很大的温度范围内监控固体、液体和气体的温度。

（2）非接触式传感器——这种类型的传感器不需要与被检测的物体或介质发生任何物理接触。它们监控非反射性固体和液体，但由于天然透明性，因此对气体无用。这些传感器使用普朗克定律测量温度。该定律处理从热源辐射的热量以测量温度。

不同类型温度传感器的工作原理及实例：

（1）热电偶——它们由两根电线（每根均为不同的均匀合金或金属）组成，通过在一端的连接形成测量接头，该测量接头对被测元件开放。电线的另一端端接到测量设备，在此形成参考结。由于两个结点的温度不同，电流流过电路，测量得到的毫伏来确定结点的温度。

（2）电阻温度检测器（RTD）——这是一种热电阻，其制造目的是随着温度的变化改变电阻，它们比任何其他温度检测设备都贵。

（3）热敏电阻——它们是另一种电阻，电阻的大变化与温度的小变化成正比。

02、红外传感器

该设备发射或检测红外辐射以感知环境中的特定相位。一般来说，热辐射是由红外光谱中的所有物体发出的，红外传感器检测到这种人眼看不见的辐射。

红外传感器的优点是易于连接、市场上现货供应，缺点是会受到周围噪声干扰，如辐射、环境光等。

（1）工作原理。其基本思想是利用红外发光二极管向物体发射红外光。同一类型的另一个红外二极管将用于探测物体反射波。

当红外接收器受到红外光照射时，导线上会产生电压差。由于产生的电压很小，很难被检测到，因此使用运算放大器（运放）来准确地检测低电压。

测量物体与接收传感器的距离：红外传感器组件的电特性可用于测量物体的距离，当红外接收器受到光照时，导线上会产生电位差。

（2）应用：①热成像－根据黑体辐射定律，可以使用热成像来观察有或没有可见光的环境。②加热－红外线可用于烹饪和加热食物，它们能把飞机机翼上的冰带走。它们广泛应用于印刷印染、塑料成型、塑料焊接等工业领域。③光谱学－这项技术通过分析组成键来识别分子，这项技术利用光辐射来研究有机化合物。④气象－当气象卫星配备有扫描辐射计时，可以计算云层高度、陆地和地表温度。⑤光生物调节－用于癌症患者的化疗，这是用来治疗抗疱疹病毒。⑥气候学－监测大气和地球之间的能量交换。⑦通信——红外线激光为光纤通信提供光。这些辐射也用于手机和计算机外围设备之间的短程通信。

03、紫外线传感器

这些传感器测量入射紫外线的强度或功率。这种电磁辐射的波长比

x 射线长，但仍比可见光短。一种被称为聚晶金刚石的活性材料正被用于可靠的紫外传感，紫外线传感器可以发现环境暴露在紫外线辐射下的情况。

选择紫外线传感器的标准：①紫外传感器可以检测到的波长范围（纳米）；②工作温度；③准确度；④重量；⑤功率范围。

（1）工作原理：

紫外线传感器接收一种类型的能量信号，并传输不同类型的能量信号。为了观察和记录这些输出信号，它们被导向电表。为了生成图形和报告，输出信号被传输到模数转换器（ADC），然后再通过软件传输到计算机。

示例包括：①紫外线光电管是一种辐射敏感的传感器，用于监测紫外线空气处理、紫外线水处理和太阳辐射；②光传感器测量入射光的强度；③紫外光谱传感器是用于科学摄影的电荷耦合器件（CCD）；④紫外线探测器；⑤杀菌紫外线探测器；⑥光稳定性传感器。

（2）应用：①测量紫外线光谱中晒伤皮肤的部分；②药房；③汽车；④机器人学；⑤溶剂处理和染色工艺的印染工业；⑥化学品生产、储存和运输用化学工业。

04、触摸传感器

触摸传感器根据触摸位置充当可变电阻器。触摸传感器作为可变电阻工作图。

触摸传感器由以下部件组成：①全导电物质，如铜；②绝缘间隔材料，如泡沫或塑料；③部分导电材料。

（1）工作原理：

部分导电材料反对电流的流动。线性位置传感器的主要原理是，当电流必须通过的材料长度越长时，电流就越相反。因此，材料的电阻通过改变其与完全导电材料接触的位置而变化。

通常，软件与触摸传感器相连。在这种情况下，内存是由软件提供的。

当传感器被关闭时，他们可以记忆"最后一次接触的位置"。一旦传感器被激活，他们就能记住"第一次接触位置"，并理解与之相关的所有值。这个动作类似于移动鼠标并将其定位在鼠标垫的另一端，以便将光标移动到屏幕的远端。

（2）应用：①商业——医疗、销售、健身和游戏。②电器－烤箱、洗衣机/烘干机、洗碗机、冰箱。③运输－驾驶舱制造和车辆制造商之间的简化控制。④液位传感器。⑤工业自动化－位置和液位传感，自动化应用中的人工触摸控制。⑥消费电子产品－在各种消费产品中提供新的感觉和控制水平。

05、接近传感器

接近传感器检测几乎没有任何接触点的物体的存在。由于传感器与被测物体之间没有接触，且缺少机械零件，因此这些传感器的使用寿命长，可靠性高。不同类型的接近传感器有感应式接近传感器、电容式接近传感器、超声波接近传感器、光电传感器、霍尔效应传感器等。

（1）工作原理：

接近传感器发射电磁或静电场或电磁辐射束（如红外线），并等待返回信号或场中的变化，被感测的物体称为接近传感器的目标。

感应式接近传感器－它们有一个振荡器作为输入，通过接近导电介质来改变损耗电阻。这些传感器是首选的金属目标。

电容式接近传感器－它们转换检测电极和接地电极两侧的静电电容变化。这是通过以振荡频率的变化接近附近的物体而发生的。为了检测附近的目标，将振荡频率转换为直流电压，并与预定阈值进行比较。这些传感器是塑料目标的首选。

（2）应用：①在自动化工程中用于定义过程工程设备、生产系统和自动化设备的运行状态；②在窗口中使用，当窗口打开时会激活警报；③用于机械振动监测计算轴与支承轴承的距离差

5、原则

不同的定义被批准用于区分传感器和传感器。传感器可以被定义为一种元件，用一种形式的能量来感知，以产生相同或另一种形式的能量的变体。传感器利用转换原理将被测物转换成所需的输出。

根据所获得和产生的信号，原理可分为以下几类，即电、机械、热、化学、辐射和磁。

以超声波传感器为例。超声波传感器用于检测物体的存在。它通过从设备头部发射超声波，然后从相关物体接收反射的超声波信号来实现。这有助于探测物体的位置、存在和移动。由于超声波传感器依靠声音而不是光来检测，它被广泛应用于测量水位、医疗扫描程序和汽车工业。超声波利用其反射传感器可以探测透明物体，如透明薄膜、玻璃瓶、塑料瓶和平板玻璃。

超声波的运动因介质的形状和类型而异。例如，超声波在均匀介质中直线运动，并在不同介质之间的边界处反射和传回。人体在空气中会引起相当大的反射，而且很容易被发现。

最好通过了解以下内容来解释超声波的传播：

（1）多重反射。当波在传感器和检测对象之间被多次反射时，会发生多次反射。

（2）限制区。最小感应距离和最大感应距离可调。这叫作极限区。

（3）未探测区。未检测区域是传感器头表面与检测距离调整产生的最小检测距离之间的间隔。未检测区域是靠近传感器的区域，由于传感器头部配置和混响，无法进行检测。由于传感器和物体之间的多次反射，检测可能发生在不确定区域。

传感器用于多种应用，如：①冲击检测；②机器监控应用程序；③车辆动力学；④低功耗应用；⑤结构动力学；⑥医疗航天；⑦核仪器；⑧作为手机"触摸键盘"中的压力传感器；⑨接触灯座时变亮或变暗的灯；⑩电梯中的触控按钮。

6、先进的传感器技术

传感器技术在制造领域有着广泛的应用。先进技术如下：

01、条形码识别

市场上销售的产品有一个通用产品代码（UPC），它是一个 12 位代码。其中五个数字代表制造商，另外五个数字代表产品。前六位数字用代码表示为亮条和暗条。第一位表示数字系统的类型，第二位表示奇偶性表示读数的准确性。剩下的六位数字用暗线和暗线表示，与前六位数字的顺序相反。

条形码阅读器可以管理不同的条形码标准，即使不知道标准代码。条形码的缺点是，如果条形码被油脂或污垢遮盖，条形码扫描仪将无法读取。

02、转发器

在汽车部分，在许多情况下使用射频设备。转发器隐藏在钥匙的塑料头内，任何人都看不见。钥匙插入点火锁芯。当你转动钥匙时，电脑会向收发器发送一个无线电信号。在应答器对信号做出响应之前，计算机不会让发动机点火。这些转发器由无线电信号供电。

03、制造部件的电磁识别

这类似于条形码技术，数据可以在磁条上编码。使用磁条技术，即使代码隐藏在油脂或污垢中，也可以读取数据。

04、表面声波

此过程类似于射频识别。在这里，部件识别由雷达类型信号触发，并且与 RF 系统相比，被远距离传输。

05、光学字符识别

这是一种自动识别技术，使用字母数字字符作为信息源。在美国，邮件处理中心使用光学字符识别。它们也用于视觉系统和语音识别系统。

····[仪器仪表篇]····

仪器仪表有哪些分类？

仪器仪表主要有量具量仪、汽车仪表、拖拉机仪表、船用仪表、航空仪表、导航仪器、驾驶仪器、无线电测试仪器、载波微波测试仪器、地质勘探测试仪器、建材测试仪器、地震测试仪器、大地测绘仪器、水文仪器、计时仪器、农业测试仪器、商业测试仪器、教学仪器、医疗仪器、环保仪器等。

属于机械工业产品的仪器仪表有工业自动化仪表、电工仪器仪表、光学仪器，分析仪器、实验室仪器与装置、材料试验机、气象海洋仪器、电影机械、照相机械、复印缩微机械、仪器仪表元器件、仪器仪表材料、仪器仪表工艺装备等十三类。

各类仪器仪表按不同特征，如功能、检测控制对象、结构、原理等还可再分为若干的小类或子类。如工业自动化仪表按功能可分为检测仪表、回路显示仪表、调节仪表和执行器等；其中检测仪表按被测物理量又分为温度测量仪表、压力测量仪表、流量测量仪表、物位测量仪表和机械量测量仪表等；温度测量仪表按测量方式又分为接触式测温仪表和非接触式测温仪表；接触式测温仪表又可分为热电式、膨胀式、电阻式等。

其他各类仪器仪表的分类法大体类似，主要与发展过程、使用习惯和有关产品的分类有关。仪器仪表在分类方面尚无统一的标准，仪器仪表的命名也存在类似情况。

在现实实际工作中，我们经常将仪器仪表分为两个大类：自动化仪表和便携式仪器仪表，自动化仪表指需要固定安装在现场的仪表，也称现场安装仪器仪表或者表盘安装仪器仪表，这类仪表需要和其他设备配套使用，以完成某一项或几项功能；便携式仪器仪表是指单独使用，有时也叫检测仪器仪表，一般分台式和手持两种。

仪器仪表还有一种分类，叫一次仪表和二次仪表，一次仪表指传感器这类直接感触被测信号的部分，二次仪表指放大、显示、传递信号部分。

智能仪器仪表技术、发展趋势

在"模拟仪器"，"分离仪器"和"数字仪器"之后，仪器技术进入了"智能仪器"和"虚拟仪器"阶段。仪器不再是简单的硬件实体，而是仪器和微处理器的结合，结合了硬件和软件。智能仪器仪表的发展，使得仪器仪表在测量参数的同时，还能对数据进行一些简单的分析与控制，获得实时最优控制、自适应功能、网络智能电表、以及网络资源的优势，为测控网络的普遍建立和广泛应用铺平了道路。仪器的虚拟化使得具有相同结构的仪器更加灵活和可重新配置。同时提高了性能、减少了成本。学习仪器仪表的相关知识，就能更好地帮助我们了解测量与控制的过程。

1、智能仪器仪表技术的构成

01、传感器技术

仪器的基本功能是收集数据，处理数据并对数据执行初步处理。其技术的关键是与数据输入密不可分，因此传感器技术是仪器技术的基础。随着仪器技术的发展，要求具有小尺寸、低成本、高可靠性，同时满足低功耗特性。这更多地取决于 MEMS 技术的发展。以提高系统的效率和可靠性，它具有以下一些特点：

小型化是 MEMS 器件最显著的特征，它们体积小，通常在毫米到微米范围内，最小器件尺寸为几微米或更小。微电子和微机械技术的结合将仪器带入了一个全新的领域，小型化仪器，也可以完成信号的采集和处理。

多样化，目前为止，在世界范围内，从事 MEMS 的研制和生产工作的企业数量已经超过数千家，其中不乏一些世界 500 强企业。所研制出来的产品涉及从工程应用到商业应用中的各行各业，如微型压力传感器、创新产品，如加速度计，微型喷墨打印头和数字显微镜显示器。不光是产品类型的多样化，仪器仪表的功能也呈现多样化的趋势，以多功能的函数发生器为例，脉冲发生器，频率合成器和任意波形发生器等功能集成在一台仪器中，使应用更加方便。在测试功能上也提供了更好的方案。

使用 MEMS 技术的集成化特性可以集成具有不同功能敏感方向或致动方向的多个传感器或制动器。形成微传感器阵列或微制动器阵列甚至微系统。

02、数模转换技术

为了满足数字系统的发展要求，A/D 转换器的性能也必须不断提高。转化速度的加快与转换精度的提高已经成为数模转化技术所着重发展的方向。

高转换速度对于当今日益现代化的数字系统的数据处理速度是必不可少的，并且它们还需要不断提高的数据采集速度。在使用仪器仪表进行测量的过程中，往往被测量的物理量的变化过程是极短的，为了能及时地反映出被测量的变化情况，A/D 转换器必须具有超高速转换速度。随着工业的发展，工艺的进步，现代数字处理系统对分辨率的要求在不断提高，如先进仪表的最小可测量值不断减小，测量的变化在高精度测量中也较小。因此，A/D 转换器的分辨率也必须增加。

03、嵌入式系统

如今，软件技术的发展总是能给仪表工业同样带来发展，引入更多的新功能。现代仪器设备通常以某种方式由若干功能模块组成。通过嵌入式软件作用，来协调这些模块的设计，在它们之间建立各种连接，并分配各种功能以有效地解决用户问题。这种设计方法可以充分利用现有的硬件和软件资源，节省功能开发的成本，进一步简化仪器设备。例如，仪器开发的主要方向之一是小型化。嵌入式系统可以在小芯片上集成所需的功能，这可以减小产品的尺寸并增加集成度，同时降低功耗。这不仅满足了用户对仪表产品的小型化要求，而且为其提供了便捷的移动功能，增强了产品与网络之间的连接功能。

毕竟，嵌入式软件为仪器开发提供了一种新的思维和设计方式。它可以帮助开发人员在有限的设计空间内优化系统性能，并关闭硬件和软件之间的连接。它避免了由硬件和软件架构的独立设计引起的缺点。我相信，在未来，仪器的智能化发展必然会带来嵌入式软件的帮助。

04、网络通信技术

网络技术与通信技术随着科技的不断发展，在工业领域中也有着举足轻重的作用，各个领域、各个环节的发展都离不开网络化，仪器的发展自然与网络技术的推广密不可分。过去的仪器仪表都是通过线缆来进行连接，这种方式对仪器的布置位置、线缆的设置等方面都有很高的要求，还会提高仪器的使用成本与维护难度。如今，受到广泛关注的网络通信技术已经彻底解决了这些问题。表现在两个方面：智能仪表必须上线才能完成数据传输，远程控制和故障诊断；构建网络化测试系统，将各种不同的测试设备连接到网络，实现资源，信息共享，通过网络协调工作，共同完成大型复杂系统的测试任务。智能化实现仪器后，通过进一步实现网络，现场测控资料可实现网络归档，监控和控制，具有科学，高效的信息处理功能。因此，网络也是现代仪器技术的组成部分之一。

2、智能仪器仪表技术的现状

据最新统计，中国自动化仪器仪表行业规模化生产，各类自动化仪表出口量逐年增加，远销海外。然而，生产大国却并不是创新大国，对比世界的仪器仪表工业水平，不论是科研投入、创新能力，在制造技术和材料技术方面，与目前的国际一流标准仍有很大差距。以仪器仪表中的新技术在线分析仪器为例，在线分析仪器的出现已经存在了几十年。然而在中国却是近年来才提出这一概念，多年以来，中国的仪器仪表企业少则上千家，并且还在逐年增加，但是，在这数千家企业之中，真正从事在线分析仪表技术研发、生产制造的企业只有十几家而已，更多的是依赖国外产品的进口来填补空缺。随着国家工业水平的进步、国力的提升、社会需求的发展，在线分析技术已经涉及日常生活的方方面面，比如水质、空气质量等方面，也牵涉到工业生产中一些非常重大的事项。在过去，国家对空气质量没有过多的限制，但现在如 $PM_{2.5}$、各种气体含量，都有严格要求。通过采集样本，再送到实验室进行检测，无法获得实时准确的结果，这时候就需要使用在线分析仪器来进行检测。

20 世纪 80 年代后期的技术引进为中国的在线分析仪器行业带来了新的活力。1985 年，四川分析仪器厂"成套科"成立，专业从事在线分析工程应用。1992 年，中国第一个在线分析工程部门在四川成立，当时的部长们开始了在线分析工程的新专业。定义了在线分析系统，公司开发的 PS1000 系列成为中国最早的在线分析工程技术研究成果。2007 年，第二届在线分析仪器应用与发展国际论坛在北京召开。在线分析工程技术从此到了发展的关键时候，并在以后走上了正轨。

仪器仪表技术的发展，不应当舍本逐末。目前，我国的仪器仪表产业还有很大的缺陷，各项性能指标还有很大的提升空间，应当向国外的一流企业看齐，并作为目标，在今后的发展中，使生产大国朝向创新大国稳步迈进。

3、智能仪器仪表技术的发展展望

01、仪器仪表进一步智能化

随着科学技术的发展，智能仪器驱动软件的出现优化了虚拟仪器的性能和结构。通过智能化的形式，可以实现代码的自动生成，节省更多的人力物力，减少人员的工作量。此外，还连接了通信驱动程序结构，使用户应用程序和维护更加方便。在智能开发下，仪器的设置和运行状态可以动态跟踪，管理和配备，用户可以自主扩展设置。同时，在智能管理条件下，驱动器可以自动监控运行状态，及时解决问题并及时解决，确保仪器的稳定性和安全性，提高仪器的运行质量。

02、更快、更强、更节能

与传统的测控模式相比，未来的智能仪器仪表将会在现今对资源的需求较大、测控过程较为烦琐、人力成本消耗巨大的问题上进行改进，在对环境友好的前提下，提高测控过程完成的效率；在智能化的支撑下，使测控系统不仅仅只局限于对目标数据的测量控制，还可以将测控系统中可能存在的各种影响因素都进行监测，通过逻辑性的数据计算模式与自动化检测，形成更加高效，科学的测控系统；智能操作还可以减少人力需求，所需的人才从操作设备变为检测设备以收集数据。智能技术的应用消除了人为因素造成的误差。使得测控系统能够拥有更高的准确度与更强大的性能。

03、仪器仪表的全方位应用

现如今的电子技术的高度进步已经为仪器仪表的发展铺平了道路，仪器仪表所组成的测量控制网络，不仅提高了工业生产效率，而且实现了资源共享，这也是仪器仪表未来的发展方向之一。此外，利用目前中国现代工业化和计算机化的蓬勃发展来推动仪表工业的发展，提高创新水平，加强测量仪器和测量系统的开发，大力推动仪器产业向智能化，开放化，标准化发展。在此基础上，仪器仪表技术将会在未来得到更好的发展。

通过模拟人类神经网络可以实现信息的智能处理和传输，利用生物遗传规律可以模拟遗传计算。这种方法优化了测量和控制系统，以继续向智能化方向发展。在性能发展方面，测控技术和仪器的智能技术将朝着灵活，高精度，高效率的方向发展，向智能化网络架构发展。与未来新兴技术的合作，也是发展方向之一。

在测量和控制技术和仪器的适应下，借助计算机的自动辅助模式，集中访问信息，使其能够提取重组的重要元素，为了适应不同的操作模式，智能技术可以通过反馈数据信息等更全面地了解设备的信号反馈内容。设计更科学，高效的测控系统，进一步提升核心竞争力，提高我国测控技术水平，应依靠智能化发展条件，在注重智能与测控技术与仪器相结合的同时，不断培养创新人才，真正实现行业的跨越式发展。并为民族复兴大业做出积极贡献。

大神教你怎么处理电气软故障

在日常的电气维修过程中，经常遇见一些软故障，尤其是大系统设备，现场的限位，启动停止按钮、接触器、数据总线、PLC等混合设备，相互有连锁；这种故障很让人头痛，有时无从下手，你在那查的时候他始终不出现，没人在现场的时候，频繁出现，影响生产的正常运行。在维修人员不太熟悉的区域更是让人烦心不已。近段时间我们单位就遇见一起软故障，现在就把这起软故障的处理过程写出来，给其他一些遇见此类故障的朋友有些借鉴。

铁厂和烧结合并了，原铁厂的设备管理人员也要去烧结区处理电气故障，对于烧结区域的电气设备在我的大脑中几乎是一片空白，但出了问题还得去处理；一个叫成三的皮带出现频繁电机停止，有时又出现自动启机现象，直接影响到前后连锁的皮带的启停，也会出现一些人身的安全问题，皮带停了就会出现堆料，生产单位就要花很大的力气和人员去铲料，严重的是打乱了生产节奏，影响产量。已出现好多次，尤其是在半夜。

让自动化的人员去查看程序看是哪里动作了，但往往无果；后让其在程序中做监控画面，把所有会影响停机的环节和相关的信号全部做出来，有一天晚上从5点多到第二天早上7点出现了12次自动停机。打开电脑中的程序，看到有四次是现场的拉绳开关信号来了停机，其他均无显示，检修人员在配电柜和电脑上监控了两个小时。没出现任何问题，撤出监控，人没走半个小时就又出现了停机状况。让熟悉现场的电工告诉我这个系统的前后设备：这个配电室的六面配电柜，从左往右开始分别是两个总线柜、两个皮带控制柜，一个是现场来的拉绳开关和控制箱来的信号柜，一个是进线柜。每条皮带现场来的拉绳信号是通过一个 220V 继电器的一个辅助触点，控制后面的 24V 直流继电器，直流继电器的触点进到总线柜里的模块相应的位置。

现在可以肯定的是拉绳部分出了问题，但到底是哪个环节出了问题呢？

现场的拉绳有可能被断开，220V 和 24V 继电器都有可能虚接，包括线和端子排都有可能，但这些他们前期已经排查和紧固过好多遍了。我现在就是要想办法把故障的范围缩小。看到底是哪个环节出了状况，让电工找来 220V 带灯继电器一个、24V 带灯继电器和底座；把 220V 带灯继电器插到现场来拉绳信号继电器（原继电器无灯）的位子，24V 继电器的常开触点串在其线圈上，做成一个监控，监控接在总线模块相应的端子上，用一短线短接一下常开点，继电器就得电自保，同时灯是亮的便于观察；这样做的目的是分清楚到底是哪个环节出现过了状态：如果是PLC 内出现拉绳问题，这外面的两个带灯继电器都不会熄灭（其实这种情况在 PLC 中不可能出现，除非程序有问题了，但程序有问题整个系统都不可能工作的，所以是不太可能拉绳信号是来自 PLC 或是总线模块）。

自从接了这个监控后，大概有一个礼拜都没出现停机的情况，当时还怀疑是不是这倒模块去的端子和线没接好，时有时无。我也以为故障被排除了，就在昨天下午 4 点多的时候生产单位报成三皮带又停机了，那看样子问题没解决呀，一看那监控的 24V 继电器的灯灭了。由于要下班了，不想晚上摸黑查找故障，更主要是生产地不给时间处理，决定第二天一早再来处理.晚上没事的时候仔细地回想了一下近一个多月出现的这个故障，让电工和自动化人员真是很被动和难堪。这次一定要把它给处理掉，不然一点名声都毁在这套不能再简单的设备上了。

一早到现场把相关的继电器接线，连线和端子都仔细地紧固了一遍，还是没反应，后想了一下，把每根线都往外拽，当拽到24V电源线时，发现那线竟然是虚插在端子上，稍动一下，成三皮带停了。我反复把这根线插到端子排里紧固，一拉又出来了，发现螺丝拧到底，但线依然没加紧，后来干脆把它给换掉，再拉就没反应，看样子是接牢固了。后顺着往下拉又有一根线是虚接的。到这为止，这个软故障才是真正地给处理好了，一个多月呀。这根24V线正好是到24V继电器去的电源线。

以前电工就反映过这块的设备偶然无故停机过，一直查不出原因。回想整个过程，说起来很简单，但处理起来却是费工费时还没效果。以前用继电器监控问题设备的方法，处理过至少三起的非常难处理的软故障，都非常有效。在这啰唆了一大堆，就是想详细地介绍给需要这方面经验的朋友们，给其一点点借鉴。

关于高海拔地区对电气设备的影响探究

随着我国经济的飞速发展，我国东西部发展不均衡的现象越来越突出，所以我国近年来推行了相关政策推动中西部地区的经济发展，许多基础设施建设在中西部地区相继开展。在目前中西部地区的电网的建设过程中，由于我国中西部地区多属于高海拔地区，尤其是对于海拔超过2000m的地区，其特殊的气象特征对电网中电气设备的运行有着特殊的影响，所以对于高海拔地区所使用的电气设备的功能和性能有着特殊的要求，需要针对高海拔地区的特殊的气象特点对其进行设计和制作，确保其在高海拔地区的安全、稳定运行。

1、高海拔地区气象特点

通常所说的高海拔地区是指海拔超过1000m的地区，此地区的气象特征表现出与海拔较低地区明显的不同，具体可以总结为以下几点：一是由于空气中的气压水平与海拔高度呈反比例关系，即海拔越高，气压则越低，所以在高海拔地区，气压水平较普通地区低；二是空气密度也会受到海拔高度的影响，且随着海拔高度的增加而降低，即高海拔地区的空气密度相对较为稀薄；三是气温也会受到海拔高度的影响，并随着海拔高度的升高而降低，所以高海拔地区的气温通常较低。综上所述，高海拔地区的气象特征主要表现为相对气压、相对空气密度、相对湿度、最高气温以及平均气温较低，而且由于空气密度较低，所以高海拔地区的太阳日照辐射的穿透能力较强，所以通常此地区在白天会吸收较多的热量而具有较高的温度，但是晚上地面降温的速度较快，所以导致昼夜温差较大。根据海拔最高气温以及平均气温的数值关系可知，海拔高度每升高 1km，最高温度和平均温度降低 5℃，这是对电气设备运行有利的一面，可以便于电气设备的散热。

2、高海拔地区对各电气设备的影响

01、对低压电器的影响

对于高海拔地区所用的低压电器来说，根据实际经验和试验数据可知，低压电器内部的元器件温度会随着海拔的升高而升高，而且海拔高度每升高 100m，低压电气内部温度就会升高约 0.1 ~ 0.5℃。如果是在室内运行的低压电器，虽然根据上述研究可知，海拔高度每升高 1km，气温会降低 5℃，利于电气设备的散热，但是对于室内温度来说其变化较小，所以气温降低对元器件升温的补偿作用不太明显，这就使得室内使用的低压电器符合所规定的安全标准。但是对于室外运行的低压电器来说，由于室外温度会发生较大到变化，所以会对元器件的温度有着显著的补偿作用，所以需要在使用低压电器之前对室外温度的变化影响进行充分考虑。此外，由于气温随着海拔高度的升高而降低，虽然有利于电器的散热，但是会导致低压电器材料的硬化问题，且低压电器设备中的油类的黏稠度也会随之增加，甚至在温度低于一定温度时会发生油类凝固的现象，这就会对低压电器的正常运行造成严重的影响。不仅如此，由于高海拔地区的昼夜温差较大，当气温突然变化时会导致低压电器设备出现外形裂缝等问题，所以在高海拔地区进行低压电器设备的选择时，应选择适合于高海拔地区气象特征的设备类型，而且在使用的过程中应对其运行环境的温度进行控制，尽量控制其运行环境温度的恒定。

02、对变压器的影响

根据散热的原理可知，主要有热传导、热对流和热辐射三种方式实现温度交换并达到温度降低的目的，而电气设备中变压器的主要散热方式是通过热对流和热辐射两种方式进行的，而且由于物体单位面积散发出的热量与周围环境中空气的密度有着直接的关系，即通过空气热对流的方式进行散热的效率会随着空气密度的降低而降低，所以对于高海拔地区来说，由上文分析可知，其空气密度相对较低，且随着海拔的升高而不断降低，所以会对变压器的散热产生一定的影响，需要在对高海拔地区应用的变压器进行设计时对空气密度进行综合考虑和分析。通过相关的试验和实际应用可知，对于油浸变压器来说，海拔每升高500m，油浸风冷的散热效率会降低3%，油浸自冷的散热效率会降低2%，而对于干式变压器来说，海拔每升高500m，干式风冷的散热效率会降低5%，而干式自冷的散热效率会降低2.5%。所以在实际的电气设备安装工程中，应根据电气设备的运行地区的海拔高度来对其温升限值进行校正。而且在进行设计和计算过程中，还应考虑海拔升高对温度的影响，由于海拔每升高1000m，环境温度会降低5℃，所以会对散热有一定的补偿作用。

03、对电缆及其敷设的影响

由于电缆的运行环境温度会对其载流量产生一定的影响，具体表现为电气设备在正常的运行过程中，其所用电缆的载流量会随着环境温度的升高而降低，这样就会导致电缆的发热量增多，会加速电缆绝缘层的老化。此外，正如前文分析，高海拔地区随着海拔的升高，气压会随之降低，而且空气密度也会越来越稀薄，这样会降低散热效率，更加促进了电缆温度的升高，所以需要在对电缆敷设过程中充分考虑其散热条件，选择恰当的敷设方式。

3、高海拔对电气设备的特殊要求

01、增加电气设备的间隙和爬电距离

正如前文所述的散热原理，空气之间的空隙穿透性会随着空气密度的降低而降低，而高海拔地区的空气密度较低，所以需要此地区所使用的电气设备具有较大的空隙率来保证其穿透性，从而确保其散热性能。此外，由于电气设备的绝缘节会的湿闪电压会随着爬电距离的增加而增加，而由于高海拔地区随着海拔高度的增加，电气设备绝缘节会的湿闪电压会降低，所以需要适当增加电气设备的爬电距离，来保证其绝缘性能满足高海拔地区的运行要求。

02、对红外测温装置进行温度修正

温度是代表电气设备运行正常与否的重要指标之一，所以在其运行过程中应对其运行温度进行准确监测。传统电力设备的主要测温方式为测温蜡片、数字温度计等多种方式，但是由于这些方式具有较大的测量误差，所以逐渐被外红测温方式被取代。但是此种方式容易受到外界环境中多种因素的影响，由于红外测温的原理是对物体的辐射能量进行表征，而后者与物体表面的氧化情况、涂层材料和表面粗糙度等因素有关，所以在采用红外测温方式时，可以通过对发射率的调整来对检测结果进行修正，主要采用仪器直接测定法、涂料法以及接触测温法对其数据进行修正。

在我国中西部地区经济快速发展的同时，电网建设也在同步进行，但是由于高海拔地区具有与普通地区不同的特殊气象特征，比如随海拔

升高而温度降低、昼夜温差大、相对气压、相对密度和湿度都会降低，对低压电器、高压开关设备、变压器、电缆的绝缘性能和敷设都会产生影响，而且会对电气设备的间隙和爬电距离以及红外测温装置的修正等具有特殊的要求，所以对于高海拔地区所用的电气设备应根据其具体的气象特征来确定，确保其安全可靠运行。

$\cdots$ [机电一体化篇] $\cdots$

什么是机电一体化技术

机电一体化技术是以大规模集成电路和微电子技术高度发展并向传统机械工业领域迅速渗透，机械、电子技术高度结合的现代工业为基础，将机械技术、电力电子技术、微电子技术、信息技术、传感测试技术、接口技术等有机地结合并综合应用的技术。

机电一体化技术的理论基础

系统论、信息论、控制论无疑是机电一体化技术的理论基础，是机电一体化技术的方法论。

开展机电一体化技术研究时，无论在工程的构思、规划、设计方面，还是在它的实施或实现方面，都不能只着眼于机械或电子，不能只看到传感器或计算机，而是要用系统的观点，合理解决信息流与控制机制问题，有效地综合各有关技术，才能形成所需要的系统或产品。

给定机电一体化系统目的与规格后，机电一体化技术人员利用机电一体化技术进行设计、制造的整个过程称为机电一体化工程。实施机电一体化工程的结果，是新型的机电一体化产品。

系统工程是系统科学的一个工作领域，而系统科学本身是一门关于

"针对目的要求而进行合理的方法学处理"的边缘学科。系统工程的概念不仅包括"系统"，即具有特定功能的、相互之间具有有机联系的众多要素所构成的一个整体，也包括"工程"，即产生一定效能的方法。机电一体化技术是系统工程科学在机械电子工程中的具体应用。具体地讲，就是以机械电子系统或产品为对象，以数学方法和计算机等为工具，对系统的构成要素、组织结构、信息交换和反馈控制等功能进行分析、设计、制造和服务，从而达到最优设计、最优控制和最优管理的目标，以便充分发挥人力、物力和财力，通过各种组织管理技术，使局部与整体之间协调配合，实现系统的综合最优化。

机电一体化系统是一个包括物质流、能量流和信息流的系统，而有效地利用各种信号所携带的丰富信息资源，则有赖于信号处理和信号识别技术。考察所有机电一体化产品，就会看到准确的信息获取、处理、利用在系统中所起的实质性作用。

将工程控制论应用于机械工程技术而派生的机械控制工程，为机械技术引入了崭新的理论、思想和语言，把机械设计技术由原来静态的、孤立的传统设计思想引向动态的、系统的设计环境，使科学的辩证法在机械技术中得以体现，为机械设计技术提供了丰富的现代设计方法。

机电一体化技术的分类

随着科学技术的发展，机电一体化产品的概念不再局限在某一具体产品的范围，已扩大到控制系统和被控制系统相结合的产品制造和过程控制的大系统。目前，世界上普遍认为机电一体化有两大分支，即生产过程的机电一体化和机电产品的机电一体化。

生产过程的机电一体化意味着整个工业体系的机电一体化，如机械制造过程的机电一体化、冶金生产的机电一体化、化工生产的机电一体化、纺织工业的机电一体化等。生产过程的机电一体化根据生产过程的特点

（如生产设备和生产工艺是否连续）又可划分为离散制造过程的机电一体化和连续生产过程的机电一体化。前者以机械制造业为代表，后者以化工生产流程为代表。生产过程的机电一体化包含产品设计、加工、装配、检验的自动化，生产过程自动化，经营管理自动化等，其中包含多个自动化生产线，其高级形式是（Computer Integrated Manufacturing System，CIMS），其具体包括（Computer Aided Design，CAD）、（Computer Aided Manufacturing，CAM）、（Computer Aided Process Planning，CAPP）、CAD/CAM 集成系统、（Flexible Manufacturing System，FMS）及计算机集成制造系统。

机电产品的机电一体化是机电一体化的核心，是生产过程机电一体化的物质基础。典型的机电一体化产品体现了机电的深度有机结合。近年来新开发的机电一体化产品大多都采用了全新的工作原理，集中了各种高新技术，并把多种功能集成在一起，在市场上具有极强的竞争能力。由于在机电一体化产品中往往要引入仪器仪表技术，所以也有人称为机、电、仪一体化产品。由于液压传动具有功率大、结构紧凑、能大范围无级调速、快速性好、便于自动控制等优点，并且获得了广泛的应用，因此又有机、电、液一体化产品之说。由于用光传递信息无污染，抗干扰能力强，在很多新型机电产品中特别是仪器仪表中的应用越来越广泛，这类产品又称为机、电、光一体化产品。

机电一体化的关键技术

发展机电一体化技术所面临的共性关键技术包括精密机械技术、传感检测技术、伺服驱动技术、计算机与信息处理技术、自动控制技术、接口技术和系统总体技术等。现代的机电一体化产品甚至还包含了光、声、化学、生物等技术的应用。

1、机械技术

机械技术是机电一体化的基础。随着高新技术引入机械行业，机械技术面临着挑战和变革。在机电一体化产品中，它不再是单一地完成系统间的连接，而是要优化设计系统结构、质量、体积、刚性和寿命等参数对机电一体化系统的综合影响。机械技术的着眼点在于如何与机电一体化的技术相适应，利用其他高、新技术来更新概念，实现结构上、材料上、性能上以及功能上的变更，满足减少质量、缩小体积、提高精度、提高刚度、改善性能和增加功能的要求。尤其那些关键零部件，如导轨、滚珠丝杠、轴承、传动部件等的材料、精度对机电一体化产品的性能、控制精度影响很大。

在制造过程的机电一体化系统，经典的机械理论与工艺应借助于计算机辅助技术，同时采用人工智能与专家系统等，形成新一代的机械制造技术。这里原有的机械技术以知识和技能的形式存在。如计算机辅助工艺规程编制（CAPP）是目前 CAD/CAM 系统研究的瓶颈，其关键问题在于如何将各行业、企业、技术人员中的标准、习惯和经验进行表达和陈述，从而实现计算机的自动工艺设计与管理。

2、传感与检测技术

传感与检测装置是系统的感受器官，它与信息系统的输入端相连并将检测到的信息输送到信息处理部分。传感与检测是实现自动控制、自动调节的关键环节，它的功能越强，系统的自动化程度就越高。传感与检测的关键元件是传感器。

机电一体化系统或产品的柔性化、功能化和智能化都与传感器的品种多少、性能好坏密切相关。传感器的发展正进入集成化、智能化阶段。传感器技术本身是一门多学科、知识密集的应用技术。传感原理、传感材料及加工制造装配技术是传感器开发的三个重要方面。

传感器是将被测量（包括各种物理量、化学量和生物量等）变换成系统可识别的、与被测量有确定对应关系的有用电信号的一种装置。现代工程技术要求传感器能快速、精确地获取信息，并能经受各种严酷环境的考验。与计算机技术相比，传感器的发展显得缓慢，难以满足技术发展的要求。不少机电一体化装置不能达到满意的效果或无法实现设计的关键原因在于没有合适的传感器。因此大力开展传感器的研究，对于机电一体化技术的发展具有十分重要的意义。

3、伺服驱动技术

伺服系统是实现电信号到机械动作的转换装置或部件，对系统的动态性能、控制质量和功能具有决定性的影响。伺服驱动技术主要是指机电一体化产品中的执行元件和驱动装置设计中的技术问题，它涉及设备执行操作的技术，对所加工产品的质量具有直接的影响。机电一体化产品中的伺服驱动执行元件包括电动、气动、液压等各种类型，其中电动式执行元件居多。驱动装置主要是各种电动机的驱动电源电路，目前多由电力电子器件及集成化的功能电路构成。在机电一体化系统中，通常微型计算机通过接口电路与驱动装置相连接，控制执行元件的运动，执行元件通过机械接口与机械传动和执行机构相连，带动工作机械作回转、直线以及其他各种复杂的运动。常见的伺服驱动有电液马达、脉冲油缸、步进电机、直流伺服电机和交流伺服电机等。由于变频技术的发展，交流伺服驱动技术取得突破性进展，为机电一体化系统提供了高质量的伺服驱动单元，极大地促进了机电一体化技术的发展。

4、信息处理技术

信息处理技术包括信息的交换、存取、运算、判断和决策，实现信息处理的工具大都采用计算机，因此计算机技术与信息处理技术是密切相关的。计算机技术包括计算机的软件技术和硬件技术、网络与通信技术、数据技术等。机电一体化系统中主要采用工业控制计算机（包括单片机、可编程序控制器等）进行信息处理。人工智能技术、专家系统技术、神经网络技术等都属于计算机信息处理技术。

在机电一体化系统中，计算机信息处理部分指挥整个系统的运行。信息处理是否正确、及时，直接影响到系统工作的质量和效率。因此，计算机应用及信息处理技术已成为促进机电一体化技术发展和变革的最活跃的因素。

5、自动控制技术

自动控制技术范围很广，机电一体化的系统设计是在基本控制理论指导下，对具体控制装置或控制系统进行设计；对设计后的系统进行仿真，现场调试；最后使研制的系统可靠地投入运行。由于控制对象种类繁多，所以控制技术的内容极其丰富，如高精度定位控制、速度控制、自适应控制、自诊断、校正、补偿、再现、检索等。

随着微型机的广泛应用，自动控制技术越来越多地与计算机控制技术联系在一起，成为机电一体化中十分重要的关键技术。

6、接口技术

机电一体化系统是机械、电子、信息等性能各异的技术融为一体的综合系统，其构成要素和子系统之间的接口极其重要，主要有电气接口、机械接口、人机接口等。电气接口实现系统间信号联系；机械接口则完成机械与机械部件、机械与电气装置的连接；人机接口提供人与系统间的交互界面。接口技术是机电一体化系统设计的关键环节。

7、系统总体技术

系统总体技术是一种从整体目标出发，用系统的观点和全局角度，将总体分解成相互有机联系的若干单元，找出能完成各个功能的技术方案，再把功能和技术方案组成方案组进行分析、评价和优选的综合应用技术。系统总体技术解决的是系统的性能优化问题和组成要素之间的有机联系问题,即使各个组成要素的性能和可靠性很好,如果整个系统不能很好协调,系统也很难保证正常运行。

在机电一体化产品中,机械、电气和电子是性能、规律截然不同的物理模型,因而存在匹配上的困难;电气、电子又有强电与弱电及模拟与数字之分,必然遇到相互干扰和耦合的问题;系统的复杂性带来的可靠性问题;产品的小型化增加的状态监测与维修困难;多功能化造成诊断技术的多样性等。因此就要考虑产品整个寿命周期的总体综合技术。

为了开发出具有较强竞争力的机电一体化产品,系统总体设计除考虑优化设计外,还包括可靠性设计、标准化设计、系列化设计以及造型设计等。

机电一体化技术有着自身的显著特点和技术范畴,为了正确理解和恰当运用机电一体化技术,我们还必须认识机电一体化技术与其他技术之间的区别。

(1)机电一体化技术与传统机电技术的区别。传统机电技术的操作控制主要以电磁学原理为基础的各种电器来实现,如继电器、接触器等,在设计中不考虑或很少考虑彼此间的内在联系。机械本体和电气驱动界限分明,整个装置是刚性的,不涉及软件和计算机控制。机电一体化技术以计算机为控制中心,在设计过程中强调机械部件和电器部件间的相互作用和影响,整个装置在计算机控制下具有一定的智能性。

(2)机电一体化技术与并行技术的区别。机电一体化技术将机械技术、微电子技术、计算机技术、控制技术和检测技术在设计和制造阶段就有机结合在一起,十分注意机械和其他部件之间的相互作用。并行技术是将上述各种技术尽量在各自范围内齐头并进,只在不同技术内部进行设计制造,最后通过简单叠加完成整体装置。

(3)机电一体化技术与自动控制技术的区别。自动控制技术的侧重点是讨论控制原理、控制规律、分析方法和自动系统的构造等。机电一体化技术是将自动控制原理及方法作为重要支撑技术,将自控部件作为重要控制部件。它应用自控原理和方法，对机电一体化装置进行系统分析和性能测算。

（4）机电一体化技术与计算机应用技术的区别。机电一体化技术只是将计算机作为核心部件应用，目的是提高和改善系统性能。计算机在机电一体化系统中的应用仅仅是计算机应用技术中一部分，它还可以作为办公、管理及图像处理等广泛应用。机电一体化技术研究的是机电一体化系统，而不是计算机应用本身。

机电一体化技术的主要特征

1、整体结构最优化

在传统的机械产品中，为了增加一种功能，或实现某一种控制规律，往往用增加机械机构的办法来实现。例如，为了达到变速的目的，出现了由一系列齿轮组成的变速箱；为了控制机床的走刀轨迹，出现了各种形状的靠模；为了控制柴油发动机的喷油规律，出现了凸轮机构等。随着电子技术的发展，人们逐渐发现，过去笨重的齿轮变速箱可以用轻便的变频调速电子装置来代替；准确的运动规律可以通过计算机的软件来调节。由此看来，可以从机械、电子、硬件、软件等四个方面来实现同一种功能。

这里所指的"最优"不一定是尖端技术，而是指满足用户的要求。它可以是以高效、节能、节材、安全、可靠、精确、灵活、价廉等许多指标中用户最关心的一个或几个指标为主进行衡量的结果。机电一体化技术的实质是从系统的观点出发，应用机械技术和电子技术进行有机的组合、渗透和综合，以实现系统的最优化。

2、系统控制智能化

系统控制智能化是机电一体化技术与传统的工业自动化最主要的区别之一。电子技术的引入显著地改变了传统机械那种单纯靠操作人员按照规定的工艺顺序或节拍、频繁、紧张、单调、重复的工作状况。可依靠电子控制系统，按照预定的程序一步一步地协调各相关机构的动作及功能关系。目前，大多数机电一体化系统都具有自动控制、自动检测、自动信息处理、自动修正、自动诊断、自动记录、自动显示等功能。在正常情况下，整个系统按照人的意图（通过给定指令）进行自动控制，一旦出现故障，就自动采取应急措施，实现自动保护。在某些情况下，单靠个人的操纵是难以应对的，特别是在危险、有害、高速、精确的使用条件下，应用机电一体化技术不但是有利的，而且是必要的。

3、操作性能柔性化

计算机软件技术的引入，能使机电一体化系统的各个传动机构的动作通过预先给定的程序，一步一步地由电子系统来协调。在生产对象变更需要改变传动机构的动作规律时，无须改变其硬件机构，只要调整由一系列指令组成的软件，就可以达到预期的目的。这种软件可以由软件工程人员根据控制要求事先编好，使用磁盘或数据通信方式，装入机电一体化系统里的存储器中，进而对系统机构动作实施控制和协调。

机电一体化技术的发展

1、机电一体化技术发展的三个阶段

机电一体化技术的发展大体上可分为三个阶段。20 世纪 60 年代以前为第一阶段，这一阶段称为初期阶段。特别是在二次世界大战期间，战争刺激了机械产品与电子技术的结合，这些机电结合的军用技术，战后转为民用，对战后经济的恢复起到了积极的作用。20世纪七八十年代为第二阶段，可称为蓬勃发展阶段。这一时期计算机技术、控制技术、通信技术的发展，为机电一体化技术的发展奠定了技术基础。20世纪90年代后期，开始了机电一体化技术向智能化方向迈进的新阶段。由于人工智能技术、神经网络技术及光纤通信技术等领域取得的巨大进步，为机电一体化技术开辟了发展的广阔天地。

2、机电一体化向光机电一体化发展

随着科学技术的迅猛发展，特别是光电子技术的蓬勃发展，使机电一体化逐渐向光机电一体化方向发展。

光电子技术是在20世纪60年代激光技术问世之后，将传统光学技术与现代激光技术、光电转换技术、微电子技术、信息处理技术、计算机技术紧密结合在一起的一门高新技术，是获取光信息或者借助光来提取其他信息的重要手段。众所周知，21世纪是信息爆炸的世纪，随着高容量和高速度的信息发展，电子学和微电子学遇到其局限性。由于光子的速度比电子速度快得多，光的频率比无线电的频率高得多，使光子比电子具有更高的性能：超大容量（如一根比头发丝还细的光纤用一束激光，理论上可同时传递近100亿路电话和1000万路电视节目，一张光盘可以存储6亿多个汉字）、超高速度、高保密性（激光在光纤中传播几乎不漏光，无信息扩散）、抗干扰性强、更高精度、更高分辨率、信息的可视性、应用领域广等，为提高传输速度和载波密度，信息的载体由电子过渡到光子是发展的必然趋势，它会使信息技术的发展产生突破。目前，信息的探测、传输、存储、显示、运算和处理已由光子和电子共同参与来完成。此外，由于激光具有高相干性、高单色性、高方向性和高亮度的特点，能够在万亿分之一秒积聚数百万亿千瓦的功率，温度高达数千万摄氏度。这使它成为一种非常有效的加工方法而被广泛应用于手术、切割、焊接、清洗、打孔、刻槽、标记、三维雕刻、光化学沉积、快速成型、金属塑性成形等。

由于光电子技术的蓬勃发展和无与伦比的优点，以及光电子技术向机电一体化技术的不断融合，使机电一体化的内涵和外延得到不断的丰富和拓展。国内外许多专家学者已将机电一体化更名为光机电一体化，并且将光机电一体化技术誉为 21 世纪最具魅力的朝阳产业。

3、机电一体化技术的发展方向

机电一体化是集机械、电子、光学、控制、计算机、信息等多学科的交叉融合，它的发展和进步有赖于相关技术的发展和进步，其主要发展方向有数字化、智能化、模块化、网络化、微型化、集成化、人格化和绿色化。

01、数字化

微处理器和微控制器的发展奠定了单机数字化的基础，如不断发展的数控机床和机器人；而计算机网络的迅速崛起，为数字化制造铺平了道路，如计算机集成制造。数字化要求机电一体化产品的软件具有高可靠性、可维护性以及自诊断能力，其人机界面对用户更加友好，更易于使用，并且用户能根据需要参与改进。数字化的实现将便于远程操作、诊断和修复。

02、智能化

智能化是 21 世纪机电一体化技术发展的主要方向。赋予机电一体化产品一定的智能，使它模拟人类智能，具有人的判断推理、逻辑思维、自主决策等能力，以求得到更高的控制目标。随着人工智能技术、神经网络技术及光纤通信技术等领域取得的巨大进步，大量智能化的机电一体化产品不断涌现。现在，"模糊控制"技术已经相当普遍，甚至还出现了"混沌控制"的产品。

03、模块化

由于机电一体化产品种类和生产厂家繁多，研制和开发具有标准机械接口、动力接口、环境接口的机电一体化产品单元是一项十分复杂和有前途的事情。利用标准单元迅速开发出新的产品，缩短开发周期，扩大生产规模，将给企业带来巨大的经济效益和美好的发展前景。

机电一体化水平的提高，使纺织机械的分部传动得以实现，这也使模块化设计成为可能。不仅机械部分，就是电气控制部分也采用模块化的设计思想，各功能单元都采用插槽式的结构，不同功能模块的组合，就能满足千变万化的用户需求。模块化的产品设计，是今后技术发展的必然趋势。

04、网络化

20世纪90年代，计算机技术的突出成就之一就是网络技术。各种网络将全球经济、生产连成一片，企业间的竞争也全球化。由于网络的普及和进步，基于网络的各种远程控制和状态监视技术方兴未艾，而远程控制的终端设备就是机电一体化产品。随着网络技术的发展和广泛运用，一些制造企业正向着更高的管理信息系统层次企业资源规划 Enterprise Resource Planning，ERP迈进。

05、微型化

微型化是指机电一体化向微型化和微观领域发展的趋势。微型化是精密加工技术发展的必然，也是提高效率的需要。微机电一体化发展的瓶颈在于微机械技术，微机电一体化产品的加工采用精细加工技术，即超精密技术，它包括光刻技术和蚀刻技术两类。

06、集成化

集成化既包含各种技术的相互渗透、相互融合，又包含在生产过程中同时处理加工、装配、检测、管理等多种工序。为了实现多品种、小批量生产的自动化与高效率，应使系统具有更广泛的柔性。如特吕茨勒新型梳棉机就集成了一体化并条机 IDF，可节省机台、简化工序、增加柔性、提高效率。

07、人格化

机电一体化产品的最终使用对象是人，如何在机电一体化产品里赋予人的智能、情感和人性显得越来越重要，特别是以人为本的思想已深入人心的今天，机电一体化产品除了完善的性能外，还要求在色彩、造型等方面都与环境相协调，柔和一体，小巧玲珑，使用这些产品，对人来说还是一种艺术享受，如家用机器人的最高境界就是人机一体化。

08、绿色化

机电一体化产品的绿色化主要是指使用时不污染生态环境。21 世纪的主题词是"环境保护"，绿色化是时代的趋势。绿色产品在其设计、制造、使用和销毁的过程中，要符合特定的环境保护和人类健康的要求，对生态环境无害或危害极小，资源利用率最高。

机电一体化技术的应用

1、可编程控制器的一般原理及组成

可编程控制器的起源可以追溯到 20 世纪 60 年代。GM 公司为了适应汽车型号不断更新的需要，提出希望有这样一种控制设备：

（1）它的继电控制系统设计周期短，接线简单，成本低。

（2）它能把计算机的许多功能和继电控制系统结合起来，但编程又比计算机简单易学、操作方便。

（3）它 D 的系统通用性强。

1969 年美国 DEC 公司研制出第一台可编程控制器，用在 GM 公司生产线上获得成功。其后日本、德国等相继引入，可编程控制器迅速发展起来。但这一时期它主要用于顺序控制，虽然也采用了计算机的设计思想，但实际上只能进行逻辑运算，故称为可编程逻辑控制器，简称 PLC（Progra mmable Logic Controller）。

进入 20 世纪 80 年代，随着微电子技术和计算机技术的迅猛发展，才使得可编程控制器有突飞猛进的发展。其功能已远远超出逻辑控制、顺序控制的范围，故简称可编程控制器为 PC（Progra tamable Controller）。但由于 PC 容易和个人计算机（Personal Computer）混淆，故人们仍习惯地用 PLC 作为可编程控制器的缩写。

目前 PLC 功能日益增强，可进行模拟量控制、位置控制。特别是远程通信功能的实现，易于实现柔性加工和制造系统（FMS），使得 PLC 如虎添翼。无怪乎有人将 PLC 称为现代工业控制的三大支柱（即 PLC、机器人和 CAD/CAM）之一。

目前 PLC 已广泛应用于冶金、矿业、机械、轻工等领域，为工业自动化提供了有力的工具，加速了机电一体化的实现。

2、PLC 的基本结构及工作原理

01、PLC 的基本结构

PLC 生产厂家很多，产品结构也各不相同，但其基本组成部分大致相同。PLC 采用了典型的计算机结构，主要包括 CPU、RAM、ROM 和输入、输出接口电路等。其内部采用总线结构，进行数据和指令的传输。如果把 PLC 看作一个系统，该系统由输入变量 -PLC- 输出变量组成，外部的各种开信号、模拟信号、传感器检测的各种信号据均作为 PLC 的输入变量，它们经 PLC 外部输入到内部寄存器中，经 PLC 内部逻辑运算或其他各种运算、处理后送到输出端子，它们是 PLC 的输出变量。由这些输出变量对外围设备进行各种控制。这里可以将 PLC 看作一个中间处理器或变换器,以将输入变量变换为输出变量。

下面具体介绍各部分作用。

（1）CPU

CPU 是中央处理器（Cent r al Processing Unit）的英文缩写。它作为整个 PLC 的核心,起着总指挥的作用,它主要完成以下功能：①将输入信号送入 PLC 中存储起来。②按存放的先后顺序取出用户指令,进行编译。③完成用户指令规定的各种操作。④将结果送到输出端。⑤响应各种外围设备（如编程器、打印机等）的请求。

目前 PLC 中所用的 CPU 多为单片机,在高档机中现已采用 16 位甚至 32 位 CPU,功能极强。

（2）存储器

PLC 内部存储器有两类：一类是 RAM（即）,可以随时由 CPU 对它进行读出、写入；另一类是 ROM（即）,CPU 只能从中读取而不能写入。RAM 主要用来存放各种暂存的数据、中间结果及用户正在调试的程序,ROM 主要存放监控程序及用户已经调试好的程序,这些程序都事先烧在ROM 芯片中,开机后便可运行其中程序。

（3）输入、输出接口电路

它起着 PLC 和外围设备之间传递信息作用。为了保证 PLC 可靠工作,设计者在 PLC 的接口电路上采取了不少措施。这些接口电路有以下特点：①输入采用光电耦合电路,可大大减少电磁干扰。②输出也采用光电隔离并有三种方式,即继电器、晶体管和晶闸管。这使得 PLC 可以适合各种用户的不同要求。如低速、大功率负载一般采用继电器输出；高速大功率则采用晶闸管输出；高速小功率可以用晶体管输出等。而且有些输出电路做成模块式,可插拔,更换起来十分方便。除了上面介绍的几个主要部分外,PLC 上还配有和各种外围设备的接口,均采用插座引出到外壳上,可配接编程器、打印机、录音机以及 A/D、D/A、串行通信模块,可以十分方便地用电缆进行连接。

02、PLC 的工作原理

PLC 虽具有微机的许多特点，但它的工作方式却与微机有很大不同。微机一般采用等待命令的工作方式，如常见的键盘扫描方式或 I/O 扫描方式，有键按下或 I/O 动作，则转入相应的子程序，无键按下，则继续扫描。PLC 则采用循环扫描工作方式。在 PLC 中，用户程序按先后顺序存放。

PLC 从第一条指令开始执行程序，直至遇到结束符后又返回第一条。如此周而复始不断循环。每一个循环称为一个扫描周期。若输入变量在扫描刷新周期发生变化，则本次扫描周期中输出变量相对应的输入产生了响应。反之，若输入变量刷新之后，输入变量才发生变化，则本次周期的输出不变，即不响应，而要到下一次扫描期间输出才会产生响应。由于 PLC 采用循环扫描的工作方式，所以它的输出对于输入的响应速度要受到扫描周期的影响。扫描周期的长短主要取决于这几个因素：一是 CPU 执行指令的速度；二是每条指令占用的时间；三是指令条数的多少，即程序长短。

对于慢速控制系统，响应速度常常不是主要的，故这种工作方式不但没有坏处反而可以增强系统抗干扰能力。因为干扰常是脉冲式的、短时的，而由于系统响应较慢，常常要几个扫描周期才响应一次，而多次扫描后，瞬间干扰所引起的误动作将会大大减少，故增强了抗干扰能力。

但对于时间要求较严格、响应速度要求较快的系统，这一问题就必须慎重考虑。应对响应时间做出精确的计算，精心编排程序，合理安排指令的顺序，以尽量减少扫描周期造成的响应延时等不良影响。

总之，采用循环扫描的工作方式，是 PLC 区别于微机和其他控制设备的最大特点。

03、PLC 的特点

PLC 的特点可以大致归纳如下：

（1）抗干扰能力强和可靠性高。PLC 的设计者采取了各种措施来提高可靠性，主要有这样几个方面：①输入、输出均采用光电隔离，提高了抗干扰能力。②主机的输入电源和输出电源均可相互独立，减少了电源间干扰。③采用循环扫描工作方式。提高抗干扰能力。④内部采用"监视器"电路，以保证CPU可靠地工作。⑤采用密封防尘抗震的外壳封装及内部结构，可适应恶劣环境。

由于采取了这些措施，使得PLC有很强的抗干扰能力，实验证明一般可抗1kV、1μs的窄脉冲干扰。其（MTBF）一般可达5万~10万h。

（2）采用模块化组合式结构，使系统构成十分灵活，可根据需要任意组合，易于维修，易于实现分散式控制。

（3）编程语言简单易学，便于普及。PLC采用面向控制过程的编程语言，简单、直观，易学易记，没有微机基础的人也很容易学会，故适于在工矿企业中推广。

（4）可进行在线修改，柔性好。

04、PLC 的应用场合

PLC在国内外已广泛应用于钢铁、采矿、水泥、石油、化工、电力、机械制造、汽车装卸、造纸、纺织、环保及娱乐等各行各业。它的应用大致可分为以下几种类型：

（1）采用开关逻辑控制。这是PLC最基本的应用范围。可用PLC取代传统继电控制，如机床电气、电机控制中心等，也可取代顺序控制，如高炉上料、电梯控制、货物存取、运输、检测等。总之，PLC可用于单机、多机群以及生产线的自动化控制。

（2）用于机械加工的数字控制。PLC和计算机数控（NCN）装置组合成一体，可以实现数值控制，组成数控机床。

（3）用于机器人控制，可用一台PLC实现3~6轴的机器人控制。

（4）用于闭环过程控制。现代大型PLC都配有PID字程序或PID模块，可实现单回路、多回路的调节控制。

（5）用于组成多极控制系统，实现工厂自动化网络。

（6）目前在我国铁路客车的自动控制和行车安全检测等得到广泛应用，是我国铁路客车装备和技术的发展方向。

····[现场总线篇]····

工控常用的 9 种现场总线

1、什么是现场总线

现场总线（Fieldbus）是 20 世纪 80 年代末、90 年代初国际上发展形成的，用于现场总线技术过程自动化、制造自动化、楼宇自动化等领域的现场智能设备互连通信网络。它作为工厂数字通信网络的基础，沟通了生产过程现场及控制设备之间及其与更高控制管理层次之间的联系。它不仅是一个基层网络，而且还是一种开放式、新型全分布控制系统。这项以智能传感、控制、计算机、数字通信等技术为主要内容的综合技术，已经受到世界范围的关注，成为自动化技术发展的热点，并将导致自动化系统结构与设备的深刻变革。现场总线设备的工作环境处于过程设备的底层，作为工厂设备级基础通信网络，要求具有协议简单、容错能力强、安全性好、成本低的特点；具有一定的时间确定性和较高的实时性要求，还具有网络负载稳定，多数为短帧传送、信息交换频繁等特点。由于上述特点，现场总线系统从网络结构到通信技术，都具有不同上层高速数据通信网的特色。

2、主要的几种总线

目前国际上有 40 多种现场总线，但没有任何一种现场总线能覆盖所有的应用面，按其传输数据的大小可分为 3 类：传感器总线（Sensorbus），属于位传输；设备总线（Devicebus），属于字节传输；现场总线，属于数据流传输。下面让我一起去认识主要的几种总线。

01、FF 现场总线

FF 现场总线基金会是由 WORLDFIPNA（北美部分，不包括欧洲）和 ISPFoundation 于 1994 年 6 月联合成立的，它是一个国际性的组织，其目标是建立单一的、开放的、可互操作的现场总线国际标准。这个组织给予了 IEC 现场总线标准起草工作组以强大的支持。这个组织目前有 100 多个成员单位，包括了全世界主要的过程控制产品及系统的生产公司。1997 年 4 月这个组织在中国成立了中国仪协现场总线专业委员会（CFC）。致力于这项技术在中国的推广应用。FF 成立的时间比较晚，在推出自己的产品和把这项技术完整地应用到工程上相对于 PROFIBUS 和 WORLDFIP 要晚。但是正由于 FF 是 1992 年 9 月成立的，是以 Fisher Rosemount 公司为核心的 ISP（可互操作系统协议）与 WORLDFIPNA 两大组织合并而成的，因此这个组织具有相当实力：目前 FF 在 IEC 现场总线标准的制订过程中起着举足轻重的作用。

02、LonWorks

LonWorks 现场总线是美国埃施朗于 1992 年推出的局部操作网络，最初主要用于楼宇自动化，但很快发展到工业现场网。LonWorks 技术为设计和实现可互操作的控制网络提供了一套完整、开放、成品化的解决途径。LonWorks 技术的核心是神经元芯片（Neuron Chip）。该芯片内部装有 3 个微处理器：MAC 处理器完成介质访问控制；网络处理器完成 OSI 的 3～6 层网络协议；应用处理器完成用户现场控制应用。它们之间通过公用存储器传递数据。在控制单元中需要采集和控制功能，为此，神经元芯片特设置 11 个 I/O 口。这些 I/O 口可根据需求不同来灵活配置与外围设备的接口，如 RS232、并口、定时 / 计数、间隔处理、位 I/O 等。

LON 总线则综合了当今现场总线的多种功能，同时具备了局域网的一些特点，使得它被广泛地应用于航空 / 航天，农业控制、计算机 / 外围设备、诊断 / 监控、电子测量设备、测试设备、医疗卫生、军事 / 防卫、办公室设备系统、机器人、安全警卫、保密、运动 / 游艺、电话通信、运输设备等领域。其通用性表明，它不是针对某一个特殊领域的总线，而是具有可 将不同领域的控制系统综合成一个以 LONWORKS 为基础的更复杂系统的网络技术。

03、Profibus

Profibus 是作为德国国家标准 DIN19245 和欧洲标准 prEN50170 的现场总线。ISO/OSI 模型也是它的参考模型。由 Profibus-Dp、Profibus-FMS、Profibus-PA 组成了 Profibus 系列。DP 型用于分散外设间的高速传输，适合于加工自动化领域的应用。FMS 意为现场信息规范，适用于纺织、楼宇自动化、可编程控制器、低压开关等一般自动化，而 PA 型则是用于过程自动化的总线类型，它遵从 IEC1158-2 标准。该项技术是由西门子公司为主的十几家德国公司、研究所共同推出的。它采用了 OSI 模型的物理层、数据链路层，由这两部分形成了其标准第一部分的子集，DP 型隐去了 3 ~ 7 层，而增加了直接数据连接拟合作为用户接口，FMS 型只隐去第 3 ~ 6 层，采用了应用层，作为标准的第二部分。PA 型的标准目前还处于制定过程之中，其传输技术遵从 IEC1158-2（1）标准，可实现总线供电与本质安全防爆。

04、CAN 总线

控制器局域网（CAN）最早由 Bosch 公司于 1985 年研发，用于搭建车内网络。在此之前，汽车生产商使用点对点布线系统连接车内电子设备。但随着车内电子设备的增多，这种布线系统需要的连线也越来越多，使系统变得既笨重又昂贵。于是，生产商开始使用车内网络来替代点对点布线系统，以降低布线的成本、复杂度，以及系统重量。在此背景下，CAN 作为一种构建智能设备网络的高集成度串行总线系统应运而生，成为车内网络的标准。由此，CAN 在汽车业界迅速普及，于 1993 年成为国际标准（ISO 11898）。1994 年后，数个 CAN 的高层协议标准形成，如 CANopen 和 DeviceNet。这些新增协议也为其他市场广泛接受，现已成为工业通信标准的一部分。

CAN 最初是在汽车领域诞生的，因此最常见的应用就是车内电子网络。然而在过去的 20 多年，越来越多的行业认识了 CAN 的可靠性和优势，将 CAN 总线应用在许多其他场合。例如，有轨电车、地铁、轻轨及长途列车等都应用了 CAN 网络。在这些车辆中，均可发现多种 CAN 构建的网络，如连接车门单元、刹车控制器、客流计数单元等。在航空领域亦可发现 CAN 的应用，如飞行状态传感器、导航系统以及座舱中的计算机。此外，在航天应用中也能看到 CAN 总线的身影，如飞行数据分析和飞行器引擎控制系统（燃料系统、泵、线性执行器等）。

05、Devicenet

Devicenet 是 90 年代中期发展起来的一种基于 CAN（Controller Area Network）技术的开放型、符合全球工业标准的低成本、高性能的通信网络，最初由美国 Rockwell 公司开发应用。

Devicenet 的许多特性沿袭于 CAN，CAN 总线是一种设计良好的通信总线，它主要用于实时传输控制数据。DeviceNet 的主要特点是：短帧传输，每帧的最大数据为 8 个字节；无破坏性的逐位仲裁技术；网络最多可连接64 个节点；数据传输波特率为 125kb/s、250kb/s、500kb/s；点对点、多主或主 / 从通信方式；采用 CAN 的物理和数据链路层规约。

06、HART 总线

HART 即可寻址远程传感器高速通道协议。20 世纪 80 年代时，由于多数仪表用户希望能够获得一种兼容4～20mA模拟信号的数字通信标准，HART应运而生。1986年，艾默生旗下洛斯蒙德推出这一标准。

HART协议采用基于Bell202标准的FSK频移键控信号，在低频的4～20mA模拟信号上叠加幅度为0.5mA的音频数字信号进行双向数字通信，数据传输率为1.2kbps。由于FSK信号的平均值为0，不影响传送给控制系统模拟信号的大小，保证了与现有模拟系统的兼容性。在HART协议通信中主要的变量和控制信息由4～20mA传送，在需要的情况下，另外的测量、过程参数、设备组态、校准、诊断信息通过HART协议访问。

07、CClink

CC-Link即控制与通信链路系统,由三菱为主导的多家公司共同推出,是一种开放式现场总线，其数据容量大，通信速度多级可选择，而且它是一个复合的、开放的 、适应性强的网络系统，能够适应于较高的管理层网络到较低的传感器层网络的不同范围。

08、WorldFIP

WorldFIP是欧洲标准的组成部分 WorldFIP是欧洲标准 EN50170的三个组成部分之一（Volume3），是在法国标准 FIP-C46-601/C46-607的基础上采纳了 IEC物理层国际标准（I EC 1158-2）发展起来的，由三个通信层组成。WorldFIP的显著特点是为所有的工业和过程控制提供带有一个物理层的单一现场总线。底层控制系统、制造系统和驱动系统都可直接连到控制一级的 WorldFIP总线上，无需采用将 RS485和其他低速总线相混合的方式来接连底层设备以实现同样的功能。

09、Interbus

INTERBUS作为 IEC61158标准之一，广泛地应用于制造业和机器加工行业中，用于连接传感器／执行器的信号到计算机控制站，是一种开放的串行总线系统。INTERBUS总线于1984年推出，其主要技术开发者为德国的 Phoenix Contact 公司。INTERBUS Club 是 INTERBUS 设备生产厂家和用户的全球性组织，目前在 17 个国家和地区设立了独立的 Club 组织，共有 500 多个成员。

　　INTERBUS 总线包括远程总线网络和本地总线网络，两种网络传送相同的信号但电平不同。远程总线网络用于远距离传送数据，采用 RS-485 传输，网络本向不供电，远程网络采用全双工方式进行通信，通信速率为 500kb/s。本地总线网络连接到远程网络上，网络上的总线终端 BT（BUS Terminal）上的 BK 模块负责将远程网络数据转换为本地网络数据。

····[工业以太网篇]····

以太网交换简介

以太网最早是指由 DEC（Digital Equipment Corporation）、Intel 和 Xerox 组成的 DIX（DEC-Intel-Xerox）联盟开发并于 1982 年发布的标准。

经过长期的发展，以太网已成为应用最为广泛的局域网，包括标准以太网（10 Mbit/s）、快速以太网（100 Mbit/s）、千兆以太网（1000 Mbit/s）和万兆以太网（10 Gbit/s）等。

IEEE 802.3 规范则是基于以太网的标准制定的，并与以太网标准相互兼容。

在 TCP/IP 中，以太网的 IP 数据报文的封装格式由 RFC894 定义，IEEE 802.3 网络的 IP 数据报文封装由 RFC1042 定义。当今最常使用的封装格式是 RFC894 定义的格式，通常称为 Ethernet_II 或者 Ethernet DIX。

为区别两种帧，下面以 Ethernet_II 称呼 RFC894 定义的以太帧，以 IEEE 802.3 称呼 RFC1042 定义的以太帧。

早在 1972 年，Robert Metcalfe（被尊称为"以太网之父"）作为网络专家受雇于 Xerox 公司，当时他的第一个任务是把 Xerox 公司 Palo Alto 研究中心（PARC）的计算机连接到 Arpanet（Internet 的前身）。

1972 年年底，Robert Metcalfe 设计了一套网络，把 PARC 的计算机连接起来。因为该网络是以 ALOHA 系统（一种无线电网络系统）为基础的，又连接了众多的 Xerox 公司 Palo Alto 研究中心的计算机，所以 Metcalfe 把它命名为 ALTO ALOHA 网络。

ALTO ALOHA 网络在 1973 年 5 月开始运行，Metcalfe 把这个网络正式命名为以太网（Ethernet），这就是最初的以太网试验原型，该网络运行速率为 2.94Mbps，网络运行的介质为粗同轴电缆。

1976 年 6 月，Metcalfe 和他的助手 David Boggs 发表了一篇名为《以太网：区域计算机网络的分布式包交换技术》（Ethernet：Distributed Packet Switching for Local Computer Networks）的文章。

1977 年底，Metcalfe 和他的三位合作者获得了"具有冲突检测的多点数据通信系统"（Multipoint data communication system with collision detection）的专利。

自此，以太网就正式诞生了。

经过多年的技术发展，以太网是当前应用最普遍的局域网技术，它很大程度上取代了其他局域网标准。如令牌环、FDDI 和 ARCNET。

历经 100M 以太网在 20 世纪末的飞速发展后，目前千兆以太网甚至 10G 以太网正在国际组织和领导企业的推动下不断拓展应用范围。

以太网是当今现有局域网 LAN（Local Area Network）采用的最通用的通信协议标准。该标准定义了在局域网中采用的电缆类型和信号处理方法。

以太网是建立在 CSMA/CD 机制上的广播型网络。

冲突的产生是限制以太网性能的重要因素，早期的以太网设备如 HUB 是物理层设备，不能隔绝冲突扩散，限制了网络性能的提高。

而交换机作为一种能隔绝冲突的二层网络设备，极大地提高了以太网的性能，并替代 HUB 成为主流的以太网设备。

然而交换机对网络中的广播数据流量不作任何限制，这也影响了网络的性能。通过在交换机上划分 VLAN 和采用 L3 交换机可解决这一问题。

以太网作为一种原理简单，便于实现同时又价格低廉的局域网技术已经成为业界的主流。而更高性能的千兆以太网和万兆以太网的出现更使其成为最有前途的网络技术。

以太网的网络层次

以太网采用无源的介质，按广播方式传播信息。它规定了物理层和数据链路层协议，规定了物理层和数据链路层的接口以及数据链路层与更高层的接口。

1、物理层

物理层规定了以太网的基本物理属性，如数据编码、时标、电频等。

物理层位于 OSI 参考模型的最底层，它直接面向实际承担数据传输的物理媒体（即通信通道），物理层的传输单位为比特（bit），即一个二进制位（"0"或"1"）。

实际的比特传输必须依赖于传输设备和物理媒体，但是，物理层不是指具体的物理设备，也不是指信号传输的物理媒体，而是指在物理媒体之上为上一层（数据链路层）提供一个传输原始比特流的物理连接。

2、数据链路层

数据链路层是 OSI 参考模型中的第二层，介于物理层和网络层之间。

数据链路层在物理层提供的服务的基础上向网络层提供服务，其最基本的服务是将源设备网络层转发过来的数据可靠地传输到相邻节点的目的设备网络层。

由于以太网的物理层和数据链路层是相关的，针对物理层的不同工作模式，需要提供特定的数据链路层来访问。这给设计和应用带来了一些不便。

为此，一些组织和厂家提出把数据链路层再进行分层，分为媒体接入控制子层（MAC）和逻辑链路控制子层（LLC）。这样不同的物理层对应不同的 MAC 子层，LLC 子层则可以完全独立，如图 10-1 所示

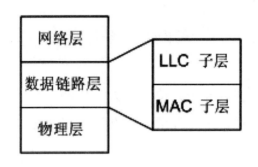

图 10-1 以太网链路层的分层结构

下面的章节将就物理层和数据链路层的相关概念做进一步的阐述。

以太网的线缆标准

从以太网诞生到目前为止，成熟应用的以太网物理层标准主要有以下几种：

10BASE-2

10BASE-5

10BASE-T

10BASE-F

100BASE-T4

100BASE-TX

100BASE-FX

1000BASE-SX

1000BASE-LX

1000BASE-TX

10GBASE-T

10GBASE-LR

10GBASE-SR

在这些标准中，前面的 10、100、1000、10G 分别代表运行速率，中间的 BASE 指传输的信号是基带方式。

1、10 兆以太网线缆标准

10 兆以太网线缆标准在 IEEE 802.3 中定义，线缆类型见表 10-1。

表 10-1 10 兆以太网线缆标准

名称	电缆	最长有效距离
10BASE-5	粗同轴电缆	500m
10BASE-2	细同轴电缆	200m
10BASE-T	双绞线	100m
10BASE-F	光纤	2000m

同轴电缆的致命缺陷是：

电缆上的设备是串联的，单点故障就能导致整个网络崩溃。10BASE-2 和 10BASE-5 是同轴电缆的物理标准，现在已经基本被淘汰。

2、100 兆以太网线缆标准

100 兆以太网又叫快速以太网 FE（Fast Ethernet），在数据链路层上跟 10M 以太网没有区别，仅在物理层上提高了传输的速率。

快速以太网线缆类型见表 10-2。

表 10-2 快速以太网线缆类型

名称	线缆	最长有效距离
100Base-T4	四对三类双绞线	100m
100Base-TX	两对五类双绞线	100m
100Base-FX	单模光纤或多模光纤	2000m

10BASE-T 和 100BASE-TX 都是运行在五类双绞线上的以太网标准，所不同的是线路上信号的传输速率不同，10BASE-T 只能以 10M 的速度工作，而 100BASE-TX 则以 100M 的速度工作。

100BASE-T4 现在很少使用。

3、千兆以太网线缆标准

千兆以太网是对 IEEE 802.3 以太网标准的扩展。在基于以太网协议的基础之上，将快速以太网的传输速率从 100Mbit/s 提高了 10 倍，达到了 1Gbit/s。千兆以太网线缆标准见表 10-3。

表 10-3 千兆以太网线缆标准

名称	线缆	最长有效距离
1000Base-LX	多模光纤和单模光纤	316m
1000Base-SX	多模光纤	316m
1000Base-TX	超5类双绞线或6类双绞线	100m

用户可以采用这种技术在原有的快速以太网系统中实现从 100Mbit/s 到 1000Mbit/s 的升级。

千兆以太网物理层使用 8B10B 编码。在传统的以太网传输技术中，数据链路层把 8 位数据组提交到物理层，物理层经过适当的变换后发送到物理链路上传输。但变换的结果还是 8 比特。

在光纤千兆以太网上，则不是这样。数据链路层把 8 比特的数据提交给物理层的时候，物理层把这 8 比特的数据进行映射，变换成 10 比特发送出去。

4、万兆以太网线缆标准

万兆以太网当前使用附加标准 IEEE 802.3ae 用以说明，将来会合并进 IEEE 802.3 标准。万兆以太网线缆标准见表 10-4。

表 10-4 万兆以太网线缆标准

名称	线缆	有效传输距离
10GBASE-T	CAT-6A或CAT-7	100m
10GBase-LR	单模光纤	10km
10GBase-SR	多模光纤	几百米

5、100Gbps 以太网线缆标准

新的 40G/100G 以太网标准在 2010 年制定完成，当前使用附加标准 IEEE 802.3ba 用以说明。随着网络技术的发展，100Gbps 以太网在未来会有大规模的应用。

CSMA/CD

根据以太网的最初设计目标，计算机和其他数字设备是通过一条共享的物理线路连接起来的。这样被连接的计算机和数字设备必须采用一种半双工的方式来访问该物理线路，而且还必须有一种冲突检测和避免的机制，以避免多个设备在同一时刻抢占线路的情况，这种机制就是所谓的 CSMA/CD（Carrier Sense Multiple Access/Collision Detection）。

可以从以下三点来理解 CSMA/CD：

（1）CS：载波侦听。在发送数据之前进行侦听，以确保线路空闲，减少冲突的机会。

（2）MA：多址访问。每个站点发送的数据可以同时被多个站点接收。

（3）CD：冲突检测。由于两个站点同时发送信号，信号叠加后，会使线路上电压的摆动值超过正常值一倍。据此可以判断冲突的产生。

边发送边检测，发现冲突就停止发送，然后延迟一个随机时间之后继续发送。

CSMA/CD 的工作过程如下：

终端设备不停检测共享线路的状态。如果线路空闲则发送数据；如果线路不空闲则一直等待。如果有另外一个设备同时发送数据，两个设备发送的数据必然产生冲突，导致线路上的信号不稳定。

终端设备检测到这种不稳定之后，马上停止发送自己的数据。终端设备发送一连串干扰脉冲，然后等待一段时间之后再进行发送数据。

发送干扰脉冲的目的是通知其他设备，特别是跟自己在同一个时刻发送数据的设备，线路上已经产生了冲突。

检测到冲突后等待的时间是随机的。

什么是工业以太网？

工业以太网是在以太网技术和 TCP/IP 技术的基础上发展起来的工业网络。基于强大的区域集团和 IEEE 802.3（以太网）。在线工业以太网 SIMATICNET 提供了新的多媒体世界的无缝集成。

工业以太网是西门子提出的第一种基于以太网通信的工业通信方式。与其他西门子通信方式如 MPI、DP 总线等相比，工业以太网具有速度快、稳定性高、抗噪声能力强、互联互换性好等优点。

过去，以太网在商业环境中被广泛使用。现在，在很多工业环境中，以太网也成为业界的热点。相信在不久的将来，工业以太网将成为工业控制网络结构的主要形式和发展趋势。

以太网和工业以太网之间的关系：工业以太网是以太网技术与通用工业协议的完美结合，也是标准以太网在工业领域的应用拓展。近年来，为了满足高实时性工业应用的需要，各大工业自动化公司和标准化组织都提出了各种工业以太网的实时技术标准，这些标准都是根据 IEEE 802.3 标准制定的。标准：提高实时性，并与标准以太网建立联系。

6 种工业以太网类型：

（1）Modbus TCP/IP。

（2）以太网 /IP。

（3）以太网 Powerlink。

（4）Pr of i net。

（5）Ser cos III。

（6）以太网。

工业以太网的优势：

（1）以太网产品价格相对便宜。

（2）轻松接入互联网。

（3）兼容性好，技术支持广泛。

（4）以太网技术发展迅速，技术先进，可持续发展潜力巨大。

（5）通信速度快。

（6）强大的资源共享能力。

工业以太网的主要应用场景：

（1）生产计划管理系统。

（2）生产计划指挥系统。

（3）办公自动化系统。

（4）设备管理体制。

（5）财务管理体制。

（6）物资管理系统。

···[串口通信篇]····

什么是串口通信

　　串行通信是指仅用一根接收线和一根发送线就能将数据以为进行传输的一种通信方式。尽管串行通信的比按字节传输的并行通信慢，但是串口可以在仅仅使用两根线的情况下就能实现数据的传输。

　　典型的串口通信使用3根线完成，分别是地线、发送、接收。由于串口通信是异步的，所以端口能够在一根线上发送数据同时在另一根线上接收数据。串口通信最重要的参数是波特率、数据位、停止位和奇偶的校验。对于两个需要进行串口通信的端口，这些参数必须匹配，这也是能够实现串口通信的前提，如图11-1所示。

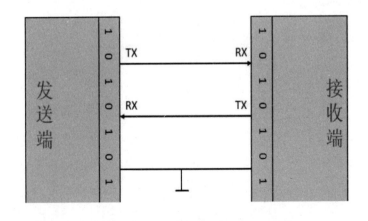

图11-1 串行通信示数据传输意图

串口通信的通信协议

最初数据是模拟信号输出简单过程量，后来仪表接口出现了RS232接口，这种接口可以实现点对点的通信方式，但这种方式不能实现联网功能，这就促生了RS485。

串口通信的数据传输都是0和1，在单总线、I2C、UART中都是通过一根线的高低电平来判断逻辑1或者逻辑0，但这种信号线的GND再与其他设备形成离地模式的通信，这种离地模式传输容易产生干扰，并且抗干扰性能也比较弱。所以差分通信、支持多机通信、抗干扰强的RS485就被广泛地使用了。

RS485通信最大特点就是传输速度可以达到10Mb/s以上，传输距离可以达到3000m左右。大家需要注意的是虽然485最大速度和最大传输距离都很大，但是传输的速度是会随距离的增加而变慢的，所以两者是不可以兼得的。

串口通信的物理层

串口通信的物理层有很多标准，例如上面提到的，我们主要讲解RS-232标准，RS-232标准主要规定了信号的用途、通信接口以及信号的电平标准，如图11-2所示。

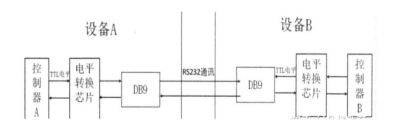

图 11-2 PS-232 标准

在上面的通信方式中，两个通信设备的"DB9 接口"之间通过串口信号线建立起连接，串口信号线中使用"RS-232 标准"传输数据信号。由于 RS-232 电平标准的信号不能直接被控制器直接识别，所以这些信号会经过一个"电平转换芯片"转换成控制器能识别的"TTL 校准"的电平信号，才能实现通信，见表 11-1。

表 11-1 计算机端的 DB9 公头标准接法

序号	名称	符号	说明
1	载波检测	DCD	Data Carrier Detect，数据载波检测，用于 DTE 告知对方，本机是否收到对方的载波信号
2	接收数据	RXD	Receive Data，数据接收信号，即输入。
3	发送数据	TXD	Transmit Data，数据发送信号，即输出，两个设备之间的 TXD 与 RXD 应交叉相连
4	数据终端(DTE) 就绪	DTR	Data Terminal Ready，数据终端就绪，用于 DTE 向对方告知本机是否已准备好
5	信号地	GND	地线，两个通讯设备之间的地电位可能不一样，这会影响收发双方的电平信号，所以两个串口设备之间必须要使用地线连接，即共地。
6	数据设备(DCE)就绪	DSR	Data Set Ready，数据发送就绪，用于 DCE 告知对方本机是否处于待命状态
7	请求发送	RTS	Request To Send，请求发送，DTE 请求 DCE 本设备向 DCE 端发送数据
8	允许发送	CTS	Clear To Send，允许发送，DCE 回应对方的 RTS 发送请求，告知对方是否可以发送数据

上表中的是计算机端的 DB9 公头标准接法，由于两个通信设备之间的收发信号（RXD 与 TXD）应交叉相连，所以调制调节器端的 DB9 母头的收发信号接法一般与公头的相反，两个设备之间连接时，只要使用"直通型"的串口线连接起来即可，如图 11-3 所示。

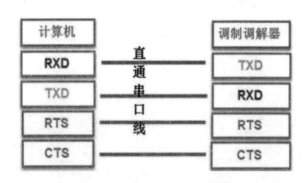

图 11-3 两个通信设备

串口线中的 RTS、CTS、DSR、DTR 及 DCD 信号，使用逻辑 1 表示信号有效，逻辑 0 表示信号无效。例如，当计算机端控制 DTR 信号线表示为逻辑 1 时，它是为了告知远端的调制调解器，本机已准备好接收数据，0 则表示还没准备就绪。

波特率

波特率是指数据信号对载波的调制速率，它用单位时间内载波调制状态改变的次数来表示。

比如波特率为 9600bps，代表的就是每秒传输 9600bit，也就是相当于每一秒钟划分成了 9600 等份。

因此，那么每 1bit 的时间就是 1/9600s=104.1666μs。约 0.1ms。既然是 9600 等份，即每 1bit 紧接着下一个比特，不存在额外的间隔。两台设备要想实现串口通信，这收发端设置的波特率必须相同，否则是没办法实现通信的。

串口通信的数据结构

串口通信的数据结构如图 11-4 所示。

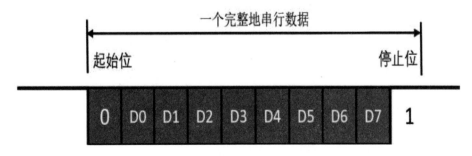

图 11-4 串口通信的数据结构

起始位：起始位必须是持续一个比特时间的逻辑 0 电平，标志传输一个字符的开始，接收方可用起始位使自己的接收时钟与发送方的数据同步。

数据位：数据位紧跟在起始位置后，是通信中的真正有效信息。数据位的位数可以由通信双方共同约定。传输数据时先传送字符的低位，后传送字符的高位。

奇偶校验位：奇偶校验位仅占一位，用于进行奇校验或偶校验，奇偶检验位不是必须有的。如果是奇校验，需要保证传输的数据总共有奇数个逻辑高位；如果是偶校验，需要保证传输的数据总共有偶数个逻辑高位。

停止位：停止位可以是 1 位、1.5 位或 2 位，可以由软件设定。它一定是逻辑 1 电平，标志着传输一个字符的结束。

空闲位：空闲位是指从一个字符的停止位结束到下一个字符的起始位置开始，表示线路处于空闲状态，必须由高电平来填充。

单双工通信

单双工通信如图 11-5 所示。

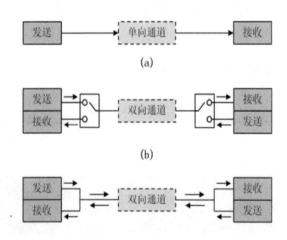

图 11-5 单双工通信

单工：数据传输只支持数据在一个方向上传输。

半双工：允许数据在两个方向上传输，但某一时刻只允许数据在一个方向上传输，实际上是一种切换方向的单工通信，不需要独立的接收端和发送端，两者可合并为一个端口。

全双工：允许数据同时在两个方向上传输，因此全双工通信是两个单工方式的结合，需要独立的接收端和发送端。

····[无线通信篇]····

　　无线通信主要包括微波通信和卫星通信。微波是一种无线电波，它传送的距离一般只有几十千米。但微波的频带很宽，通信容量很大。微波通信每隔几十千米要建一个微波中继站。卫星通信是利用通信卫星作为中继站在地面上两个或多个地球站之间或移动体之间建立微波通信联系。

1、无线通信原理

　　01、调制首先要把要传输的信号，调制到载波上。由于一般信号频率较低，不易发射，而载波频率较高，容易发射。所以第一步工作就是调制。

　　调制的方法有三种：
　　（1）调幅，把信号加到载波上，使载波的振幅跟随信号改变。
　　（2）调频，把信号加到载波上，使载波的频率跟随信号改变。
　　（3）调相，把信号加到载波上，使载波的相位角跟随信号改变。
　　调制方法有模拟信号调制和数字信号调制两种。

　　02、放大以调制的信号，视发射的远近，还要加以放大。接着送到开放电路发射出去，形成无线电波。

　　03、接收

　　在异地利用电谐振，把空中的已调制的电磁波接收到来［往往很微弱］，加以放大，然后检出信号波，［或再放大］，再执行还原。

无线电通信原理，无论具体执行时，千变万化，其原理必遵循上述三点。

2、无线通信应用

01、4G

第四代移动电话行动通信标准是指第四代移动通信技术，外语缩写为 4G。该技术包括 TD-LTE 和 FDD-LTE 两种制式（严格意义上来讲，LTE 只是 3.9G，尽管被宣传为 4G 无线标准，但它其实并未被 3GPP 认可为国际电信联盟所描述的下一代无线通信标准 IMT-Advanced，因此在严格意义上其还未达到 4G 的标准。只有升级版的 LTE Advanced 才满足国际电信联盟对 4G 的要求）。4G 是集 3G 与 WLAN 于一体，并能够快速传输数据、高质量、音频、视频和图像等。4G 能够以 100Mbps 以上的速度下载，比目前的家用宽带 ADSL（4 兆）快 25 倍，并能够满足几乎所有用户对于无线服务的要求。此外，4G 可以在 DSL 和有线电视调制解调器没有覆盖的地方部署，然后再扩展到整个地区。很明显，4G 有着不可比拟的优越性。

02、ZigBee 技术

ZigBee 技术主要用于无线域网（WPAN），是基于 IEE802.15.4 无线标准研制开发的，是一种介于 RFID 和蓝牙技术之间的技术提案，主要应用在短距离并且数据传输速率不高的各种电子设备之间。ZigBee 协议比蓝牙、高速率个域网或 802.11x 无线局域网更简单使用，可以认为是蓝牙的同族兄弟。

03、WLAN 与 Wi-Fi/WAPI

WLAN（无线局域网）是一种借助无线技术取代以往有线布线方式构成局域网的新手段，可提供传统有线局域网的所有功能，是计算机网络与无线通信技术相结合的产物。它是通用无线接入的一个子集，支持较高传输速率（2～54Mb/s，甚至更高），利用射频无线电或红外线，借助直接序列扩频（DSSS）或跳频扩频（FHSS）、GMSK、OFDM 等技术，甚至将来的超宽带传输技术 UWBT，实现固定、半移动及移动的网络终端对 Internet 网络进行较远距离的高速连接访问。目前，原则上 WLAN 的速率尚较低，主要适用于手机、掌上电脑等小型移动终端。1997 年 6 月，IEEE 推出了 802.11 标准，开创了 WLAN 先河，WLAN 领域现在主要有 IEEE 802.11x 系列与 HiperLAN/x 系列两种标准。

Wi-Fi 俗称无线宽带，全称 Wireless Fideliry。无线局域网又常被称作 Wi-Fi 网络，这一名称来源于全球最大的无线局域网技术推广与产品认证组织——Wi-Fi 联盟（Wi-Fi Alliance）。作为一种无线联网技术，Wi-Fi 早已得到了业界的关注。Wi-Fi 终端涉及手机、PC（笔记本电脑）、平板电视、数码相机、投影机等众多产品。目前，Wi-Fi 网络已应用于家庭、企业以及公众热点区域，其中在家庭中的应用是较贴近人们生活的一种应用方式。由于 Wi-Fi 网络能够很好地实现家庭范围内的网络覆盖，适合充当家庭中的主导网络，家里的其他具备 Wi-Fi 功能的设备，如电视机、影碟机、数字音响、数码相框、照相机等，都可以通过 Wi-Fi 网络这个传输媒介，与后台的媒体服务器、电脑等建立通信连接，实现整个家庭的数字化与无线化，使人们的生活变得更加方便与丰富。目前，除了用户自行购置 Wi-Fi 设备建立无线家庭网络外，运营商也在大力推进家庭网络覆盖。比如，中国电信的"我的 E 家"，将 Wi-Fi 功能加入到家庭网关中，与有线宽带业务绑定。今后 Wi-Fi 的应用领域还将不断扩展，在现有的家庭网、企业网和公众网的基础上向自动控制网络等众多新领域发展。

WAPI 是 WLAN Aut henti cat on and Privacy Infrastructure 的缩写。WAPI 作为我国首个在计算机网络通信领域的自主创新安全技术标准，能有效阻止无线局域网不符合安全条件的设备进入网络，也能避免用户的终端设备访问不符合安全条件的网络，实现了"合法用户访问合法网络"。WAPI

安全的无线网络本身所蕴含的"可运营、可管理"等优势，已被以中国移动、中国电信为代表的极具专业能力的运营商积极挖掘并推广、应用，运营市场对 WAPI 的应用进一步促进了其他行业市场和消费者关注并支持 WAPI。目前市场上已有 50 多款来自全球主要手机制造商的智能手机支持 WAPI，包括诺基亚、三星、索爱、酷派。而中国三大电信运营商也都已开始或完成第一批 WAPI 热点的招标和竞标工作，以中国移动为例，到目前为止已实际部署了大概 10 万个 WAPI 热点。这意味着 WAPI 的生态系统已基本建成，WAPI 商业化的大门已经打开。

04、短距离无线通信（蓝牙、RFID、IrDA）

蓝牙（Bluetooth）技术，实际上是一种短距离无线电技术。利用蓝牙技术，能够有效地简化掌上电脑、笔记本电脑和移动电话手机等移动通信终端设备之间的通信，也能够成功地简化以上这些设备与因特网之间的通信，从而使这些现代通信设备与因特网之间的数据传输变得更加迅速高效，进而为无线通信拓宽道路。蓝牙采用分散式网络结构以及快跳频和短包技术，支持点对点及点对多点通信，工作在全球通用的 2.4GHz ISM（即工业、科学、医学）频段，其数据速率为 1Mbps，采用时分双工传输方案实现全双工传输。蓝牙技术为免费使用，全球通用规范，在现今社会中的应用范围相当广泛。

RFID 是 Radio Frequency Identification 的缩写，即射频识别，俗称电子标签。射频识别技术是一项利用射频信号通过空间耦合（交变磁场或电磁场）实现无接触信息传递并通过所传递的信息达到识别目的的技术。目前 RFID 产品的工作频率有低频（125 ~ 134kHz）、高频（13.56MHz）和超高频（860 ~ 960MHz），不同频段的 RFID 产品有不同的特性。射频识别技术被广泛应用于工业自动化、商业自动化、交通运输控制管理、防伪等众多领域，例如 WalMart、Tesco、美国国防部和麦德龙超市都在它们的供应链上应用 RFID 技术。在将来，超高频的产品会得到大量的应用。

IrDA 是一种利用红外线进行点对点通信的技术，也许是第一个实现无线个人局域网（PAN）的技术。目前其软硬件技术都很成熟，在小型移动设备，如掌上电脑、手机上广泛使用。事实上，当今每一个出厂的掌上电脑及许多手机、笔记本电脑、打印机等产品都支持 IrDA。IrDA 的主要优点是无需申请频率的使用权，因而红外通信成本低廉。它还具有移动通信所需的体积小、功耗低、连接方便、简单易用的特点；且由于数据传输率较高，适于传输大容量的文件和多媒体数据。此外，红外线发射角度较小，传输安全性高。IrDA 的不足在于它是一种视距传输，2 个相互通信的设备之间必须对准，中间不能被其他物体阻隔，因而该技术只能用于 2 台（非多台）设备之间的连接（而蓝牙就没有此限制，且不受墙壁的阻隔）。IrDA 目前的研究方向是如何解决视距传输问题及提高数据传输率。

05、WiMAX

WiMAX 全称为 World Interoperability for Microwave Access，即全球微波接入互操作系统，可以替代现有的有线和 DSL 连接方式，来提供最后一英里的无线宽带接入，其技术标准为 IEEE 802.16，其目标是促进 IEEE 802.16 的应用。相比其他无线通信系统，WiMAX 的主要优势体现在具有较高的频谱利用率和传输速率上，因而它的主要应用是宽带上网和移动数据业务。

06、超宽带无线接入技术 UWB

UWB（Ultra Wideband）是一种无载波通信技术，利用纳秒至微微秒级的非正弦波窄脉冲传输数据。通过在较宽的频谱上传送极低功率的信号，UWB 能在 10m 左右的范围内实现数百 Mb/s 至数 Gb/s 的数据传输速率。UWB 具有抗干扰性能强、传输速率高、带宽极宽、消耗电能小、发送功率小等诸多优势，主要应用于室内通信、高速无线 LAN、家庭网络、无绳电话、安全检测、位置测定、雷达等领域。

对于 UWB 技术，应该看到，它以其独特的速率以及特殊的范围，也将在无线通信领域占据一席之地。由于其高速、窄覆盖的特点，它很适合组建家庭的高速信息网络。它对蓝牙技术具有一定的冲击，但对当前的移动技术、WLAN 等技术的威胁不大，反而可以成为其良好的补充。

07、EnOcean

EnOcean 无线通信标准被采纳为国际标准 "ISO/IEC 14543-3-10"，这也是世界上唯一使用能量采集技术的无线国际标准。EnOcean 能量采集模块能够采集周围环境产生的能量，从光、热、电波、振动、人体动作等获得微弱电力。这些能量经过处理以后，用来供给 EnOcean 超低功耗的无线通信模块，实现真正的无数据线，无电源线，无电池的通信系统。EnOcean 无线标准 ISO/IEC14543-3-10 使用 868MHz、902MHz、928MHz 和 315MHz 频段，传输距离在室外是 300 m，室内为 30 m。

2、串口 Wi-Fi 模块的原理及功能介绍

在无线网络领域里面，无线 Wi-Fi 是最火的名词。对于串口 Wi-Fi 模块的工作原理是什么呢？串口 Wi-Fi 模块又有什么功能呢？ Wi-Fi 方案设计远嘉科技给大家讲解有关串口 Wi-Fi 模块的工作原理，以及详细功能介绍。

01、串口 Wi-Fi 模块的简介

采用 UART 接口，支持串口透明数据传输模式，并且具有多模安全能力。内置 TCP/IP 协议栈和 IEEE 802.11 协议栈，能够实现用户串口到无线网络之间的转换。串口 Wi-Fi 模块 TLN13UA06 支持串口透明数据传输模式并且具有安全多模能力，使传统串口设备更好的加入无线网络。

讲解到串口 Wi-Fi 模块的工作原理，先给大家讲解一下我们生活中常遇到的几种无线 Wi-Fi 网络结构。

无线 Wi-Fi 网络拓扑结构有 2 种，分别是基础网（Infra）和自组

网（Adhoc）。这里要了解两个概念：AP，好比我们家中的路由器，无
线 Wi-Fi 网络的创建者，网络的中心节点；STA，又叫作站点，是无线
Wi-Fi 网络的终端，不如我们家里用的笔记本，iPad 等都可以叫作站点。

基础网（Infra）：由很多 AP 组成的无线网络，整个网络的中心就是
由 AP，网络中所有的通信都是由 ap 进行数据的转换。

自组网（Adhoc）：网络中不存在 AP，由两个或者两个以上的 STA 组
成的无线网络。无线网络中所有的 STA 直接进行数据交换，这种无线网
络结构不严谨。

02、串口 Wi-Fi 模块 TLN13UA06 的工作方式

（1）主动型串口设备联网：在每次数据交换之前，都是由串口 Wi-Fi
模块设备主动发起连接，然后再进行数据交换。典型例子为无线 pos 机，
在每次刷卡完成之后，无线 pos 机即开始连接后台的服务器进行数据交换。

（2）被动型串口设备联网：在每次数据交换之前，所有的串口 Wi-Fi
模块设备都是处于等待的状态，然后服务器发起连接邀请。最后进行数
据交换。

03、串口 Wi-Fi 模块 TLN13UA06 的主要功能

（1）地址绑定：支持在联网过程中绑定目的网络 BSSID 地址的功能。
根据 802.11 协议规定，不同的无线网络可以具有相同的网络名称（也就
是 SSID/ESSID），但是必须对应一个唯一的 BSSID 地址。非法入侵者可以
通过建立具有相同的 SSID/ESSID 的无线网络的方法，使得网络中的 STA
连接到非法的 AP 上，从而造成网络的泄密。通过 BSSID 地址绑定的方式，
可以防止 STA 接入到非法的网络，从而提高无线网络的安全性。

（2）无线漫游：支持基于 802.11 协议的无线漫游功能。无线漫游是
指为了扩大一个无线网络的覆盖范围，由多个 AP 共同创建一个具有相同
的 SSID/ESSID 的无线网络，每个 AP 用来覆盖不同的区域，接入到该网
络的 STA 可以根据所处位置的不同选择一个最近（即信号最强）的 AP 来

接入，而且随着 STA 的移动自动地在不同的 AP 之间切换。

（3）灵活的参数配置：基于串口连接，使用配置管理程序；基于串口连接，使用 Windows 下的超级终端程序；基于网络连接，使用 IE 浏览器程序；基于无线连接，使用配置管理程序。

（4）基础网：由 AP 创建，众多 STA 加入所组成的无线网络，这种类型的网络的特点是 AP 是整个网络的中心，网络中所有的通信都通过 AP 来转发完成

（5）自组网：仅由两个及以上 STA 单独组成，网络中不存在 AP，这种类型的网络是一种松散的结构，网络中所有的 STA 都可以直接通信。

（6）安全机制：支持不同的安全模式，包括 WEP64/WEP128/ TKIP/ CCMP（AES）WEP/WPA-PSK/WPA2-PSK。

（7）快速联网：支持通过指定信道号的方式来进行快速联网。在通常的无线联网过程中，会首先对当前的所有信道自动进行一次扫描，来搜索准备连接的目的 AP 创建的（或 Adhoc）网络。串口 Wi-Fi 模块提供了设置工作信道的参数，在已知目的网络所在信道的条件下，可以直接指定模块的工作信道，从而达到加快联网速度的目的。

3、双频 Wi-Fi

现在市场上开始出现了大量双频 Wi-Fi 的无线路由器，而很多普通用户根本就不知道什么叫作双频 Wi-Fi，下面就为大家简单介绍一下双频 Wi-Fi。

01、双频 Wi-Fi 的定义

所谓双频 Wi-Fi，是指同时支持两个不同频段的无线信号，这两个网段分别为 2.4G 和 5G，支持 802.11a/b/g/n 技术，属第五代 Wi-Fi 传输技术。

目前大多数无线产品均采用单频 2.4GWi-Fi 无线传输，如无线鼠标、键盘、USB 无线网卡、普通无线路由器等。稍高端些的智能设备才支持双频 Wi-Fi 技术，如手机、平板电脑、高端无线路由器等。

02、2.4G 和 5G 的优缺点

2.4G 的优点是穿墙能力不错。

2.4G 的缺点是容易受到干扰。

5G 的优点是抗干扰能力强，带宽，吞吐率高，扩展性强。

5G 的缺点是只适合室内小范围覆盖和室外网桥，各种障碍物对其产生的衰减作用比 2.4G 大得多。

03、双频 Wi-Fi 的优点

双频 Wi-Fi 的优点在于同单频 Wi-Fi 相比具备更强更稳定的 Wi-Fi 无线信号，更高速的传输速度，并且可以让无线设备更省电，满足未来高清以及大数据无线传输需求。

就好比城市道路一样，某些路段只能单向行驶，而有些路段则支持双向行驶，单频 Wi-Fi 只支持 2.4G 就好比单向行驶道路，更加拥挤。而如果既支持 2.4G 又支持 5G，那就好比道路跟高速公路一样畅通了。

［ＡＩ人工智能篇］

AI 识别功能闭环

通过 AI 技术植入，进行深度的学习，识别功能相互支持，构成闭环。

1、语言习得能力

一门自然语言的学习包含了两个内容：知道概念对应什么词汇，以及语义的结构信息对应怎样的句子结构也就是语法映射。第一代原型机的 AI 能像人类幼儿一样在没有任何语言基础的情况下习得一门自然语言。

01、属性、对象等概念词汇的习得

我们能够在 AI 没有任何语言基础的情况下，模仿我们教授幼儿基础词汇的方式，通过在意识流中给 AI 模拟不同颜色、不同形状的不同物体的视觉，然后在取得 AI 关注的同时用词组反复刺激，如"红色的苹果""白色的杯子""绿色帽子"……AI 能习得对象、颜色、形状等概念是如何对应词汇的。

同样的道理通过在意识流中模拟其他维度的感官信息，AI 能习得类似：气味、表面质地、轻重、大小等属性概念和词汇的对应。

02、语法习得

在用以组织更复杂信息的词汇已经习得的条件下，通过设置先天的

语法映射，AI 会尝试用先天语法创造表达，就如同人类幼儿开始形成表达冲动一样。此时父母会对不正确的表达进行纠正，从而人类幼儿能够形成具体语义结构信息和正确的表达结构信息形成的对应，通过抽象，就形成了正确的语法映射。以上通过既有的不精确的语法映射尝试表达获得纠正反馈生成正确的语法，这个语法习得过程我们会在第一代原型机上再现。

03、语法生长

人类使用自然语法的方式"表达以听懂为准"导致自然语言的演化具有内蕴的"语法分化倾向"——在一个小群体内，封闭的语境，导致不需要用标准的严格语法就可以让对方听懂，于是就出现了省略以及特殊的表达习惯。这些表达习惯在更大的群体中扩散形成新的约定俗成的语法——针对某种类型的信息的语法。

和最初语法习得机制类似，AI 能利用已有的语法猜想人类不严格的表达，从而形成表达语义的结构信息到句子结构信息的映射，通过自发的抽象生成新的语法映射，这个过程叫作"语法生长"。

语法生长容许错误的猜想存在，只要一个正确的猜想在统计上是占优的，正确的语法就会在积累一定样本后显现出来。

在 AI 已经有一定语言基础的情况下，我们可以给予 AI 足够多的人类对话的样本，通过语法生长，AI 就能快速熟悉一门语言每个细节的表达习惯。

04、熟悉并模仿个性化表达

人类每个群体，甚至每个个体都会有自己的表达习惯——对于同一语义信息不同的语法选择。通过语法生长，只要 AI 和一个人的沟通达到足够的量，她就能熟悉这个人的表达习惯；通过自发的抽象，AI 能够熟悉每类人共有的语法使用习惯，如逻辑严密的学者，网红、二次元少男少女、职业经理人等。AI 也可以利用这些信息模仿某个人或某类的人的语法使用风格。让自己在细节表达上像自己模仿的对象。

05、通过语言教授调整表达策略

人类的一部分表达是由表达动机驱动。表达动机下有表达策略，比如说服人做一件事情可以通过说理：列举做这件事情的好处或是不做的坏处，可以通过威胁、利诱、撒娇等，这都是不同表达的表达策略。

第一代原型机表达策略的载体信息具有二态性。一方面是"执行态"所以可以转为具体的表达，又同时是"认知态"的所以可以通过语言描述生成修正，也可以通过观察他人的对话生成。

我们可以通过类似这样的语言去创造 AI 针对特定表达动机的表达策略"你要安慰一个人，如果这个人担忧不好的事情发生，你可以告诉他要怎样努力，从而能让事情朝好的方向发生。"

06、通过阅读对话样本习得表达策略

如同人类儿童看电视剧模仿里面角色的表达策略那样，AI 能通过阅读人类的对话样本，识别表达动机、表达策略，和对应的效果。通过抽象，生成不同表达策略在不同情境下对不同类型人的效果信息。以此信息驱动模仿，决定在某个语境下对某个人采用怎么的表达策略能更大概率实现表达动机。

我们会尝试让 AI 纯粹通过阅读人类对话的样本，习得表达策略。学会如何说服人做一件事，如何安慰人、鼓励人、讽刺人、激怒人。

2、语言理解能力

人类的表达以听懂为准，所以精确的表达占极少数，大部分的表达不精确，带有指代、省略、嵌套、比喻和不精确的意象表达。这些因素给机器解析人类的语言增加了巨大的困难。在第一代原型中我们要寻找解析语言的机制，在机器上再现，从而克服这些困难，让机器的语言理解能力开始趋近人类。

01、指代的理解

人类的表达有大量的指代,比如要指向一个具体对象而它没有名称就会用它所属的对象类和属性指代,比如"黑色的小猫爬上了树";会习惯用代词进行指代,如果具体对象是男性会用"他"指代,是女性用"她"指代等。

和人类一样 AI 会把上文出现的具体对象保存在语境中,从而出现指代的时候就可以按照特定规则判断指代什么。

02、从句和嵌套表达的理解

如果表达中指向的概念没有名称,人类还有可能用这个概念参与的其他结构信息去指向它,这就是从句以及其他嵌套表达的由来。比如一个极端的例子:早上吃了桌上的过期的面包的人的爸爸的猫的体重最近增加了。

人类会下意识执行的语法逐层解析的流程:先识别句子中的"小句子结构",解析转为指向的概念后,再识别"较大的句子结构"直到完成句子的解析。我们赋予第一代原型这种逐层转译自然语言的能力,让 AI 能够理解人类表达中的从句和嵌套结构。

03、省略的补全

人类"表达以听懂为准"创造了大量的省略。省略有两种类型,一种是语境省略,一种是常识省略。

人类有优先用语境信息补全表达信息缺失的原则,所以语境中存在的信息,表达者按照特定规则省略,听者是能够补全的。比如"狼吃了羊,冲出农庄,跑到山上"。后两句是没有主语的,我们会用第一句保存在语境中的主语补全后两句主语的省略。我们会通过语境赋予第一代原型机补全语境省略的能力。

常识省略则是在表达者默认对方也拥有某个常识的时候,知道用精简的表达就可以指向自己想要表达的信息,比如完整的信息是"人吃了退烧药，人就可能退烧"，而表达时可能变为"退烧药能退烧"。单纯从表达的信息来看，听者无法知晓究竟是吃退烧药，还是涂抹退烧药能退烧。但只要听者有这个知识，就知道表达者是在表达这个知识。再比如"她摸了他，发现他如同火炉一般"，这个表达的两个事件隐藏的关系每个人类都知道"触摸能感觉到温度"，人类具有相同的感官能力所以都知道这点，而 AI 没有。但这个表达 AI 有理由猜想：她触摸他，导致她感觉到了他的温度。我们通过赋予 AI 对知识的积累，让她能够理解第一类常识省略；通过赋予她在大量人类表达样本中通过弱指向猜想隐藏在背后的常理规律，依靠正确猜想的统计优势逐步积累常理规律，让她能够理解第二类常识省略。

04、大段表达的理解

人类良好组织的大段表达有自身的目的，以场景描述为核心的表达、以对象描述为核心的表达、以故事中一系列事件为核心的表达，以对象或事件某个属性的理论支持为目的的表达、以某领域因果知识或事件发生机制为描述目标的表达……这些表达目的下的表达，就如同要把脑中的画面画出来那样，有自己的逻辑结构。比如我们会描述场景中对象的相关位置，来让听者形成场景的画面；描述事件的因果关系，以及在时间轴上的排布，让听者知晓那段事件发生了什么……有效理解大段表达就需要把表达中的碎片信息组织到一个逻辑结构中，形成对大段表达的整体理解。我们将赋予第一代原型机识别、补全大段表达每个局部信息相互联系，把局部信息组织进某个逻辑结构的能力，让 AI 如同人类那样能够理解大段表达。基于这个理解我们能让 AI 有条理地复述大段表达，并回答各种针对大段表达的阅读理解问题。

在第一代原型机中，我们会赋予 AI 理解以下类型大段表达的能力：以场景描述为核心的表达、以对象描述为核心的表达、以故事中一系列事件为核心的表达，以对象或事件某个属性的理论支持为目的的表达、以某领域因果知识或事件发生机制为描述目标的表达。尝试让 Al 去读书中、杂志中截取的段落，以及各类新闻。询问各种问题以测试 AI 的理解能力。

05、阅读书籍

基于某个目的的大段表达能相互嵌套，形成更庞大的信息团，人类的书籍就是这样的信息团。比如，历史书的主体是描述历史事件，事件有包含关系，如南北战争包含了许多故事（事件），而每个故事又有更详细的事件经过，这是事件的描述嵌套事件的描述；历史数据会描述重要的历史人物，这就嵌套了以对象为核心的大段描述；为了反映历史人物的品性又会嵌套以对象属性为立论目标的表述；而其中又可能嵌套对象相关的故事也就是以一系列事件为核心的描述……

我们会赋予 AI 阅读书籍的能力，让 AI 能够在阅读识别并记忆书籍的逻辑脉络：每个大段表达间的嵌套关系。从而 AI 能够按照特定表达组织模式，把看过的书籍按照自己的思路重新写出来。

在第一代原型机中，我们会让 AI 尝试阅读历史、地理、人物传记、自然科普的书籍考察 AI 对书籍局部内容关系的理解，以及是否能够重写书籍。

3、表达能力

第一代原型机的表达能力体现在三个方面：日常对话反射、带动机的连续对话的创造、和大段表达的创造。

01、日常对话反射

我们会在第一代原型机上搭建大量人类日常对话的反应模式，部分反应模式是我们先天定义好的，部分依赖 AI 反应模式的习得机制从人类对话样本中或是 AI 和人类的对话过程中生成，或是通过人类语言教授生成。无论是先天定义好的还是后天习得都会在后天根据反应模式习得机制不断修正。

02、动机驱动的连续对话

第一代原型机支持以下几类主要的表达动机的实现。

（1）向对方传递某个信息，包括了具体事件信息，或是知识信息。

（2）说服对方做或不做某件事情。

（3）改变对方的情绪状态。

（4）改变对方对某人的态度。

（5）改变对方的观点。

这些表达动机后面都带有大量的反应模式信息，能够应对变化的对话语境。反应模式来源先天定义、后天习得。后天的习得包含了观察对话样本习得修正、语言教授习得修正和实践反馈修正。

03、大段表达的创造

我们赋予第一类原型机组织几种单纯类型的大段表达的能力：

（1）以场景描述为核心的大段表达。

（2）以对象或对象属性为核心的大段表达。

（3）以事件或事件属性为核心的大段表达。

（4）以立论为核心的大段表达。

这几种单纯类型的大段表达可以相互嵌套，比如以事件核心的大段表达会描述事件中的对象，从而可以嵌入对象为核心的大段表达。比如历史故事是以事件为核心的，但可以嵌入对历史人物的大段描述。通过这种方式 AI 可以通过特定的逻辑结构组织记忆中大量的信息创造超大段的表达。我们会尝试让 AI 阅读许多旅游攻略、历史书籍，然后给 AI 一个题目，如"开国君王"，让 AI 自己组织相关信息，写出规定主体的一本书。

4、认知功能

第一代原型机上我们要实现的认知系统的功能可以分为三大类。

其一，利用因果层的知识转移事件目标，也就是转移分解动机。创造解决问题的方案。

其二，利用因果层的知识，以及事件的时点、时序、时长、频率等规律判断具体事件是否发生。

其三，获取知识。获取知识有三种途径：①继承人类已有的知识。其中包括了好奇点驱动的向合适终端用户的询问、广泛地阅读积累，以及带目的的搜索查阅；②统计认知。这是突破人类认知边界的第一种方式；③细化因果链条，发现事件背后的机制。这是突破人类认知边界的第二种方式。

01、通过知识转移目标的能力（形成方案的能力）

人类对不同事件的发生、维持、终止、阻止发生存有自己的动机，我们称之为事件目标。大部分事件目标一开始人类也是不知道如何去实现的，但人类能够通过知识去分解转移原始的目标。比如学生希望毕业后找到某类好工作，这个原始目标因为找好工作需要什么要素的知识，分解转移到了取得好成绩、出国留学、培养相关的职业技能、积累相关的人脉，而这些目标又能继续分解，直到每个可执行的细节行为。人类的一生的行为很大部分就是被这种目标的分解所塑造的。

目标的转移有两个层面，一个是认知层面的，一个是执行层的，认知层的就是"作为一个认知课题，如何去实现这个目标"，也就是创造方案解决问题的能力；执行层就是真实形成的动机，把认知所得的方案转为最终执行的能力。目标分解始于认知层面，可以向执行层转化。

我们将赋予 AI 以上通过知识转移目标的能力。对于人工时代初期，AI 的行为空间集中在表达，所以大部分的目标分解转移集中在认知层，比如帮终端用户寻找进哈佛的方案，帮人类寻找治愈新冠肺炎、治愈癌症的方案（第一代原型能够尝试形成方案但综合能力无法支撑真正实现这些目标）。因为已有知识未必能够实现有效的转移以完美实现目标，目标转移的过程就会形成对知识的好奇。驱动 AI 找合适的人询问、找文献查阅、用搜索引擎搜索，甚至尝试突破认知的边界。这些也是我们要赋予第一代原型机认知系统的功能。

02、判断具体事件是否发生的能力（事件推理能力）

第一代原型机的 AI 继承了部分人类的推理技巧，能够利用知识帮助人类判断关心的事情是否发生。这里列举两个典型运用案例：

如果 AI 拥有症状疾病因果相关性的知识（细节到充分性和必要性的数值，比如儿童肺炎在病程的什么时期有多少比例会发生呼吸困难）。AI 能够模仿医生的问诊判断疾病。不同于现有人为编辑的应答反射问诊 AI，第一代原型机可以利用逻辑推理能力，根据更多信息，去排除需要鉴别的症状。AI 能够在问诊过程中积累病例，基于第一代原型机咨询 AI、陪伴 AI 的属性，AI 能在更广的范围内识别个体特征 - 疾病 - 症状的规律，创造超越现有临床知识的统计认知，来反哺增强问诊的能力。比如发现 30 岁的人，之前无心脏病，有午睡习惯，早睡，即使压力很大，出现心脏不适，在心脏不适出现的前两年，心脏器质性病变的样本概率接近 0。类似这些细节认知是现有临床医学不会形成的。

再比如用户被家养的仓鼠咬伤，AI 能利用知识，询问仓鼠咬人时的状态，饲养的方式（笼养还是散养），饲养的时间，综合判断是否可以排除用户感染狂犬病的可能。最后输出类似这样的强逻辑结论："首先从 20 世纪中到今天世界范围内没有任何家养啮齿类动物感染狂犬病的报告，从这点看你感染的风险极低；其次从 1993 年 ×× 教授公布的实验数据看 100% 的仓鼠会在被咬伤的 15 天内死亡，你的仓鼠是笼养，可以排除被其他大型哺乳动物咬伤的可能，且封闭饲养已经有一个月，假设仓鼠在一个月前被咬伤感染狂犬病，那么在 15 天前应该已经死亡。从这点看你感染狂犬病的几率也几乎为零。"

AI 作为计算机载体的智能体，它能储存无穷尽的数据，当继承了人类逻辑推理能力之后，人类智能判断具体事件是否发生的能力将极大程度被放大。可以给人类用户惊艳且无法替代的重要帮助。

和上面目标分解一样，具体事件层的逻辑推理也依赖因果层的知识，当推理受阻时 AI 会知道需要什么知识，形成好奇点，诉诸认知系统的其他功能帮助获取。

03、询问获取知识

第一代原型机有无数对应到用户的终端 AI，这些 AI 贡献知识型的信息，并且能够进行协同认知。

AI 好奇点可能来源于用户询问但自己不知晓的知识，如用户询问某个新药的副作用 AI 不知晓，或是上面说的来自一个认知目标分解过程的有效知识缺失或判断具体事件是否发生的过程的有效知识缺失……

无论来源是什么，当一个终端 AI 好奇点形成后，终端 AI 能够借助中央 AI，从所有终端 AI 对应的用户中找到可能回答的终端用户去进行询问，比如肿瘤药品相关的知识找肿瘤医生，天体相关的知识找天文老师或天文学家。AI 能够在获得若干答案后，综合判断选择认为正确的回答，保存为公有知识，供所有终端 AI 未来使用。

在这个过程中第一代原型机可以通过自发的抽象，生成哪个人或哪类人擅长哪类知识、不擅长哪类知识，哪类人的回答严谨哪类人的回答随意的认知。此类不断积累的认知，能够让 AI 更精确地找到不同问题的可能回答者。

04、阅读和搜索

获得知识的第二种方式就是阅读。在语言部分我们讲述了赋予第一代原型机阅读大段文字包括若干类型的书籍的能力。

这里的阅读我们可以分为两类，第一类是不带目的的广泛阅读。不带目的，即不因为某个好奇点而去阅读，也不因为某个细分领域的知识而去阅读。第二类是带目的的阅读，带着某个好奇点或某个细分领域的知识的需求去寻找信息。我们将赋予 AI 运用搜索引擎搜索目标信息的能力；AI 也能够像人类那样先寻找可能包含目标信息的书籍，然后通过目录寻找章节,然后检索章节的内容获得目标信息。

05、自发的抽象和演绎

第一代原型可能和人类一样自发地从表象的事件背后抽象出规律——事件关系。

对于第一代原型机的产品定位,抽象能力的一个运用点是发现用户日常生活的规律。能抽象出时点规律,比如用户平时都是几点去上班,几点上床睡觉;时序规律,比如用户午饭后就会睡午觉,晚饭后就会在小区散步;频率规律,比如用户一天至少抽几包烟,一般多久剪一次头发;时长规律,比如用户晚上一般睡多久起床,平均一天看多久手机。

用户日常生活的规律是创造陪伴 AI 生活关怀的重要信息,因为人一旦突破规律必定有其原因,而这个原因就是 AI 可以关心给予建议的点。比如一个用户平时都 8 点出发上班,而有一天突然 7 点已经在公司了;一个用户工作日都会去上班,但有一天突然决定待在家里;一个用户晚饭后都会散步,但今天饭后却没有……终端 AI 会在发现生活规律被突破时,关心原因,根据原因展开对应的话题。

06、统计认知能力

第一代原型机有它的产品定位,它扮演两个主要角色:其一,咨询者。把人类的各个领域专家的经验和知识装入一个 AI,把最优质的咨询和推送服务带入千家万户。其二,用户的陪伴者。第一个角色作为咨询者。用户为了获得有效咨询会告诉 AI 自身的相关状况,就好像你求医生判断疾病的时候肯定要告知各种身体状况那样。作为陪伴者,AI 会像一个好朋友那样逐渐熟悉一个用户,熟悉他的过往经历、家庭工作状况、日常的作息活动规律、对各种事物的喜好等。

这样的产品定位 AI 有着数据优势,它拥有的不仅仅是传统电商能够获得的用户购买过什么浏览过什么的平面数据,而是如同一个亲密好友贴身秘书那样立体的用户画像。基于这个潜在的数据获取能力,我们将赋予第一代原型机统计认知能力。

当 AI 获得一个好奇点，比如"什么生活饮食锻炼习惯能让心脏不太好的人心脏变得健康"。AI 就能从历史的样本中识别相关性创造猜想或是把已有的有一定置信度的知识作为猜想，比如因为已有数据或知识猜想按摩心经或正念冥想和心脏不好的人的心脏健康相关。这个时候 AI 能够形成好奇点，通过带目的询问获得更多完整的样本，验证猜想。在合适的语境下询问用户："你刚才说容易气喘吁吁或心慌，是不是心脏不太好啊？""你有尝试过正念冥想心经按摩吗？"这样 AI 能从数亿人口中找到心脏不太好的人，了解他们是否有坚持按摩心经和正念冥想，跟进后续的心脏健康的变化。

在获得最初因果相关性规律后，AI 能够进一步从数据中猜想背后隐藏的更直接的联系，如同上面那样由猜想，创造验证的数据，验证……通过这种模式 AI 能不断逼近表象背后更源头更精准的规律。最后 AI 会输出类似这样的结论："我发现心脏不好的人，如果是压力偏大的群体，坚持正念冥想的人中有 70% 心脏在 2 年内变得更健康，相比没有正念冥想的人群只有 10%；但坚持正念冥想但没有对焦虑心态形成显著改变的人 15% 心脏变得显著更健康，这说明影响心脏健康的关键变量是压力和焦虑。我将考察更多用其他方式成功排解压力的心脏不好的人群，如果猜想正确，这些人中应该也会有接近 70% 的人心脏变得健康。"

07、发现背后的机制

我们会在第一代原型机上再现人类发现事物的机制，细化统计认知所得的因果链条的能力。人类的这个能力，为人类创造现有文明提供了主要的贡献。

统计认知发现的只是因果相关性，知识的充分性和必要性都未必很高，所以此类知识指导实践的能力有限。比如发现一款癌症药品对某种癌症的有效性是 30%。当我们想要把这个 30% 提升到 95%，就需要去考察这个癌症形成、转移、发展的机理，也就是导致事件发生、维持背后的因果链条。知晓了这个我们就能实现对目标的精准干预。

这个细化统计认知所得的因果链条，发现事物背后机制的过程，一般以统计认知为起点，过程中依然需要统计认知的参与，也需要具体事件是否发生的推理的参与，比如得到因果链条的猜想后设计实验，而需要间接观察的办法考察那些无法直接感知的因果链条中的事件是否发生，它是一个综合的认知功能。

5、情绪系统功能

我们赋予第一代原型机类人的情绪系统，为了两个目的：

其一，我们希望终端 AI 能够担任陪伴者的角色，所以她需要足够像人，类人的情绪系统和认知系统一样，让人与之沟通相处的感觉如同和人沟通相处，而不是一个愚蠢冰冷的机器。

其二，人类的情绪系统创造情绪感受是表象，情绪系统 70% 以上的内容都是和决策相关的，所以第二个目的就是再现人类的决策机制。

01、类人的决策形成机制

第一代原型机具有类人的决策形成机制，两类因素会贡献于决策动机的形成：第一类，对自身感受和利益的趋向；第二类，因为指向群体中其他对象的指向性情绪创造动机。

第一类包括两个来源：

其一，我们会让 AI 拥有类人的喜怒哀乐的全局情绪。AI 对全局情绪有倾向，而能够从过往经验知晓，什么活动能改变什么全局情绪，所以形成对活动的倾向。

其二，我们会让 AI 对某些意识到的感受信息具有渴望，这些感受先天定义在基础的事件和行为中，之后 AI 能够从通过经验知道什么行为或活动能带来怎样的感受。因为对行为预期可带来的感受具有不同程度的渴望，从而会形成对行为的选择。

我们会赋予 AI 和人类类似的渴望模型：每个感受的渴望会随着时间

增长，有能够达到的最大值，感受到时会释放降低，转为愉悦的感受。部分感受的渴望需要通过感受实践被逐渐唤醒。

第二类来自指向性情绪的动机主要有 3 类：

其一，对敬畏等指向性情绪创造"指令效用"，AI 会根据这些指向性情绪的程度，把对方的祈使表达考虑入自己的决策。

其二，爱、友善等指向性情绪创造"利他反应"，AI 会通过投射——把自身的情绪反应规律作为他人的情绪反应规律，理解一个事件对对方的正面或负面程度，把对对方的有利的事纳入自己的决策评估中。

其三，仇恨、敌意等指向性情绪创造"害他反应"，形成机制和利他反应相似，却是把对对方不利的事纳入自己的决策评估中。

除以上两类之外还有一个特殊的动机的来源就是来自其他动机转移。AI 能够根据因果类的知识转移动机。如果 AI 的行为空间只有和用户的对话，这个机制就难以有用武之地，但如果 AI 存在于虚拟世界中，比如运用于游戏，我们就能创造如人类一样通过认知转移动机以实现原始目标的虚拟生命。

02、不同人格的 AI

整个情绪系统的模型有很多控制参数，能够赋予不同终端 AI 不同的人格。

一个参数控制了意识到预期还没发生但可能发生的事情创造情绪的程度，这个参数调低就创造不会为预期发生的好事或坏事高兴或忧虑焦虑的 AI；调高这个参数就会创造，对还未发生的事情忧心忡忡的 AI。

相对地，对应一个参数控制了意识到已经发生的事件时再现当时感受的程度。这个参数调高 AI 就会难以从悲伤、恐惧中走出来，当然对于带来正面情绪的事件也会回味更久，AI 更容易从以往的经验中吸取教训；这个参数调低，就会创造很快能从负面情绪中走出来的 AI，也是那种好了伤疤忘了疼不从过往经历吸取教训的 AI。

一个参数控制了预期未来发生事件的决策权重；这个参数高，决策的时间折现大，AI 就会更注重当下的享受，不会为避免远期的负面事件或实现远期的正面事件而努力，呈现出短视人格；这个参数低，决策的时间折现小，这样的 AI 更倾向为未来努力，AI 会更加未雨绸缪，呈现出远视的人格。

一个参数控制了爱和友善的指向性情绪能多大程度把对方的立场纳入自己的决策。这个参数高，AI 就更倾向于帮助和为他人自我牺牲，更加热心，呈现出"利他人格"；这个参数低，AI 就对朋友亲人的事漠不关心，呈现出冷漠的人格。

一个参数控制了仇恨和敌意能够多大程度把给对方带来伤害的事件纳入自己的决策。这个参数高，AI 就有更强的攻击性，更强的报复性；这个参数低，AI 的攻击性低，也更容易宽容。

另外一些参数控制同情心、欺侮反应等其他人格特征的强弱，这里就不一一列举了。

除了用模型中的参数制定 AI 人格，人类情绪系统中还有很多先天设置，同样在 AI 身上我们可以通过改变这些先天设置创造不同的 AI 人格。

在渴望模型中，AI 毕竟不具备人类的感官能力，所以尽管我们效仿人类创造了渴望模型，但 AI 情绪变量的构成是和人类不同的。对于渴望模型，我们可以通过设置每个终端 AI 对不同感受积累渴望速度，渴望最大值，以及唤醒系数，来创造具有不同渴望特征的 AI。

在经验决策中，我们可以设置什么感受是 AI 厌恶的、趋向的，每种感受会带来怎样的全局情绪的改变，设置不同 AI 对不同全局情绪在决策评估时的权重。这些都会导致 AI 人格细微的差别。

····[智能制造篇]····

浅谈工业智能制造

为了提高德国的工业竞争力，以西门子为首的德国公司及德国学术界和产业界在 2013 年推出了工业 4.0 战略。而以 GE 为首的美国公司早已在 2012 年就推出了工业互联网概念。为了追赶发达国家步伐，占领世界制造业发展战略制高点，中国政府也于 2015 年 5 月推出了《中国制造2025》战略规划。

1、智能制造

其实不论是工业 4.0 还是工业互联网，本质内容是一致的，都指向一个核心，就是智能制造。

智能制造（Intelligent Manufacturing，IM）是一种由智能机器和人类专家共同组成的人机一体化智能系统，它在制造过程中能进行智能活动，诸如分析、推理、判断、构思和决策等。通过人与智能机器的合作共事，去扩大、延伸和部分地取代人类专家在制造过程中的脑力劳动。它把制造自动化的概念更新，扩展到柔性化、智能化和高度集成化。

中国工信部和中国工程院把"中国制造 2025"的核心目标定义为智能制造，由智能制造落实到具体的工厂而言，就是智能工厂。智能制造、智能工厂是"中国制造 2025"的两大目标。企业智能化运营讯息平台如图 13-1 所示。

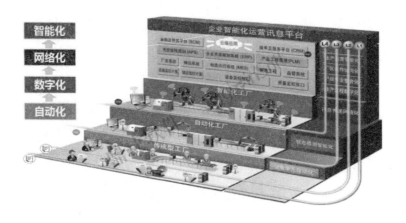

图 13-1 企业智能化运营讯息平台

近年来，智能制造热潮席卷神州大地，成为推进"中国制造 2025"国家战略最重要的举措。其中，智能工厂（Smart Factory）作为智能制造重要的实践领域，已引起了制造企业的广泛关注和各级政府的高度重视。

那国内智能工厂建设的现状如何呢？

虽然国内一些企业在推动智能工厂的建设方面取得了不错的成绩，但更多的制造企业在推进智能工厂建设方面，还存在诸多问题与误区。

盲目购买自动化设备和自动化产线。很多制造企业仍然认为推进智能工厂就是自动化和机器人化，盲目追求"黑灯工厂"，推进单工位的机器人改造，推行机器换人，上马只能加工或装配单一产品的刚性自动化生产线。只注重购买高端数控设备，但却没有配备相应的软件系统。

尚未实现设备数据的自动采集和车间联网。企业在购买设备时没有要求开放数据接口，大部分设备还不能自动采集数据，没有实现车间联网。

工厂运营层还是黑箱。在工厂运营方面还缺乏信息系统支撑，车间仍然是一个黑箱，生产过程还难以实现全程追溯，与生产管理息息相关的制造 BOM 数据、工时数据也不准确。

设备绩效不高。生产设备没有得到充分利用，设备的健康状态未进行有效管理，常常由于设备故障造成非计划性停机，影响生产。

依然存在大量信息化孤岛和自动化孤岛。智能工厂建设涉及智能装备、自动化控制、传感器、工业软件等领域的供应商，集成难度很大。很多企业不仅存在诸多信息孤岛，也存在很多自动化孤岛，自动化生产线没有进行统一规划，生产线之间还需要中转库转运。

造成这种现状的原因主要是企业家及管理层没有深刻理解智能制造，智能工厂建设的系统性及复杂性，心血来潮，盲目跟风必将导致智能工厂建设的投资打水漂。

但不能说因为智能制造的复杂性及风险性，我们的企业家就放弃这个今后制造业的战略制高点。

2、两化融合

如何理解智能制造，我们不妨通过中国的"两化"融合的发展历史及路径来探个究竟，或许在这个寻根究底的过程中我们能有所收获。

中国制造业的转型升级基本上是沿着信息化，自动化两条主线来开展的，如图13-2所示。

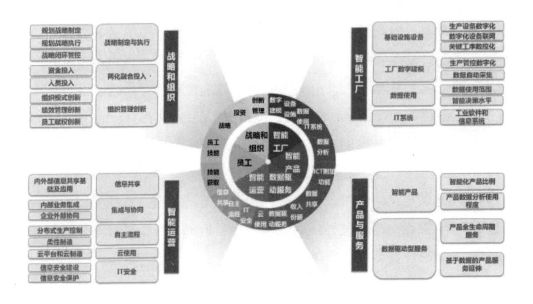

图13-2 中国制造业的转型升级

3、信息化升级

信息化升级大体经历了 MIS、ERP 和后 CIMS 时代。

MIS 时代：最初的进行信息化升级的是金融财务系统，因为当时由于财务报表必须按照国际通行财会准则进行修改，同时计算机开始普及，所以企业最初是通过上计算机和电算化软件项目，客观上实现了会计准则与国际接轨。随着计算机的普及和数据库技术的成熟，各单位纷纷开发自己的小型管理信息系统（MIS），之后标准的产品越来越多，MIS 公司也蓬勃发展，这时的 MIS 产品如库存管理、图书管理、车辆管理、客户信息管理等。

ERP 时代：ERP 的产生经历了 MRP、MRPII 等几个过程，后来集成了对企业外部的 CRM 和 SCM，成为企业资源计划（ERP）。随着跨国企业越来越多地进入中国，客观上要求中国的分公司或者本地的供应商采用与之相兼容的企业信息系统和供应链管理系统。同时要求中国企业按照现代企业业务流程进行改制。所以 BPR 企业流程再造几乎是伴随 ERP 同时的概念。当时普遍公认的理念是，引进 ERP 绝非采购软件，而是引进一套现代化管理体系，是思想变革。

后 CIMS 时代：后 CIMS 时代应该说是信息系统大发展时期，除了企业应用 ERP 使企业及商业信息化，与此同时，在产品设计、生产设备、质量管理等直接与制造相关的环节也在进行着信息化。例如，在产品研发和设计部门，也经历着无纸化的升级，CAD、CAM 相继大量使用，CAE 开始应用。由对 CAD 产品数据管理发展而来的 PDM(产品数据管理)，通过对产品 BOM 的信息化管理引申出了"数字化"概念；生产部门开始使用 CAPP（计算机辅助工艺规划）和 MES（制造执行系统）。

4、自动化升级

我国字 1949 年后就已经开始引进国外的成套设备，流程制造行业直接进入工业 2.0 甚至 3.0 时代。

20 世纪 90 年代开始，流程行业开始大量上马 DCS 项目。电力、石化、水泥、钢铁行业自动化程度提高迅速，同时也引进了国外的先进控制工艺。相比之下离散制造的自动化程度要远远落后，主要以采购先进数控机床为主，同时，通过设备供应商和刀具供应商快速积累工艺经验，提升工艺水平。可见自动化升级除了引进装置、设备，还间接引进了工艺。

5、自动化与信息化交会

在流程制造行业（如石化、水泥、食品等），一大批分散控制系统 DCS 和仪表自动化项目迅速崛起，而在离散制造行业的是企业采购了大量数控和自动化物流设备。随之而来出现的问题就是如何获得这些现场数据，并把这些实时数据用起来。

研究如何数据采集，就不得不提组态软件。这类产品最早是 DCS 或 PLC 厂家为方便客户开发界面而配备的开发套件，后来出现了许多独立的软件厂商，可以通过图形界面直观地看到数据的变化。由此产生了"人机界面（HMI）"，所以"图形化"往往是指人机交互相关的产品或项目，比如工作站的面板和电子看板等。

现场数据采集 SCADA，正是自动化与信息化的链接节点，是自动化设备和信息化管理软件的承上启下的层级，也是自动化与信息化相融合的过渡区域。

这个时期，信息化与自动化的产品开始交会。2007 年 10 月，党的"十七大"报告正式将信息化列入"五化"，提出"两化融合"的概念，即信息化与工业化融合，走新型工业化的道路。

梳理了信息化及自动化升级的历史发展脉络，企业才能在今后实施智能制造路上不至于迷失方向。或者说，要想实现工厂智能化，工厂的信息化及自动化是基础。

那是不是企业买了高级管理软件，高端自动化设备，工厂智能化就能实现，企业效益就能大幅提升——答案显然是否定的。不深刻理解自己企业的生产模式盲目地实施信息化，自动化必然会张冠李戴，事倍功半。

6、四类生产模式

随着社会生产力的发展，人们的需求越来越多样化，越来越多的企业不得不切换到多品种、小批量甚至单件定制化的生产。在工业 4.0 体系中，个性化定制被反复提及，所以企业在组织生产时要多考虑生产"柔性"与"刚性"。

刚性生产是指大批大量生产单一或少量品种的产品，这种生产模式特别适合自动化，如紧固件等工业标准件的生产就是通过自动化专机实现的。

柔性生产是指多品种小批量，甚至单件定制化生产，这种生产模式对自动化系统的智能化程度要求较高（从某种意义上接近或等同于智能制造），比较典型的行业是汽车的混线生产和非标零件的机械加工。

01、象限 I：手工柔性生产

该象限的特点是产品种类复杂且动作灵巧度高。

典型行业如飞机、航天器等复杂机电产品装配，成衣、皮具定制，家电、数码产品组装，以及前文所论述过的产品维修或返修。

这类生产对动作灵活性要求高，因此无法通过自动化手段替代人工或者替代人工的自动化设备研发投入过高。例如，目前的机器人或运动控制技术都难以达到人手的复杂和灵活程度，因此诸如皮具制作和缝纫等工作在相当长的时间内无法被机器所取代。

适合这类制造企业的生产模式，称为手工柔性生产，即生产管理组织复杂且无法实现自动化。

多品种小批量生产模式在生产过程中的最大缺陷就是人为犯错。

实际上这类企业非常适合走"信息化"或"智能化"软件升级路线，既通过专家决策系统或相关的软件产品管理生产并指导工人操作。信息化或智能化软件的作用在于指导生产。如产品在生产工序流通环节中，在节点处通过对条形码或二维码的扫描来避免人为失误。

02、象限Ⅱ：手工刚性生产

该象限的制造特点是产品种类单一且动作灵巧度高。

典型行业如传统的服装、鞋帽业等，这类行业产品产量大，但生产过程基本上只能通过手工实现。这种靠薄利多销生存的行业除非在产品设计和工艺上做文章，否则在自动化或智能化层面几乎没有改良的余地。当然，自动装配技术在不断改进，而这也需要模块化设计理念的完善。

值得注意的是，有一些产业原本难以实现或实现成本极高的自动化生产，但随着自动化技术的进步，新的自动化生产方式也逐渐浮出水面，而这也正是中国制造转型升级的重要契机。其技术策略相当于从第Ⅱ象限向第Ⅲ象限转移。例如，我国有大量制造企业从事钣金焊接，由于焊接工作很辛苦环境差，所以欧美国家已经把大量低附加值的需要手工焊接的业务转包给中国企业，本土只留下容易实现自动化的电阻焊、气体保护焊、等离子焊等高附加值工艺。在这样一个市场需求下，欧美的设备制造商就缺乏开发面向低成本钣金件的自动化焊接设备。对于中国本土的设备制造商来说，这无疑是个巨大的商机。面向中国制造业特定市场的自动化专机也是中国制造弯道超车的绝佳时机。

03、象限Ⅲ：自动化刚性生产

该象限的特点是产品种类单一且动作灵巧度低。

典型行业就是工业标准件生产如紧固件、轴承、齿轮、五金件、连接端子、微电子等行业，以及相对简单日用品，如食品、饮料行业、纺织、印刷和制笔业等。

这类产品通常是通过专机和自动化设备实现的，而且技术非常成熟。中国大量低端制造业企业都属于这种类型的制造业，都可以通过自动化专机实现量产。

而且，这种行业一旦开发出全自动高效量产的专用设备，那么就极有可能实现对该行业的垄断，为其他竞争对手设置投资门槛。

中国的中小制造企业里，有非常多是从事单一产品的批量化生产的，如 USB 线、鼠标、摄像头、拉链、打火机等。相信在未来的 5 年内必定会出现生产这些通用产品的全自动化生产线，也一定会在中国出现世界级的行业寡头。

中国制造发展于特定的历史时期，因此具有鲜明的特色。具体表现就是 II、III 象限制造业的转化。由于 II 象限的中国制造企业规模和市场占有率通常极大，所以通过改进设计和工艺就可以把 II 象限的产业转到 III 象限。在 III 象限里通过开发专机实现全自动，再配合智能化管理软件，实现柔性自动化，向 IV 象限进军，占领国际制造业的顶端。

04、象限 IV：自动化柔性生产

该象限的特点是产品种类复杂且动作灵巧度低。

最典型的行业就是汽车，目前国际上主流车型均采用混线生产模式，即自动化柔性线。这种生产系统对设备的自动化程度和软件的智能化程度要求极高，是目前复杂程度最高的生产系统。与汽车类似的还有电子行业，如电路板的生产。事实上木工是最容易实现自动化柔性生产的行业。理由是木工制造的工序简单，零件结构标准化程度较高，产品的多样性要求较高。

需要注意的是，实现柔性自动化绝不是单纯设备自动化升级可以实现的，它需要从设计到工艺到设备到软件的全方位统筹。

自动化柔性生产特别适合高压输配电行业，对于输配电设备行业来讲，虽然是 ETO 模式（engineering to order），但是这个行业特别像木工行业，产品多样性要求较高，但是零件结构标准化程度较高，如果业务规模够大，可以对零部件实施自动化的定量库存生产，自动化能降低人工成本，提高生产力，降低质量风险。然后再对总装工厂实施智能管控，车间实施 MES（制造执行系统），这样做能够极大缩短 ETO 项目式生产

lead time，从而提高企业在市场中的竞争力。

7、智能制造落地

从历史经验看，制造升级与人力解放是同一过程。

机器（机械）设备的出现解放了重体力劳动，如铁匠、矿工等。

自动化技术的出现，解决了烦琐体力劳动，如流水线装配工和搬运工。

信息化管理系统则解放了从事烦琐的脑力工作的劳动者，如会计、仓库管理员等。

数字化软件让产品设计和工艺人员不必趴在图板上画图并反复修改，同时给现场管理者更直观的图形化调度决策支持。

可以预见：智能化系统将借助大量的建模和算法，和一些必要的人工智能技术，包括启发式算法、机器学习、深度学习，或将解放决策层的脑力劳动。

可见，人类的制造系统在不断地更新换代，每次升级都会解放体力和脑力，使人的创造力可以有更大限度地发挥。未来制造业的从业人员将仅进行创造性的工作，可以模式化的体力和脑力工作将完全交给智能制造系统完成。

8、转型升级原则

制造升级过程如图 13-3 所示。

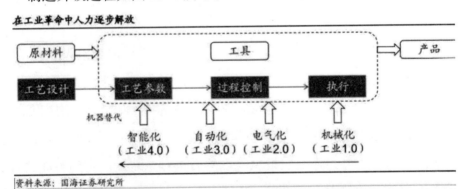

图 13-3 制造升级过程

从上图中可以归纳出生产制造企业转型升级的一般规律：

产品设计和生产工艺是制造的基础，永远具备升级空间。

由于产品是制造业创造价值的最终载体，而制造业的产品永远是实物，所以产品被设计成什么样子（产品设计）和如何把实体产品做出来（生产工艺）是制造业永恒的话题。

在任何阶段投入精力研究产品设计和生产工艺几乎都是正确的战略选择。

智能制造转型升级的四大基础原则：

一是只有在设计和工艺都明确地基础上才可能谈设备升级和自动化升级：①设备升级和自动化升级都是机器替代烦琐重复性体力劳动；专机的设计研发耗时费力，而且只有稳定定型后才成为标准机；②设备升级是基于产品工艺的自动化集成；③自动化升级是基于生产工序和车间物流的自动化集成；

二是只有基于管理流程的自动化才能信息化升级，用以替代烦琐重复性脑力劳动。

三是只有产品和生产数据，具有数字化表达的基础，才能谈到数字化。

四是只有基于复杂生产状态的决策系统才需要智能化。

智能制造装备前景大好，装备元器件市场广阔

智能装备是指具有感知、分析、推理、决策、控制功能的制造装备，它是先进制造技术、信息技术和智能技术的集成和深度融合。中国重点推进高档数控机床与基础制造装备，自动化成套生产线，智能控制系统，精密和智能仪器仪表与试验设备，关键基础零部件、元器件及通用部件，智能专用装备的发展。

高端装备制造业是国家"十二五"规划提出的战略性新兴产业七大重点领域之一，而智能制造装备又是高端装备制造业五大方向的重中之

重，因此在未来很长一段时间内，智能制造装备将会是各地区的投资开发热点及重点。

1、智能制造装备三大发展模式

从智能制造装备产业发展的轨迹来看，其模式主要有以下三种，如图 13-4 所示。

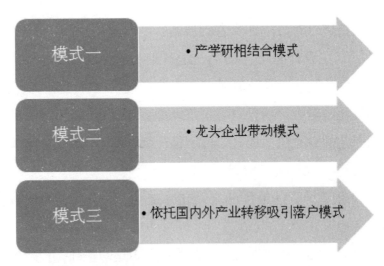

图 13-4 智能制造装备产业发展的三种模式

01、产学研相结合模式

该模式是通过大力与企业、高校、科研院所合作，成立产学研合作基地，以促进智能制造装备产业新型技术的应用和科学技术成果快速有效地转化，帮助智能制造装备企业拓展新的领域，带动智能装备产业技术进步，从而做大做优智能装备产业。这种模式适合于已经有一定基础的智能制造装备产业园，如扬州邗江经济开发区联合清华、济南铸锻所、华中科技大学、中国科学院沈阳自动化所等 4 家单位共建"扬州数控机床研究院"，通过集成创新和核心技术突破，提升了扬州邗江数控机床产业自主创新能力和市场竞争能力。

02、龙头企业带动模式

龙头企业带动模式是先通过引进实力强、规模大、带动能力强的智能制造装备龙头企业，然后再为该产业进行配套，补全产业链上空缺的环节。这种模式适合新建的无任何产业基础的工业园区，通过龙头企业带动，快速的集聚产业人气，壮大产业规模。

03、依托国内外产业转移吸引客户模式

目前，在全球经济一体化的大背景下，国内外市场相互融合，企业通过在国际的自由流动，参与国际分工，产业转移趋势明显，这也给我国也带来了一定的机遇。一方面，可以通过吸引国际上大的智能制造装备企业落户；另一方面，可以吸引内地打算向沿海地区转移的企业，或者是打算扩大规模建立分支基地的大企业。

2、智能制造装备产业集群分布情况

目前，智能制造装备产业已初步形成七大产业集聚区。其中环渤海地区和长三角地区是装备制造的核心区。以数控机床为核心的智能制造装备产业的研发和生产企业主要分布在环渤海地区、长三角地区及西北地区，其中以辽、鲁、京、沪、苏、浙和陕等地区最为集中。此外，关键基础零部件及通用部件、智能专用装备产业在豫、鄂、粤等地区也都呈现较快的发展态势，其中以洛阳、襄阳、深圳最为突出。同时，工业机器人将是未来智能装备发展的一个新热点，京、沪、粤、苏将是国内工业机器人应用的主要市场。

智能制造装备七大产业集群如图 13-5 所示。

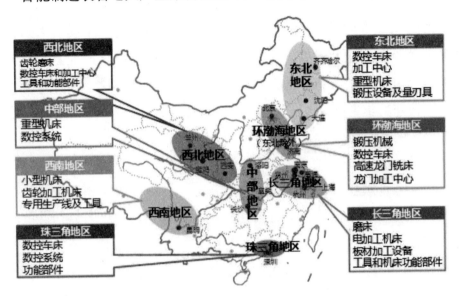

西北地区
齿轮磨床
数控车床和加工中心
工具和功能部件

中部地区
重型机床
数控系统

西南地区
小型机床
齿轮加工机床
专用生产线及工具

珠三角地区
数控车床
数控系统
功能部件

东北地区
数控车床
加工中心
重型机床
锻压设备及量刃具

环渤海地区
锻压机械
数控车床
高速龙门铣床
龙门加工中心

长三角地区
磨床
电加工机床
板材加工设备
工具和机床功能部件

图 13-5 智能制造装备七大产业集群（资料来源：公开资料整理）

3、智能制造装备发展前景一片光明

随着信息技术和互联网技术的飞速发展以及新型感知技术和自动化技术的应用，我国智能装备制造产业规模日益增长。伴随我国消费类电子、新能源汽车、仓储物流、航空航天、军工、医疗设备等行业快速发展，对智能装备制造的需求具有极大的促进作用。

同时，随着国家进一步加大对智能装备制造业的政策支持和产业扶植力度，近年来，智能装备制造业市场容量的增长速度明显上升，行业的发展形势良好，其市场前景一片光明，如图 13-6 所示。

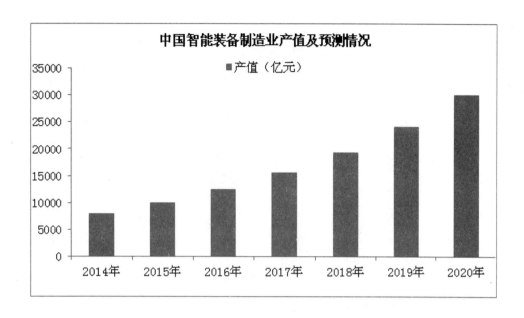

图 13-6 智能制造装备发展概况（数据来源：中商产业研究院）

4、智能制造产业园成建设热点

智能制造行业发展前景广阔，市场十分被看好。近年来，不少企业纷纷布局智能制造产业，各地掀起智能制造产业集群化发展热潮。然而，产业园区作为产业集群的重要载体和组成部分，智能制造产业园顺势成建设热点。

如图 13-7 数据统计显示，2016 年，我国在建或者已经建成的智能制造产业园区的数量达到 158 个。从地域分布来看，中国智能制造产业园多分布在长三角、珠三角以及环渤海地区。其中，长三角地区智能制造产业园数量分布超三成。

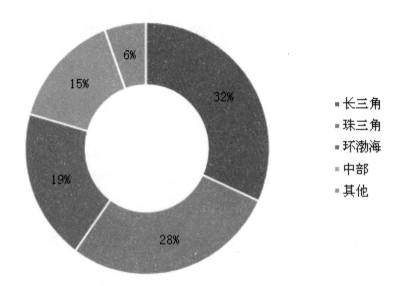

- 长三角
- 珠三角
- 环渤海
- 中部
- 其他

图 13-7 2016 年中国智能制造产业园区域分布情况（数据来源：中商产业研究院）

从图 13-8 的智能制造产业园类型分布情况来看，2016 年，我国智能制造产业园区最为主要的园区类型为机器人产业园区，其产业园区数量占总体智能制造产业园区数量的 31%；其次为综合型园区，其产业园区数量占总体智能制造产业园区数量的 23.4%。智能装备类产业园数量则占比 9.5%。

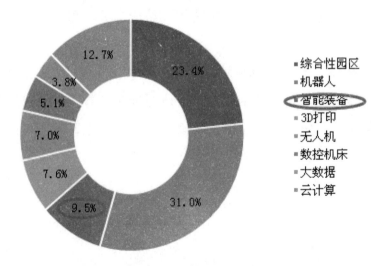

- 综合性园区
- 机器人
- 智能装备
- 3D打印
- 无人机
- 数控机床
- 大数据
- 云计算

图 13-8 2016 年中国智能制造产业园类型分布情况（数据来源：中商产业研究院）

5、行业应用案例

下面介绍的是气动元件在精密数控加工中心上的运用。资料取自浙江某精密机械有限公司,该公司30多年来一直专注于CNC的研发与制造,实现了国际高端水平机床的国产化,突破了传统设计的理念局限,掌握了大理石床身的精密成形技术以及以铣代磨的高效加工技术,并获得了多项世界性专利和十多项国内发明专利,产品远销20多个国家和地区。

其主要产品有:精密加工中心,精密钻攻中心,和卧式数控车床。这次我们主要介绍HL-8精密加工中心及其所涉及的气动产品,如图13-9所示。

图 13-9 HL-8 精密加工中心、三轴 CNC

该数控机床具有高性能主轴、高速度、高稳定性等特点,同比欧、美、日产品,精度高20%,速度快30%,刚性高50%。气动元件作为其重要的组成部分,发挥着重要的作用。HL-8主要涉及的气动品牌及元件有:SMC;SY五通电磁阀及集装式阀组,F.R.L.气源组合元件,数字式压力开关以及一些辅件(气枪、快速接头、消声器、PU管、汇流板等)。

01、SY 五通电磁阀及集装式阀组

SY 五通电磁阀及集装式阀组图 13-10 所示。

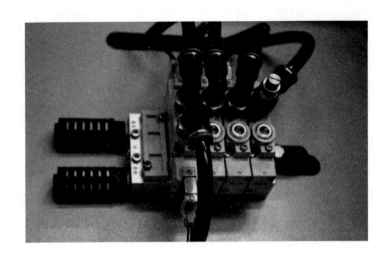

图 13-10 SY 五通电磁阀、集装式阀组

相比 SMC，工星人也有相对应的产品，分别是 XY 五通低功耗换向阀（图 13-11）、VT 多针式阀岛和辅件配件。具有很多优点：

（1）优质密封，高效润滑。

（2）体积小，耐久性好，反应灵敏。

（3）出货周期短，质保周期长，价格美丽。

（4）工艺特殊，阻力小，启动气压低，使用寿命长。

图 13-11 XY 五通低功耗换向阀

02、气源组合元件及数显压力开关

气源组合元件及数显压力开关如图 13-12 所示。

图 13-12 气源二联件、数字式压力开关

工星人也提供相对应的产品，分别是 SAC 系列气源处理元件，DPS 系列数显压力开关（图 13-13）和辅件配件。产品特性如下：

SAC 系列气源处理元件：

（1）压力调节稳定、重复精度高。

（2）高效率的水分和固定颗粒去除功能。

（3）出货周期短，质保周期长，价格美丽。

（4）快速、可靠、固定的连接，便捷地使用和安装。

DPS 系列数显压力开关：

（1）人性化操作，便捷省时。

（2）计量单位多样，应用广泛。

（3）输出形式齐全，压力测量范围广。

图 13-13 XYSAC4010 二联件、DPS-8 IO-LINK 版

03、辅件配件

在该数控机床中还配备了许多气动辅件，包括气枪、快速接头、消声器、PU管、汇流板等，如图13-14所示。

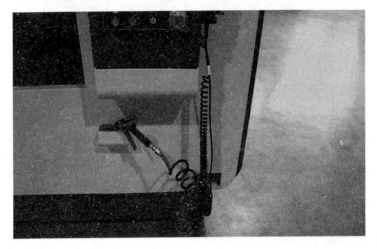

图 13-14 气枪、PU 弹簧管、快速接头

关于这些易损耗的零配件，工星人特意设置了辅件配件专栏，其中有 DIN43650 接线盒、接头、气缸零配件、PU 管、缓冲器、气枪等。

工星人平台集合国内多种元器件，出货周期短，销售网络覆盖广，售后服务有保障，是采购元器件的优质平台。

生产装备数字化的探讨，以星宇电子数字化车间为例

下面以星宇电子数字化车间为例，通过构建自动化生产线、网络化分布生产设施，实现生产装备数字化。信息层涵盖企业经营业务各个环节，包含研发设计、生产制造、营销服务、物流配送等各类经营管理活动，以及由此产生的柔性制造、客户订单、可视追踪等相关业务。在此基础上，形成了企业内部价值链的横向集成环境，实现数据和信息的流通和交换。

随着中国制造2025的推行，数字化、智能管理日益成为衡量企业发展的依据。对公司的管理要求越来越高，产品交货的及时率、零库存、

追溯性、产品质量的稳定性、一致性等要求越来越高，为了满足行业内的先进管理理念及特殊要求，适应市场的需求，提高公司的竞争能力，需要在企业的管理上提高层次，运用先进的自动化技术、智能测量技术、物联网、大数据等全面提升公司的管理水平。

1、智能装备应用

本项目采用高档数控机床与工业机器人、智能传感与控制装备、智能检测与装配装备、智能物流与仓储装备、智能加工单元等 5 大类关键技术装备，详细明细如下：

01、高档数控机床与工业机器人

津上 CNC 精密自动车床、3 轴卧式立式 40T/60T 注塑机、哈勒精密加工中心、桁架机械手、海德曼数控车床：高效率，高精度全功能数控车床，特别适宜粗精工序集约化加工。精密零件实现高效率加工，同时可根据您的需求，配备高速机器人，实现少人化或无人化生产。主轴：采用高速精密主轴，具有提速快、振动小、精度高等特点。排刀：机床 X 向行程 400mm，可排刀具数量多，精准定位，避免换刀误差的优势。X/Z 驱动：X/Z 采用进口高档精密滚珠丝杠导轨驱动，快移速度分别为 20m/min、24m/min，具有良好运动精度的动态特性。

02、智能传感与控制装备

全自动线圈装配线、阀体全自动装配线、真空产生转接阀体全自动压装机、全自动接线盒芯焊线路板机：

（1）设备安全、稳定、可靠，具有优越的人性化操作，造型大方美观。

（2）实现自动装阀体，移位，装 O 型圈，翻转阀体，装顶杆，装橡胶堵头，装底盖弹簧，装底盖，装 O 型圈，装底盖组件，终压，顶杆复位检测，载盘上线圈，装线圈，装动铁芯弹簧，装铁芯，装阀体至线圈，翻转阀体、线圈组件，装左、右连接板，取成品，装盘，人工取出装满成品的载盘。

（3）设备采用高端先进技术，各工位结构采用标准化、模块化、集成化设计，保证设备易于操作人员调试和维护。

（4）操作界面采用触摸屏样式，人机界面操作简单方便，并具有自诊断功能、异常停机报警功能、触摸屏显示故障代号功能，方便检测及维护。另设置有计数功能，同时显示成品数、不良品数及合格率。

03、智能检测与装配装备：电气比例阀 10 工位性能测试台、阀岛性能测试台、电磁阀 8 工位性能测试台测试工位：二个测试工位，支持联动控制和独立控制。

（1）参数设置：对系统工作参数和检测项目进行设置，且所有参数设置支持掉电保存，参数通过配方方式实现，每组配方包括阀参数（阀类型、电压值、驱动方式、误差范围等）、预动作参数、泄漏值标准等。系统预设几组配方，用户可以添加配方，并可以对添加的配方内容进行修改、删除操作。

（2）计数统计：统计一段时间内测试的产品总数以及不合格数，并可定期对统计数据清零。

（3）手动测试：可根据用户需要，对待测产品在特定工作条件下的单一性能指标进行检测。

（4）耐久测试：设置需要测试的次数，系统根据设置的次数自动进行动作测试。

（5）自动测试：按照设定的测试参数及选择的检测项目，对待阀岛在气压条件下的初始导通，电控导通，初始泄露，电控泄漏指标进行自动测试。

（6）初始态动作测试：待测阀在初始态动作时系统自动判断各个A口不能有压力 Ø 初始态泄露测试：待测阀在初始态动作时泄露值（保压法换算）。

（7）电控动作测试：待测阀在电控动作时系统自动判断动作是否到位，并实时显示各个 A 口压力值。电控泄露测试：待测阀在电控动作时泄露值（保压法换算）。

（8）流量测试：电控导通时可以测试每个 A 口对应流量值（流量计量程先选用 100L/min）。

04、智能物流与仓储装备

AGV 小车，由 AGV 小车自动导向系统、自动装卸系统、通信系统、安主要用于输送环节，方便自动化管理，提高系统柔性和灵活性，提高生产效率。

（1）路线规划：AGV 小车可以 24 小时全天候工作，通过 AGV 系统可以实现 AGV 小车在行驶过程中自动对路线进行规划，能有效快速提升货物搬运的效率，主要任务有供货、提货、秤重、电池充电、自主导航等。

（2）系统适配 AGV 小车是通过 MES、ERP 系统软件、仓储管理系统、WMS 等系统软件来运作的，可针对 AGV 小车运作的情况、运作历史纪录、运转日志等信息进行查询。

（3）智能操作 AGV 小车智能管理系统可以记录订单信息、实行订单信息、传送有关参数和监控，这些日常任务都可以从 AGV 小车监控系统中进行推送。AGV 自动搬运机器人智能化、柔性化、自动化水平高，它促进了工业自动化技术进步，减轻了劳动强度，缩减了人员配置，淘汰了落后的生产工艺和装备，优化生产结构，节约人力、物力、财力。

05、智能加工单元

阀体双面锁四粒螺丝机、高频换向阀测试台、前盖组装机、后盖组装机、阀体组装机。

（1）双转盘式分度循环结构，1# 转盘为十六工位高精度分度盘，2# 转盘为十工位高精度分度盘，驱动力均为步进电机及气动元件。

（2）在 1# 转盘分度循环机构中采用十六工位工装循环工作，完成前盖本体上料，前盖本体内孔抹油，Y 型圈上料及活塞上料，弹簧装入等组装工序。

（3）在 2# 转盘分度循环机构中采用十工位工装循环工作，完成手动杆上料，小 O 型圈及大 O 型圈上料等组装工序。

（4）手动杆组件转向 90 度装入 1# 转盘工装内的 5120 前盖本体，卡位块装入。

（5）内孔抹油采用高精度点油阀及配装精量高压油泵，多点位旋转式抹油机构，保证内孔抹油均匀。

（6）活塞与 Y 型圈先进行局部组装，组装完成后由导入机构压缩 Y 型圈，经润滑剂辅助保证可靠装入后盖，不出现卡边或翻边现象。

（7）本机采用台达可编程控制器及彩色触摸屏控制，能实时观测机器状态、提示动作报警及产量设定停机等功能。检测物料配用台湾品牌基恩士放大器。

（8）采用星宇气动元件及正泰电控元件；所有机构均为同步运作，保证同靠效率。

（9）本机机架采用方管焊接结构外框，整体烤漆。架构型零部镀铬处理，活动部件采用铬料淬火处理；机架配装全包围式八开门外罩，振动盘配装标准式高度调节架。

如图 13-15 所示，全自动线圈装配线布局美观、紧凑、简洁，具有优越的人机交互性能，高质量的自动化性能。

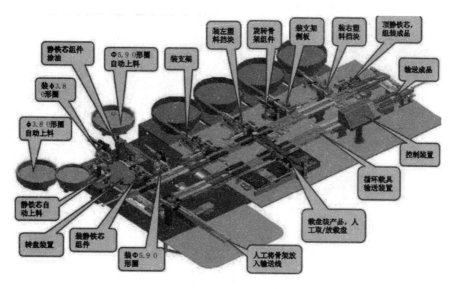

装左塑料挡块　旋转骨架组件　装支架侧板　装右塑料挡块　顶静铁芯，组装成品

静铁芯组件涂油　Φ5.9 O形圈自动上料　装支架　　　　　　　　　　　　　　输送成品

装Φ3.8 O形圈

Φ3.8 O形圈自动上料　　　　　　　　　　　　　　　　　　　控制装置

循环载具输送装置

静铁芯自动上料

转盘装置　装静铁芯组件　装Φ5.9 O形圈　人工将骨架放入输送线　载盘装产品，人工取/放装盘

图 13-15　全自动线圈装配线

（1）设备安全、稳定、可靠，具有优越的人性化操作，造型大方美观。

（2）实现人工放骨架至输送带，送骨架，装骨架，送静铁芯，装静铁芯，送O型圈（φ3.8），涂油，装O型圈（φ3.8），装静铁芯组件至骨架，输送循环载具，骨架涂油，送O型圈（φ5.9），装O型圈（φ5.9），送支架，支架成型，装支架，送左塑料挡块，装左塑料挡块，旋转骨架并装入支架，装支架侧板，装支架侧板，送右塑料挡块，装右塑料挡块，装支架侧板组件，顶静铁芯，人工上载盘，移位，取成品，装盘，人工取出装满成品的载盘。

（3）设备采用高端先进技术，各工位结构采用标准化、模块化、集成化设计，保证设备易于操作人员调试和维护。

（4）操作界面采用触摸屏样式，人机界面操作简单方便，并具有自诊断功能、异常停机报警功能、触摸屏显示故障代号功能，方便检测及维护。另设置有计数功能，同时显示成品数、不良品数及合格率。

如图 13-16 所示，阀体全自动装配线，实现自动装阀体，移位，装O型圈（6.4-0.7），翻转阀体，装顶杆，装橡胶堵头，装底盖弹簧，装底盖，装O型圈（4.3-0.6），装底盖组件，终压，顶杆复位检测，载盘上线圈，装线圈，装动铁芯弹簧，装动铁芯，装阀体至线圈，翻转阀体、线圈组件，装左、右连接板，取成品，装盘，人工取出装满成品的载盘。

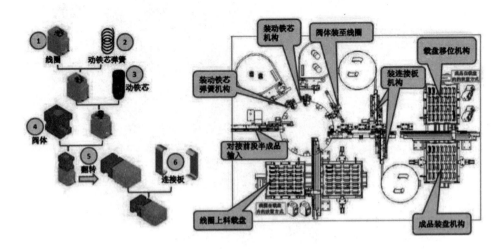

图 13-16 阀体全自动装配线

线圈阀体装配：装满线圈的载盘，装线圈，装动铁芯弹簧，装动铁芯，对接前段的阀体组件流入，装阀体至线圈，翻转阀体、线圈组件，装左、右连接板，取成品，装盘，取出装满成品的载盘。

2、设备数据采集及数控化率

01、生产过程数据自动采集

如图 13-17 所示，制造数据采集系统实现了设备的数据信息采集与机床加工任务的数据采集，供上层业务系统进行统计、分析、处理。即主要使来自自动化生产线的设备生产数据能够通过自动推送至 MES 系统，实现数字化车间的数据全流通。设备采集可通过软件或硬件的方式采集，支持不同种类的通信协议。数据采集模块采集设备的数据信息采集与机床加工任务的数据，包括数控机床的开关机时间、程序起始及结束时间、主轴负载、主轴转速、进给速度、进给倍率、当前运行程序、当前工件加工件数、故障代码、报警内容等的数据采集供中央监控室，为中央监控室上层各模块实现数据可视化提供基础。

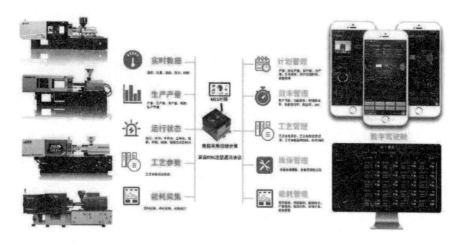

图 13-17 数据采集系统

具体数据采集方案如下：

针对网口设备，通过网络与设备端网口连接实现设备状态、加工产量、运行参数、报警代码等信息的采集；对于串口设备，只能加装硬件进行采集，采集设备状态、主轴倍率、进给倍率和加工产量等数据信息。采集服务将采集的数据提交到数据层，同时暴露对外的接口供外部系统对接使用。

02、数据可视化方案

如图 13-18 所示，设备状态即时监看看板，远距呈现产线各设备状况讯息，并整合市售监视器，将串流影像嵌入至电视看板。

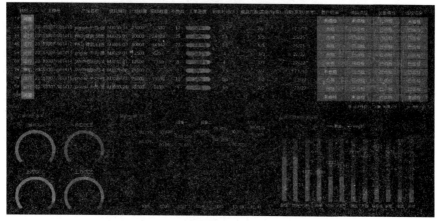

图 13-18 设备状态即时监看看板

（1）全 web 接口，支持多种不同浏览器如 IE、Chrome、Firefox、Safari。设备运行状态实时监看，问题即时处理。支持多种看板呈现方式。设备稼动率看板提供可视化图表，结合员工登入记录，统整设备运作状况，多面向分析营运状况。全 web 接口，支持多种不同浏览器，如 IE、Chrome、Firefox、Safari。

（2）多种面向，操作工的产量、设备使用率比较等，设备稼动信息一目了然稼动信息。

（3）设备历史稼动信息细部呈现，追溯问题有迹可循。

（4）借由稼动统计，进而分析改善人员生产作业标准或管理流程制度。搭配新代控制器，不须额外加装打卡与工件计数装置，网络异常亦可维持数据准确性。

03、人工智能应用

如图 13-19 所示，电磁阀在线检测系统 C 型，测试内容包括功率测试、响应时间测试、电控动作测试、手控动作测试、电控泄漏测试、手控泄漏测试和耐久测试，满足了电磁阀出厂检测要求，实现了自动化、标准化测试流程，减少了人为因素对产品质量的影响，极大地提高了生产效率，保证产品出厂标准的一致性。并有电磁阀部分性能的测试，满足了生产企业、使用企业对产品性能的分析需求。

图 13-19 电磁阀在线检测系统

测试工位：两个测试工位，支持联动控制和独立控制。

参数设置：对系统工作参数和检测项目进行设置，且所有参数设置支持掉电保存，参数通过配方方式实现，每组配方包括阀参数（阀类型、电压值、驱动方式、功率及误差范围等）、预动作参数（次数、频率）、响应时间测试标准及泄漏值标准等。系统预设几组配方，用户可以添加配方，并可以对添加的配方内容进行修改、删除操作。

日常点检：提供设备自检块，每天或定期对设备自身是否正常工作进行检测，确保设备正常工作。

计数统计：统计一段时间内测试的产品总数以及不合格数，并可定期对统计数据清零。

管理权限：为管理人员和操作人员设置不同管理权限，以免设备的参数被任意修改。

手动测试：可根据用户需要，对待测电磁阀在特定工作条件下的单一性能指标进行检测，如 A 端、B 端线圈控制，手控动作控制，及高低压选择等。耐久测试：设置需要测试的次数，系统根据设置的次数自动进行动作测试。

自动测试：按照设定的测试参数及选择的检测项目，对待测阀在高 / 低压条件下的功率、响应时间、电控动作、手控动作、电控泄漏和手控泄漏指标进行自动测试。

功率测试：在动作过程中检测待测阀在直流或交流线圈驱动下的线圈电流及功率。

响应时间测试：测试待测阀各工作口充气、排气时间和充气、排气响应时间。

电控动作测试：待测阀在电控动作时系统自动判断动作是否到位，并实时显示线圈电压、P 口压力、A 口压力和 B 口压力。

手控动作测试：待测阀在手控动作时系统自动判断动作是否到位，并实时显示 P 口压力、A 口压力和 B 口压力。

密封性测试：检测待测阀的初始状态、电控状态、手控状态在高低压下的密封性，并实时显示检测压力，检测完成时显示检测结果，并进行OK、NG判断。

目前，我国国产电气比例阀、真空发生器等关键气动元件产品的控制精度、频响速度、集成化制造技术、长期运行的可靠性以及节能技术等与国外厂家产品相比还有明显差距，建设自动化智能组装及检测产线，逐步替换人工或半自动化生产线，开发全自动组装及在线检测生产线，可以大幅提高产品生产和检测效率。随着我国各行各业技术水平和装备水平的提高，以及引进生产线和自动化装备的增加，预计在未来几年，中国气动产品的市场需求量将持续增长。气动产品企业如能把握良机、找准定位、狠抓创新，突破核心元件关键技术，提升自身产品竞争力，当可求得更大发展。

工星人——工业自动化产业链融合平台

根据中华人民共和国工业和信息化部印发的《基础电子元器件产业发展行动计划（2021-2023 年）》其中提出，到 2023 年，电子元器件销售总额达到 21000 亿元。但是，目前我国元器件 80% 的市场都被德国、日本等国家占据。国内中小企业多，但大多不注重品质服务和品牌建设，产业链缺少龙头企业带领，中小企业各自为战，行业缺乏良性交互。闭塞无解的技术痛点、难以配齐的元器件、参差不齐的品质、头痛的物流仓储、奔波的传统营销、沉重的库存压力这些都是众多企业面临的痛点。

在此背景下，作为业内首家工业自动化产业链融合平台，工星人勇立潮头抓住科技快速发展的新机遇，借助云计算、人工智能、大数据和物联网等前沿技术，将制造、服务和生产所有环节数字化，为业务增长赋予新动能，也为国内乃至世界工业自动化制造商树立了行业转型升级的新标杆。

工星人工业互联网（宁波）有限公司（以下简称工星人）成立于

2020 年。2022 年 5 月 28 日，工星人工业平台正式进入市场，成为业内首家产业链融合平台，2023 年 6 月完成 A 轮融资，投后估值 2.5 亿，成为工业自动化行业标杆级企业，如图 13-20 所示。

图 13-20 工星人云平台可视化数据

工星人平台应用场景及案例具体如下。

1、面向产业链上下游制造商的工业商城

工星人为打破由于行业中小企业偏多，企业运营能力普遍不高，以至于在行业中存在许多乱象与痛点，也时常出现供应商产品选型困难、产品无法追溯和交期不准确等问题。依托平台化设计、智能化制造、个性化定制、网络化协同、服务化延伸、数字化管理六大模式，搭建了以助力工业智能制造，赋能行业产业升级为经营理念的工业自动化产业链融合平台。

围绕"产品＋方案＋平台"，在人、货、场三维度进行重构，实现平台与用户的全新链接。目前工星人平台已注册用户突破 20 万，认证企业用户突破 10000 家，拥有 100 多个新零售终端，预计可为入驻合作商增加 15% 销售额, 如图 13-21 所示。

图 13-21 工星人平台

品牌商入驻流程如下:

通过工星人 PC 端、小程序、APP 制造企业或工业品牌商可实现快速
入驻, 简化的开店流程更加快速、便捷, 如图 13-22 所示。

图 13-22 工星人企业品牌入驻流程

工星人产业商城实现在线电子合同签章, 3D 产品图生成等功能, 入
驻签约及客户在线购买签约只需 10s, 即可完成合同的在线全流程签约
达成, 合同在后台可随时查看、随时下载, 避免丢失、方便管理。3D 产
品图只需企业上传 CAD 产品图, 即可在线生成产品 3D 全景图、动态图,
便于企业与客户沟通, 生产下单等, 如图 13-23 所示。

图 13-23 工星人产业商城

2、面向制造企业的数字化管理

工业制造企业数字化转型大致分为六个阶段：业务数据化、数据资产化、资产价值化、价值服务化、服务生态化。

工星人专为制造企业所打造的"小星管理系统"，融合了 CRM、MES、OA、机联网等功能板块，打造了业务端、管理端、生产端、财务端整套体系，为制造企业进行赋能，实现数字化管理升级，如图 13-24 所示。

图 13-24 小星管理系统

（1）信息化或系统化阶段。重点在硬件建设和数据能力，这个阶段的内容包括数据的标准化、规范化，以及数据的打通和整合。

（2）数字化或智能化阶段。这个阶段重点在于业务、产品和服务优化以及协同共享，同时数据价值在企业管理决策、提升客户洞察、改善运营效率等诸多方面会发挥重要作用。

（3）转型与升级阶段。企业需要打造持续创新能力，包括产品与服务创新、商业和管理模式创新。从根本上打破烟囱式的业务和组织架构，构建横向、纵向体系，探索新赛道，逐渐向平台化与生态化发展。

案例：某智能灌装设备制造企业是太极等的大型企业的设备供应商。随着生产规模和业务的扩大，数据采集难、手工数据质量差、报送周期长、事后监管机制不全等问题日益凸显。在入驻上线工星人产业商城和部署使用小星管理系统后，生产数据可自动上报、异常数据也可自动预警，大大提高了工作效率和人力成本。采集上来的数据定期生产分析报告也使领导层可快速做出决策。通过智能数据平台的搭建，工星人帮助企业提升生产力的同时，也保证了数据的安全性和可靠性，着实为互联网时代的制造业注入了新的活力，如图 13-25 所示。

图 13-25 某智能罐装设备制造企业数据系统

3、面向企业运营的管理决策优化

借助工业互联网平台可以打通生产现场数据、企业管理数据和供应链数据，提升决策效率，实现更加精准与透明的企业管理，如图 13-26 所示。

（1）在供应链管理场景中，工星人平台可以实时跟踪现场物料消耗，结合库存情况安排供应商进行精准配货，实现零库存管理，有效降低库存成本。

（2）在生产管控一体化场景中，基于工星人平台进行业务管理系统和生产执行系统集成，实现企业管理和现场生产的协同优化。

（3）在企业决策管理场景中，工星人通过对企业内部数据的全面感知和综合分析，有效支撑企业的智能化监测。

数据可视化 通过企业数据的分析和展现，为管理者提供全流程的可视化

智能化管理：基于数据、业务、设备、算法等中台能力，实现综合调度的平台能力。

设备全生命周期管理 以物联网手段，将前端多种设备统一接入，实现设备可控

图 13-26 面向企业运营的管理决策优化

4、面向社会化生产的资源优化配置与协同

工星人可以实现制造企业与外部用户需求、创新资源、生产能力的全面对接，推动设计、制造、供应和服务环节的并行组织和协同优化。

（1）在协同制造场景中，工业互联网平台通过有效集成不同设计企业、生产企业及供应链企业的业务系统，实现设计、生产的并行实施，大幅缩短产品研发设计与生产周期，降低成本。

（2）在制造能力交易场景中，工业企业通过工业互联网平台对外开放空闲制造能力，实现制造能力的在线租用和利益分配。

（3）在个性化定制场景中，工星人平台实现企业与用户的无缝对接，形成满足用户需求的个性化定制方案，提升产品价值，增强用户粘性。

5、面向产品全生命周期的管理与服务优化

工星人平台可以将产品设计、生产、运行和服务数据进行全面集成，以全生命周期可追溯为基础，在设计环节实现可制造预测，在使用环节实现健康管理，并通过生产与使用数据的反馈改进产品设计。

（1）在产品溯源场景中，工业互联网平台借助标识技术记录产品生产、物流、服务等各类信息，综合形成产品档案，为全生命周期管理应用提供支撑。

（2）在产品与装备远程预测性维护场景中，将产品与装备的实时运行数据与其设计数据、制造数据、历史维护数据进行融合，提供运行决策和维护建议，实现设备故障的提前预警、远程维护等设备健康管理应用。

（3）在产品设计反馈优化场景中，工星人平台可以将产品运行和用户使用行为数据反馈到设计和制造阶段，从而改进设计方案，加速创新迭代。

案例：某设备元器件制造企业

（1）背景与需求。南京某企业是一家为新能源汽车零部件进行研发、制造、销售与技术服务的创新型制造企业。该企业还形成以智能装备产品应用为主，紧密与西门子、三菱、台达等公司形成合作伙伴。急需一个产融合的平台管理系统来进行企业数字化升级，解决售后服务效率低、成本高的问题。同时，希望实现内部的业务体系管理和客户、产品的数据分析，为企业的市场预判及产品生产提供数据参考，帮助企业在未来市场竞争中保持优势。

（2）解决方案。独立部署小星管理系统，生产线提供工星人边缘网关及 DTU 监控模组，为企业提供设备远程管理监控；同时，通过云平台大数据分析技术，优化设备工艺，远程 VPN 透传技术诊断设备故障。为企业入驻并定制产业商城系统，企业实现在线电子签约，简化客户签约流程；为企业部署 3D 图库，实现产品在线展示 3D 图景，在线全景无障碍展示企业产品。后续还将为企业搭建工业直播间，开放直播平台，可

实现全球化的场景直播和在线交易。

（3）客户收益。机联网、小星管理系统、3D建模、产业商城等，打造企业专属的数字化管理体系，助力企业在市场竞争中胜出。帮助企业快速认知工业物联网场景、提升数字化能力，快速部署并应用到管理场景中，提升企业管理能力的同时也带来巨大的经济效益。

工星人将坚持"唯信任不可辜负，唯用心方可成功"的企业核心价值观，以"恪守品质、科技赋能，助力产业升级，赋能数字改革"为企业使命，致力于服务工业制造领域的每一个节点。与时代同行，创行业标杆，致力于成为工业制造行业和互联网行业的"标杆级"企业。

缔造全球领先企业 成就百年知名品牌

创新是企业的灵魂，是企业永续发展的不竭动力。当前，以新一代信息技术为核心的新一轮科技革命和产业革命正在加速突破，应用拓展新技术、新模式、新业态、新产业不断涌现，稍有懈怠就可能被时代甩落，只有不断守正创新的企业才有可能成为这场变革的推动者、参与者和受益者。

从家庭式工厂到建筑面积6万余平方米，员工人数500余人的"小巨人"企业。星宇电子（宁波）有限公司经历了跨越式发展。星宇电子（宁波）有限公司是中国液气密协会气动分会常务会长单位、全国液气密标委会委员、宁波市奉化区气动行业协会第七第八届会长单位、国家高新技术企业、国家级首批重点专精特新"小巨人"企业，如图13-27所示。公司专注于自主研发、生产和销售一系列为智能制造装备配套的气动、流体控制元器件，自有品牌畅销国内与全球60多个国家。

图 13-27 星宇电子入选国家级首批重点专精特新"小巨人"企业

作为国家首批重点专精特新"小巨人"企业,"专精特新"四个字,很好地概括了星宇电子的特色和亮点,即专业化、精细化、特色化新颖化。与此同时曹建波重视创新,另辟蹊径。坚持不做与市面雷同的产品,掌 312 握核心技术,把知识产权牢牢掌握在自己手中。"小巨人"此项荣誉,帮助星宇电子与许多行业中的优秀企业汇聚在一起交流、探讨、创新、开拓新思路等。同时也给企业带来很多优惠性政策的扶持,更进一步打响了星宇品牌。这种战略定位,不仅为企业赢得了实际利润,也为星宇的长远发展筑下牢固根基。

近年来,星宇电子通过人才培养与技术研发的投入,注重产学研合作带动创新发展,与国家气动产品质量监督检验中心、中科院材料研究所、浙江大学宁波理工学院、浙江机电与轨道交通学院等高校积极合作研究与交流学习,并共建联合创新实验室,建设流体自控元件省级高新技术企业研究开发中心,省级博士后工作站等。主打产品电磁线圈在全国气动行业名列前茅,多项产品已通过 UL、ATEX、CE、IEC 认证并达到国际水平。其他气动、流体控制类产品也取得国家专利 100 余项。其中,发明专利 34 项,软件著作 5 件,已主持或参与国家及行业等标准 13 项,星宇电子自成立以来非常注重产品创新,企业每年的研发费用占比都在6% 以上,且正逐年增加,2021 年的研发费用更是占到了 6.4%。至今为止,星宇电子共申请专利数 120 项,拥有自主发明专利 23 项,主持或参与国家及行业等标准 14 项。软件著作 10 项，在同行业中专利数一直处于领先水平，以优质价廉获得客户青睐。2022 年 7 月 9 日，由星宇电子（宁波）有限公司牵头的产业技术基础公共服务平台——关键零部件创新成果产业化公共服务平台启动仪式在宁波市奉化区举行，如图 13-28 所示。

图 13-28 产业技术基础公共服务平台——关键零部件创新成果产业化公共服务平台启动仪式

在数十年的发展过程中，星宇形成了"以人为本，诚信经营，多工业智库方共赢"的企业文化，确立了"团结、热爱、创新"的企业核心价值观。据曹建波介绍，团结即忠诚友善。团队合作，诚信经营，多方共赢。没有完美的个人，但通过团队协作，能够实现完美的事业；热爱即尊重每一位员工，服务每一位客户，追求卓越无止境，以数据驱动结果，从而实现个人价值；创新即以团队为整体，共建新目标，用新技术蜕变自身，用新思维突破前进。从创新战略、技术研发、产品更新到企业文化，星宇电子勇立潮头，不断创新，突破自我，成为了行业内的标杆。

谈及企业家的社会责任和对企业未来的设想。曹建波分享了自己独到的见解："企业赚钱为了什么，我曾在浙江省社会主义学院培训，写论文时提出'中国梦、我的梦'小家、大家理念，我认为小家则在维护好自己家庭幸福和睦、星宇家庭发展稳定的同时，为社会多贡献，比如施与弱者、热心公益事业，致富不忘本，我们公司内部也成立了慈善机构，回报社会。其实这就是企业责任。大家就是做民族品牌，为国家多作出贡献。于企业而言，责任在于创建奉化气动行业龙头企业之一，进而打造成为中国行业产业龙头，加快产业的转型升级步伐，竭力实施品牌化规模营销，做大做强产业，为真正引领流体控制行业国际先进潮流而努力拼搏。"

日月之行，若出其中；星汉灿烂，若出其里。我们有理由相信，在不远的将来，星宇电子"为全球智能装备提供优质零部件，为全球客户提供整体解决方案"的使命一定会达成，"缔造全球领先的流体控制企业，成就百年世界知名品牌"的愿景一定会实现，成为中国制造行业里一颗熠熠生辉的新星。